国家电网
STATE GRID
河北省电力公司

附CAD光盘

农网变配电工程标准化施工图集

河北省电力公司农电工作部　编著

中国水利水电出版社
www.waterpub.com.cn
·北京·

内容提要

为提高农网工程建设质量，推进农网建设标准化进程，实现农网工程"五化"建设，河北省电力公司组织编写了《农网变配电工程标准化施工图集》。本图集主要分为三部分：35kV 变电站标准化施工图、10kV 变压器台架标准化施工图和 10kV 及以下线路标准化施工图，同时对工程所需的设备材料型号和技术规范进行了统一，并编制了详尽的施工工艺规范。

本书可供农网变配电工程设计、施工安装、运行维护与检修人员阅读、使用，也可供高等院校相关专业师生参考。

图书在版编目（CIP）数据

农网变配电工程标准化施工图集 / 河北省电力公司
农电工作部编著. -- 北京 ： 中国水利水电出版社，
2016.8
    ISBN 978-7-5170-4616-5

Ⅰ．①农… Ⅱ．①河… Ⅲ．①农村配电—变电所—工
程施工—标准化—图集 Ⅳ．①TM63-65

中国版本图书馆CIP数据核字(2016)第192809号

书　名	**农网变配电工程标准化施工图集（附 CAD 光盘）** NONGWANG BIANPEIDIAN GONGCHENG BIAOZHUNHUA SHIGONG TUJI
作　者	河北省电力公司农电工作部　编著
出版发行	中国水利水电出版社 （北京市海淀区玉渊潭南路 1 号 D 座　100038） 网址：www. waterpub. com. cn E - mail：sales@ waterpub. com. cn 电话：（010）68367658（营销中心）
经　售	北京科水图书销售中心（零售） 电话：（010）88383994、63202643、68545874 全国各地新华书店和相关出版物销售网点
排　版	中国水利水电出版社微机排版中心
印　刷	三河市鑫金马印装有限公司
规　格	297mm×210mm　横 16 开　22.25 印张　750 千字
版　次	2016 年 8 月第 1 版　2016 年 8 月第 1 次印刷
定　价	**495.00** 元（附光盘一张）

《农网变配电工程标准化施工图集》

编委会

主　任：王延芳

副主任：吕志军　倪广德　陈志强　刘玉璞　胡宝玉　魏锁均
　　　　段兴昌　强东盛　唐　勇　郑建华　刘振现

委　员：王智卜　张利民　焦　剑　马国立　吴仁虎　崔　卓
　　　　范新平　程国华　范小林　王森林　霍胜利　张宝林
　　　　左家旭　穆海军　王胜青　靳占启　冀新峰　尹　飞
　　　　张　立　李　峰

工作组

牵头单位：河北省电力公司农电工作部

成员单位：石家庄供电公司
　　　　　邯郸供电公司
　　　　　邢台供电公司
　　　　　保定供电公司
　　　　　沧州供电公司
　　　　　衡水供电公司

成　员：肖　征　朱俊栋　亚志博　任岱光　张树明　李宝勇
　　　　师振锋　张照宇　韩　飞　孙亚锦　王　滨　乔丽然
　　　　侯丽丽　李　岩　张　鹏　王　毅　亚志博　崔少斌
　　　　赵建勋　付永章　申镇风

《农网变配电工程标准化施工图集》

编制单位和编制人员

第一篇　35kV 变电站 A3 方案标准化施工图

编写单位：衡水电力设计有限公司

审　　核：徐贵友　亚志博

校　　核：何　艳　王晓景　苑文超

编　　写：李忠霞　石东勇　刘　敏　朱长松　桑建仲
　　　　　李耀宇

第二篇　10kV 变压器台架标准化施工图

编写单位：　石家庄电力设计院有限公司

审　　核：　任建勇

校　　核：　张树明　张　锐

编　　写：　秦志国　李江萍　王素梅　郭文健

第三篇　10kV 及以下线路标准化施工图

编写单位：沧州电力设计院

审　　核：左家旭

校　　核：王　毅

编　　写：刘俊青　吴　东　绳建华　王壮志　冯　涛

总 校 核：王智卜　焦　剑　任岱光　师振锋

序

  农村电网是农村重要的基础设施，是国家电力建设的重要组成部分，农网标准化建设工作是推动"三通一标"深化应用，完成"两个转变"，实现两个"一流"，稳步推进"三集五大"体系建设的基础保障；是做好做优农网改造升级工程项目的关键点。近年国家电网公司一直把农网标准化建设作为重点工作来抓，目的也是为了能够更好地落实公司工作部署，稳步推进各项工作的顺利完成。

  近年来，河北省电力公司认真贯彻国家电网公司的决策部署，以建设坚强农网为目标，着力解决农网供电设施超载、过载、卡脖子等突出问题，同时河北省电力公司围绕农电企业核心工作，加大力度，更新观念，强化企业基础管理。加强农电安全生产量化考评和安全管理诊断，深化高危及重要用户和农村安全用电治理；创新农电安全管理模式，利用3G视频对作业现场进行远程监控；规范农网工程管理，加强监督检查工作力度，农网改造升级工程顺利开展；加强生产基础管理，农电生产管理信息系统建成应用，实现了生产系统与现有营销管理系统和调度SCADA系统的横向集成；开展了全员标准化建设竞赛，稳步推进农电同业对标创一流。

  为进一步提升农网工程建设安全质量和工艺水平，全面应用国家电网公司典型设计成果，河北省电力公司组织开展了农网工程标准化施工图编制工作，完成了农网工程标准化施工图设计，对施工图纸、设备材料选型、施工工艺等提出了明确要求，进一步加强了设计及工程施工管控，实现了工程寿命与功能的协调匹配，建立了"工厂化加工、装配式施工"的农网工程标准化建设理念。希望《农网变配电工程标准化施工图集》的出版，为建设坚强的农村电网，建设"一强三优"现代公司，为全面建设小康社会和构建社会主义和谐社会作出更大的贡献。

河北省电力公司党组成员、副总经理

王延芳

前　　言

　　长期以来，农网工程在建设思路、设计、设备材料选型、施工工艺等方面与主网相比还存在着较大的差距，造成了设计成本增加、施工进度和施工质量得不到保证等诸多问题。近年来，随着农民群众对供电服务的需求不断提高，如何提高农网建设质量、实现协调发展已成为当前我们面临的一个艰巨而重要任务。

　　2011 年，国家电网公司审时度势，提出在公司系统内大力开展以"五化"（设计标准化、物料成套化、采购超市化、施工装配化、工艺规范化）为特征的农网工程标准化建设工作，编制农网变配电工程标准化施工图集，规范施工工艺，这一举措是对通用设计的进一步深化，完成了设计施工图，以及各种金具的加工图，是实现农网工程"五化"建设的基础，也为物料成套化、采购超市化、施工装配化、工艺规范化提供可靠依据。

　　自 2011 年 9 月开始，河北省电力公司全面推进农网建设标准化工作，本次农网变配电工程标准化施工图集的编写工作具体由河北电力公司农电工作部负责牵头，石家庄、邯郸、邢台、保定、沧州、衡水等市公司的设计院参与了具体设计，历时 8 个月时间，编制完成了 35kV 变电站、10kV 配电台区、农网 10kV 线路等标准化施工图和施工工艺要求，同时将标准化设计施工图全部应用到新建工程中，有效提升了农网建设水平。

　　本次农网变配电工程标准化施工图集主要分为三部分，分别为 35kV 变电站标准化施工图、10kV 变压器台架标准化施工图和 10kV 及以下线路标准化施工图，同时对工程所需的设备材料型号和技术规范进行了统一，并编制了详尽的施工工艺规范。

　　由于编者水平有限，错误和遗漏有所难免，敬请各位读者批评指正。

目　录

第三篇 10kV 及以下线路标准化施工图

第一篇　35kV 变电站 A3 方案标准化施工图

第一章 土 建 部 分

第一节 35kV 变电站通用设计工程 A-3 土建部分总说明

一、引言

35kV 变电站通用设计工程是根据河北省电力公司部门文件《国家电网公司输变电工程典型设计 35kV 变电站典型设计（方案 A-3）》及电气提供的资料进行的。

站址暂按假定的正北方向布置，国标Ⅲ级污秽区。

假定场地设计为同一标高。

变电站设计标高零米以下的内容不属于本次设计范围。鉴于河北省不同地区抗震设计参数的差异性，荷载的不确定性，本次设计建筑物的结构设计部分，仅供参考，具体工程设计人员应按现行规程规范和图集手册再行计算。对于山区、丘陵地区、湿陷性黄土地区、腐蚀性地区等特殊地区，尚应因地制宜地考虑其支挡结构、地基处理措施、防腐蚀措施。

二、设计中执行的主要规程、规范和标准及资料

（1）国家电网公司输变电工程通用设计 35kV 变电站分册 35-A-3 方案。

（2）现行国家标准、规范和规程：

建筑制图标准（GB/T 50104—2010）

建筑设计防火规范（GB 50016—2006）

钢筋焊接及验收规程（JGJ 18—2003 J 253—2003）

钢筋机械连接通用技术规程（JGJ 107—2010）

屋面工程技术规范（GB 50345—2012）

火力发电厂与变电站设计防火规范（GB 50229—2006）

35～110kV 变电所设计规范（GB 50059—92）

变电所建筑结构设计技术规定（NDGJ 96—92）

变电所总布置设计技术规程（DL/T 5056—2007）

建筑结构荷载规范（2006 年版）（50009—2001）

混凝土结构设计规范（GB 50010—2010）

砌体结构设计规范（GB 50003—2011）

建筑抗震设计规范（GB 50011—2010）

建筑地基基础设计规范（GB 50007—2011）

电力设备典型消防规程（2005 年确认）（DL 5027—93）

建筑工程抗震设防分类标准（GB 50223—2008）

建筑结构可靠度设计统一标准（GB 50068—2001）

蒸压灰砂砖砌体结构技术规程（DB13（J）65—2006）

建筑灭火器配置设计规范（GB 50140—2005）

河北省电力公司变电站工程标准化施工图通用设计编制工作方案

河北省电力公司施工图通用设计编制计划

国家电网公司输变电工程质量通病防治工作要求及技术措施

国家电网公司输变电工程施工图设计内容深度规定（变电站）

输变电工程建设标准强制性条文实施管理规程

国家电网公司输变电工程工艺标准库

国家电网公司输变电工程全寿命周期设计建设指导意见

（3）本通用设计在建筑布局、结构选型时考虑了抗震要求。地震动峰值水平加速度 0.10g，地基承载力特征值 $f_{ak}=150$ kPa。

场地海拔 1000m 以下；不考虑地下水的影响。设计风速按平均 50 年

一遇基本风速 $V_0 = 30\text{m/s}$。

变电站站址标高及竖向布置由具体工程设计确定，应根据当地50年一遇的洪水位和最高内涝水位，确定防洪措施及站址标高。

三、主要建筑材料

（1）混凝土：现浇钢筋混凝土构件采用C20、C25、C30混凝土；预制钢筋混凝土构件采用C20、C25、C30混凝土。

（2）水泥：采用32.5MPa、42.5MPa普通硅酸盐水泥，少量白色水泥（装饰加色部分用）。

（3）钢材：钢筋采用HPB300、HRB335、HRB400级钢筋；型钢、钢板等均为Q235B，焊条E43，地脚螺栓Q345B。

（4）砌体结构：砌块：MU7.5、MU10、MU15。

砂浆：M7.5、M10、M15。

（5）屋面防水材料：采用高聚物改性沥青防水卷材（SBS）、三元乙丙防水卷材，屋面防水等级为Ⅱ级；屋面保温材料采用阻燃型挤塑聚苯乙烯泡沫塑料板；屋面为钢筋混凝土现浇板。

（6）木材：木门选经过干燥处理的一级木材，其他不限。

（7）外装修材料及门窗：生产综合楼外墙均采用普通弹性涂料（参见国家电网公司标准色彩），粉刷时内掺抗裂纤维。市场采购成品门窗。外门为成品防盗门，外窗为平开式塑钢窗，玻璃采用中空安全玻璃。窗户为门窗性能要求：门窗抗风压性能分级：2级；气密性能分级：2级；水密性能分级：2级；保温性能分级：8级；隔音性能分级：4级；采光性能分级：2级。

四、站区总布置与交通运输

1. 站区总平面布置

本方案35kV配电装置采用室外布置，布置在变电站南侧，10kV配电装置室内布置在变电站北侧，主变布置在35kV配电装置与10kV配电装置之间。

配电室室内外高差为0.30m。35kV从南侧架空进线，10kV采用电缆从北侧出线。大门入口位于站区西侧，主变运输道路于站区中部贯穿东西，道路采用混凝土路面，宽4m，能够满足大型电气设备运输和消防车通行。站区东北侧和东南侧分别布置室外电容器配电装置。附属建筑物包含机动用房、卫生间、位于站区西侧；整体布置紧凑合理，功能分区清晰明确，站区内道路设置合理流畅。

生产综合室建筑轴线面积为227.15m²，二次设备室和附属房间层高为3.6m，10kV配电室层高为4.5m。

站区围墙东西方向长35.0m，南北方向长42.5m。所址标高应位于频率为2%的高水位之上。

2. 竖向布置和道路

站区场地竖向布置采用平坡式，场地设计平均标高为±0.00m。建筑物室内外高差为300mm。场地按照0.5%～2%之间的坡度找坡。具体数值及坡度方向由工程设计根据所内外排水条件定。同时，电缆沟采用不大于10m间隔的排水渡槽，以保证场地排水通畅而避免积水。站内场地雨水通过道路和围墙四周的出水口散排到站外。

3. 站区围墙

围墙宜采用2.30m高实体围墙。围墙尽量采用环保材料，宜就地取材。变电站围墙采用水泥砂浆抹面或清水墙样式，不采用涂料粉刷或高档装饰材料。大门统一采用国家电网公司典型围墙大门（含标志板）。大门为电动推拉门，无人值班站采用封闭实体门。城市变电站应结合周围环境确定围墙大门的形式。

4. 管沟布置

站区内电缆沟、上下水管、油管布置时按沿道路、建构筑物平行布置的原则，从整体出发，统筹规划，在平面和竖向上相互协调、远近结合，间距合理，减少交叉。同时应考虑便于检修和扩建。

按照本地运行习惯，采用电缆沟还是埋管和电缆竖井根据具体情况选择。电缆沟的形式采用砌体和混凝土两种结构形式，当电缆沟深度小于1m时，宜采用砌体结构；深度大于1m，宜采用混凝土结构；过道路电缆沟采用钢筋混凝土结构或电缆埋管。当地基土对砖砌体有腐蚀性时，电缆沟采用混凝土结构。当采用砌体结构时，沟壁内外粉刷防水砂浆。沟盖板可采用复合盖板或混凝土加角钢框盖板。

5. 道路和场地处理

站内道路采用郊区型道路。与引接公路接口处转弯半径为 9m。站内道路采用混凝土路面。建构筑物的引接道路，转弯半径根据实际情况定。

根据河北省电力公司"两型一化"的要求，常规变电站不进行站内绿化。建议站内地面采用硬化处理，可采用环保型透水砖、植草砖或其他非黏土砖。对于本期不上设备的区域，可采用素土夯实地面或简单硬化处理。对于户外配电装置场地，如电气有绝缘要求，可采用碎石、卵石地面处理，并设灰土封闭层；电气无特殊要求时，采用与场内一致的硬化处理。

配电装置场地不设操作地坪。生产综合楼周围的空余场地，可考虑种植一些低档花木、草坪，但不应设置绿化管网。

五、建筑设计

1. 设计原则

站内建筑物的设计应满足简洁、稳重和实用，能够体现国家电网的企业文化特征。全站建筑物的外观、围墙协调一致。

2. 建（构）筑物简述

站内主建筑物采用一层砖混结构，屋面采用钢筋混凝土现浇板，基础采用墙下条形基础或混凝土基础。生产综合室空调设计采用柜式空调，设置在二次设备室。10kV 配电装置室通风采用自然进风、墙上轴流风机排风的通风系统，屋面防水材料采用卷材防水；排水为有组织排水。建筑物外墙采用普通弹性涂料；色彩为国家电网公司标准色彩，建筑立面力求简洁、美观。

室外架构和设备支架：所有架构采用钢筋混凝土电杆架构，设备支架横梁采用槽钢或角钢横梁。架构和支架的电杆基础采用混凝土杯型基础，设备基础采用钢筋混凝土或素混凝土基础。若架构或支架基础底面在持力层之上，应考虑用 3：7 灰土换土处理至持力土层。

屋外设备基础采用块式混凝土基础或大块式钢筋混凝土基础。

3. 主要施工技术要求

（1）站址回填土可采用粉土或粉质黏土，不得使用淤泥、耕土、冻土等土质回填。填土必须分层夯实至设计标高，要求回填土压实系数大于0.96。建构筑物基础必须埋在老土层上，若在耕植土或杂填土层，应将其全部清除，用 3：7 灰土或用级配碎石回填至基础设计标高，灰土应分层夯实，压实系数不得小于0.97。

（2）基槽开挖以后应进行钎探，经有关人员验槽后方可进行下一步施工。

（3）在雨季或夏季施工时，应做好相应措施，严防基坑内存水及暴晒等。

（4）施工前应把外装饰等预埋件预留到位。

（5）屋外配电装置架构横梁安装时要防止杆段扭曲、开裂，待杆就位、找正、核实尺寸无误后方可进行螺栓紧固、二次浇灌。

（6）所有基础混凝土应一次浇筑，不得留有施工缝。

（7）所有外露金属构件等均采用整体热镀锌防腐；所有外露铁件、电缆沟中预埋扁钢、接地扁钢等均采用热镀锌防腐，并尽量减少现场焊接，以利防腐处理；预埋钢管均采用热镀锌防腐。

（8）设备支架安装时，应和电气核对无误后再安装。

（9）散水伸缩缝不得设在水落管处。

（10）站内电缆沟沟顶出整平地面高度应一致，端子箱、检修箱、电源箱等基础出整平地面高度应一致。

（11）在填方整平区，填土应在上部结构施工前完成，填土的压实系数不应小于0.94。站内整平施工时注意排水方向。

（12）土建施工及验收应遵循现行施工及验收规范。

（13）砌体结构当梁的跨度大于等于 4.8m 时，其支撑面下应设置混凝土或钢筋混凝土垫块，当墙中设有圈梁时，垫块与圈梁应浇成整体。

六、其他部分

1. 站内给排水

站内用水：根据实际情况确定，可采用引接市政给水管网或可采取在站内打深水井的取水方式。

站内排水：全站雨水采用散排形式，由建筑物向围墙找坡，再由围墙排水口向站外排水，场地排水坡度为0.5%~1%，站内不得积水。电缆沟内积水通过沟内找坡后，排入渗井，排水管道采用PVC加筋管。

2.消防设施

（1）变电站建筑物耐火等级为二级，火灾危险性分类为戊级。

（2）站内消防设施以化学灭火装置为主。室内外设备消防采用消防器材，主要配备手提式和干粉灭火器。具体配置如下：主控室配置手提式二氧化碳灭火器（台数根据具体情况待定），配电室配置手提式干粉灭火器。

（3）主变压器配备推车式灭火器2台，同时设置砂箱及相应数量的消防铲。

（4）配电室内各生产生活房间设火灾自动报警系统，并通过综合自动化系统将信号传至市调。变电站使用的控制电缆和部分动力电缆为阻燃电缆。有防火要求的门均设防火门。

（5）电缆沟穿墙处待电缆敷设完毕后，用防火堵料封堵。其耐火极限为4h。电缆孔洞处采用防火堵料封堵。

第二节　生产综合室建筑部分

生产综合室建筑部分图集清册

图 序	图 号	图 名	图 序	图 号	图 名
图1-2-1	35kVA-3-T01-01	工程做法索引与说明	图1-2-8	35kVA-3-T01-08	10kV配电室埋管走径图
图1-2-2	35kVA-3-T01-02	配电室平面图	图1-2-9	35kVA-3-T01-09	10kV配电室预留埋件及孔洞图
图1-2-3	35kVA-3-T01-03	配电室南、北立面图	图1-2-10	35kVA-3-T01-10	主控室预埋孔洞及零米沟道布置图
图1-2-4	35kVA-3-T01-04	配电室1-1、2-2剖面图	图1-2-11	35kVA-3-T01-11	主控室电缆沟剖面图
图1-2-5	35kVA-3-T01-05	屋面排水系统图	图1-2-12	35kVA-3-T01-12	主控室预埋孔洞及零米沟道布置图
图1-2-6	35kVA-3-T01-06	10kV配电室电缆沟剖面图（一）	图1-2-13	35kVA-3-T01-13	10kV配电室穿墙板预埋件图
图1-2-7	35kVA-3-T01-07	10kV配电室电缆沟剖面图（二）	图1-2-14	35kVA-3-T01-14	CQB1进线穿墙板加工图

工程做法一览表

工程做法索引

名 称		图集代号	备 注
外墙		05J1外墙17	国网公司标准色PANTONE413C色
内墙		05J1内墙4	白色乳胶涂料
顶棚	其余房间	05J1顶3	表面刷白色乳胶漆
	主控室	05J1顶3	
	卫生间	05J1顶4	
地面	主控室	05J1地19地砖	
	其余房间	05J1地2	混凝土厚度改150mm
	卫生间	05J1地53	
踢脚	主控室	05J1踢24	
	其余房间	05J1踢6	
防潮层			1:3水泥砂浆掺3%防水粉20mm
屋面上人梯		参考02J401-85页-THc-60	现场自定位置,带护笼
雨水管		05J5-1 $\frac{8}{62}$	管材用UPVC管,直径为110mm
卫生间墙裙		05J1裙5	厕所用于白色釉面砖,高1.8m
雨篷		05J6 $\frac{1}{24}$	
散水		05J1散1	
台阶		05J1台5	
屋面		05J1屋13(B2-85-F1)	不上人屋面

一、墙体

砖混墙体: ±0.000以下采用MU15(优等品)蒸压灰砂砖,M10水泥砂浆砌筑。

±0.000以上采用MU10(一等品)蒸压灰砂砖,M7.5混合砂浆砌筑。

室内外高差0.30m。

二、门窗做法

1. 所有门窗立口均为墙中布置。一层外窗设铁艺防盗网,做法见 05J6 $\frac{1}{93}$,与外墙齐。

2. 本工程内外门窗立框均居中,玻璃门窗由专业厂家制作安装(加工厂需经强度计算核实实际尺寸后确定型材)。

塑钢共挤型材门窗采用70系列,厂家应作抗风压计算。门窗玻璃的选用应遵照《建筑玻璃应用技术规程》(JGJ 113—2009)及地方主管部门的相关规定。

3. 门窗制作前需现场核定洞口尺寸,本设计图只示意门窗材质和开启形式。

本工程的门窗制作厂家应具备相应的资质,门窗的制作应按图纸要求进行设计、制作和安装,门窗的各项技术参数指标应同时满足国家现行门窗相关规范和本图纸的要求。

4. 门窗设计、制作、安装均应由有资质的厂家承担,门窗的强度、抗风性、水密性、气密性、平整性等技术要求均应达到国家相关规定。

5. 本工程墙、柱与门窗配件的固定连接,除注明外,可根据位置采用射钉、膨胀螺栓、预埋铁件等方式,但要保证连接的牢固性和安全性。

6. 所有的外窗均安装防盗网。

7. 相邻配电室之间应用防火门,应能向两个方向开启。门上应有弹簧锁,严禁用门闩。

三、涂料

本工程所有的外装采用弹涂外墙涂料,外墙抹灰砂浆中掺入抗裂纤维。

内墙装饰涂料选用白色乳胶漆。

四、建筑物防潮,防水

1. 墙身防潮层用20mm厚1:2.5水泥砂浆掺0.3%防水剂。标高处-0.06m。

2. 屋面防水等级为II级,具体做法见工程做法表。

五、其他说明

预制钢支架、埋件、在图纸中未注明焊缝长度时一律满焊,未注明焊缝尺寸时应不小于6mm。

所有后施工的墙体、电缆沟等的地基及基坑回填,若有超挖,应分层夯实至设计标高,回填土压实系数不小于98%,所有墙体及梁板内木制预埋件均应做防腐处理,金属预埋件均应做防锈处理。

六、给排水

站内用水:根据实际情况确定,可采用引接市政给水管网或可采取在站内打深水井的取水方式。

站内排水:全站雨水采用散排形式,由建筑物向围墙找坡,再由围墙排水口向站外排水,站内不得积水。

电缆沟内积水通过沟内找坡后,排入渗井,排水管道采用PVC加筋管。

七、消防

站内消防设施以化学灭火装置为主。室内外设备消防采用消防器材,主要配备手提式灭火器。配置台数根据具体情况待定。

主变压器配备推车式灭火器,同时设置砂箱及相应数量的消防铲。

配电室内各生产生活房间设火灾自动报警系统。

八、其他

1. 预埋钢管均要求刷冷底子油一道,沥青两道。

2. 配电室内有槽钢预埋件部位的地面局部加厚,厚度为180mm,宽度为160mm。

3. 散水宽度为800mm。

4. 本建筑物屋面应有良好的保温、隔热层及防水和排水措施,应严格按照规范实施。

5. 外墙面装修采用外墙乳胶漆国家电网公司标准色彩及标志。

外装修材料的规格、颜色、质地须经建设单位和设计方协商后确定。墙面现场分格。

6. 建筑物各部位做法详见有关施工图。构件制作应按有关规范执行;施工中应严格执行砖石、钢筋混凝土、地基基础、抗震等各种施工及验收规范,做好材料试验及技术档案管理工作;土建施工应与有关水、电、消防等各项施工密切配合进行。

本图纸未尽事宜应符合国家现行有关施工及验收规范。

7. 卫生间地板砖、墙裙面砖颜色均为白色。

8. 本建筑物应按图中注明的功能使用,未经设计许可,不得改变其用途和使用环境。

9. 墙体内的埋管密集区域采用混凝土浇筑。

工程做法索引与说明	
35kVA-3-T01-01	图1-2-1

北

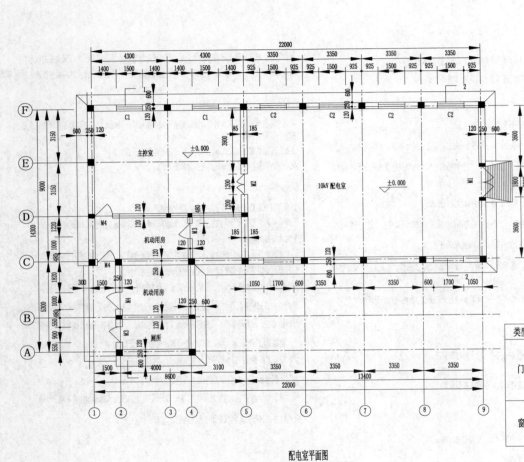

配电室平面图

注:
1.M1为防盗钢制安全门,每扇下部带通风百叶600×600并内附防小动物的钢板网。

门 窗 表

类型	设计编号	洞口尺寸（mm）	数量	图集名称	页次	选用型号	备注
门	M1	1800×3000	1	市场购买			防盗门（带百叶窗）
	M2	1200×2700	1	市场购买		FH甲级	防火门
	M3	900×2400	2	05J4-1常用门窗		S70-1PM-0924	塑钢门
	M4	1000×2400	3	市场购买		FHZ级	防火门
窗	C1	1500×1800	2	05J4-1常用门窗		S70KF-3TC-1518	塑钢窗
	C2	1500×900	4	05J4-1常用门窗		S70KF-3TC-1509	塑钢窗

配电室平面图

35kVA-3-T01-02	图1-2-2

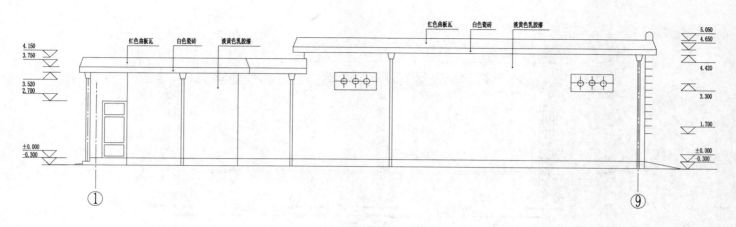

红色曲板瓦　白色瓷砖　淡黄色乳胶漆　　　红色曲板瓦　白色瓷砖　淡黄色乳胶漆

5.050
4.650

4.420

4.150
3.750

3.520
2.700

3.300

1.700

±0.000
-0.300

±0.000
-0.300

① ⑨

配电室南立面图

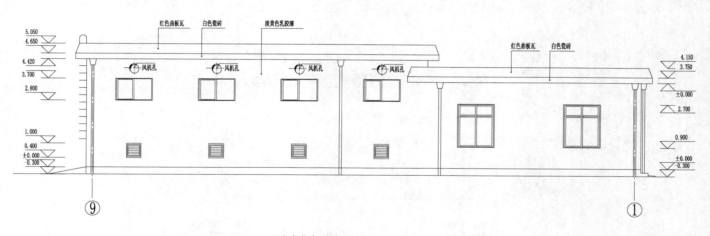

5.050
4.650

红色曲板瓦　白色瓷砖　淡黄色乳胶漆

4.420
3.700

2.800

风机孔　风机孔　风机孔　风机孔

红色曲板瓦　白色瓷砖

4.150
3.750

1.000
0.400
±0.000
-0.300

±0.000

2.700

0.900

±0.000
-0.300

⑨ ①

配电室北立面图

注:
1. 风机洞口紧贴屋顶圈梁底向下留, 风及孔大小根据实际到货情况现场预留。
2. 所有外窗均加防盗网。
3. 墙面现场分格。

配电室南、北立面图	
35kVA-3-T01-03	图1-2-3

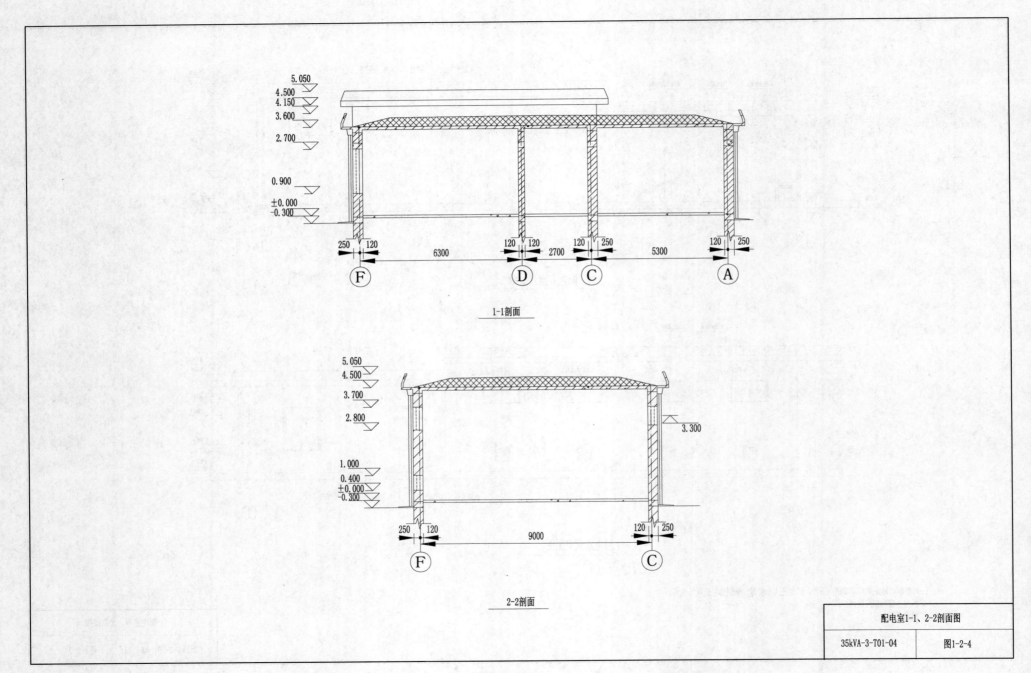

5.050
4.500
4.150
3.600
2.700
0.900
±0.000
-0.300

250 | 120 | 6300 | 120 | 120 | 2700 | 120 | 250 | 5300 | 120 | 250
(F) (D) (C) (A)

1-1剖面

5.050
4.500
3.700
2.800
3.300
1.000
0.400
±0.000
-0.300

250 | 120 | 9000 | 120 | 250
(F) (C)

2-2剖面

配电室1-1、2-2剖面图

35kVA-3-T01-04 | 图1-2-4

— 10 —

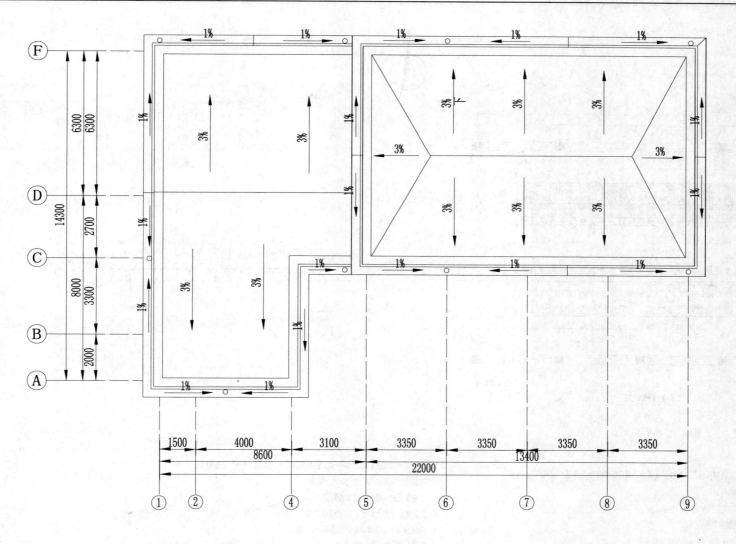

屋面排水系统图

注:
1.雨水管地面以上2m为钢管,作保护用,其余为UPVC管。
2.檐沟纵坡 i =1%。

	屋面排水系统图
35kVA-3-T01-05	图1-2-5

— 11 —

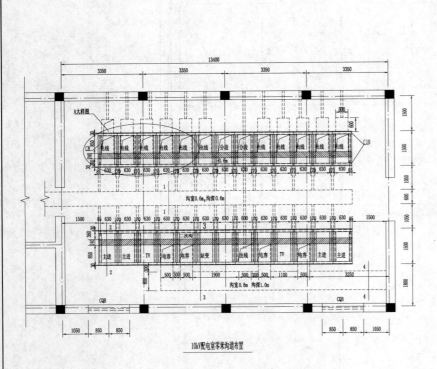

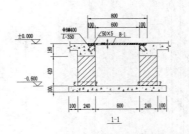

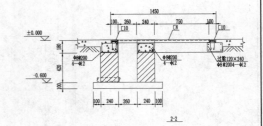

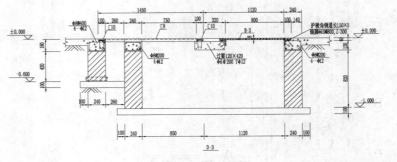

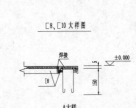

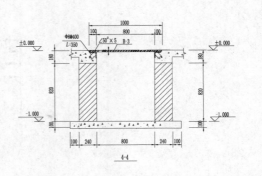

10kV配电室零米沟道布置

注A：

1. 电缆沟本期不上的部分用8mm厚花纹钢板盖上，花纹钢板底面每隔500mm焊50×5角钢一根，以防止钢板变形过大，角钢长度不大于沟宽。

2. 预埋槽钢要求平直，槽钢埋置后水平误差不超过2mm。

3. A大样图参见10kV配电室室内电缆沟剖面（二）。

4. 铁件在交接处一律满焊，焊缝高度不小于6mm或较薄焊件厚度。

5. 待电缆敷设完毕后，外墙预留的穿墙洞口用砖块和水泥砂浆封堵，里外用1:2.5水泥砂浆抹面压光。

6. 若电缆沟底面与穿墙洞口下缘不在同一标高，电缆沟向穿墙洞口放坡。

7. 明槽或暗沟待电缆铺设完后，回填完毕后用水泥砂浆抹面压光。

8. 土建施工时请注意与电气专业密切配合，核对无误后再施工。

注B：

1. 零米以下沟适用M7.5水泥砂浆，MU10蒸压灰砂砖砌筑，垫层C10混凝土。

2. 电缆沟接头处，转弯处用10号槽钢架设盖板。

3. 土建施工时，依电气接地极图向外引接地极。

4. 沟边底面及侧面均用1:2.5水泥砂浆抹面，厚2cm抹平压光。

5. 沟边内扁钢均镀锌或刷防锈漆两道（外露）。

6. 盖板均采用8mm厚的花纹钢板，B-2钢盖板做法见配电室钢盖板加工图。

7. 所标电力电缆管均指内径，见配电室埋管走径图。

8. 电缆沟穿墙处洞口待电缆敷设完毕后用砖块和水泥砂浆封堵。

9. 电缆沟封上以后，用防火涂料涂上。

10. 铁件在交接处一律满焊，焊缝高度不小于6mm或较薄焊件厚度。

10kV配电室电缆沟剖面图（一）	
35kVA-3-T01-06	图1-2-6

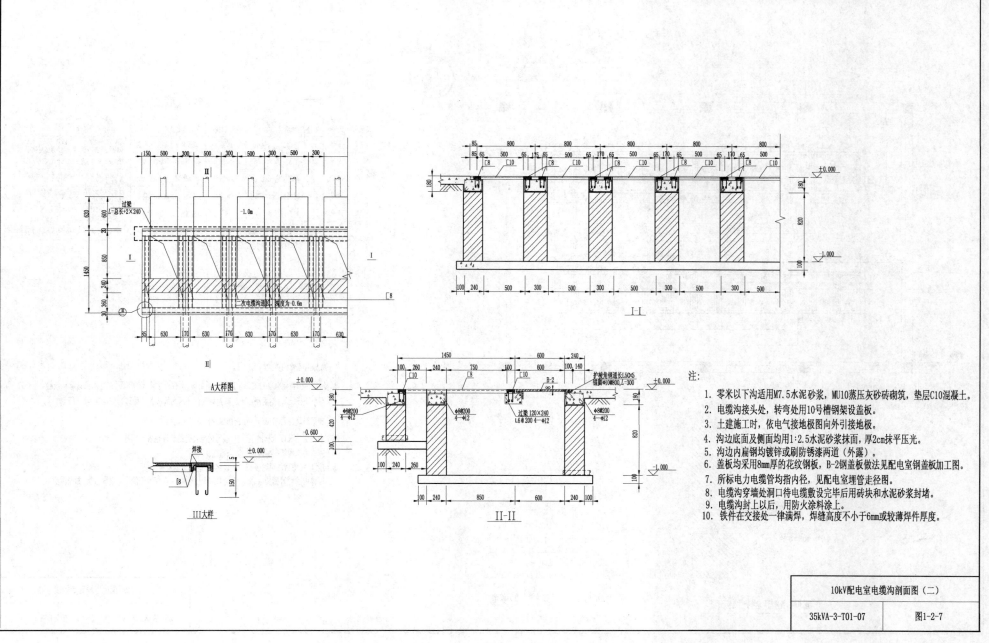

A大样图

III大样

II-II

注:
1. 零米以下沟适用M7.5水泥砂浆,MU10蒸压灰砂砖砌筑,垫层C10混凝土。
2. 电缆沟接头处,转弯处用10号槽钢架设盖板。
3. 土建施工时,依电气接地极图向外引接地极。
4. 沟边底面及侧面均用1:2.5水泥砂浆抹面,厚2cm抹平压光。
5. 沟边内扁钢均镀锌或刷防锈漆两道(外露)。
6. 盖板均采用8mm厚的花纹钢板,B-2钢盖板做法见配电室钢盖板加工图。
7. 所标电力电缆管均指内径,见配电室埋管走径图。
8. 电缆沟穿墙处洞口待电缆敷设完毕后用砖块和水泥砂浆封堵。
9. 电缆沟封上以后,用防火涂料涂上。
10. 铁件在交接处一律满焊,焊缝高度不小于6mm或较薄焊件厚度。

10kV配电室电缆沟剖面图(二)	
35kVA-3-T01-07	图1-2-7

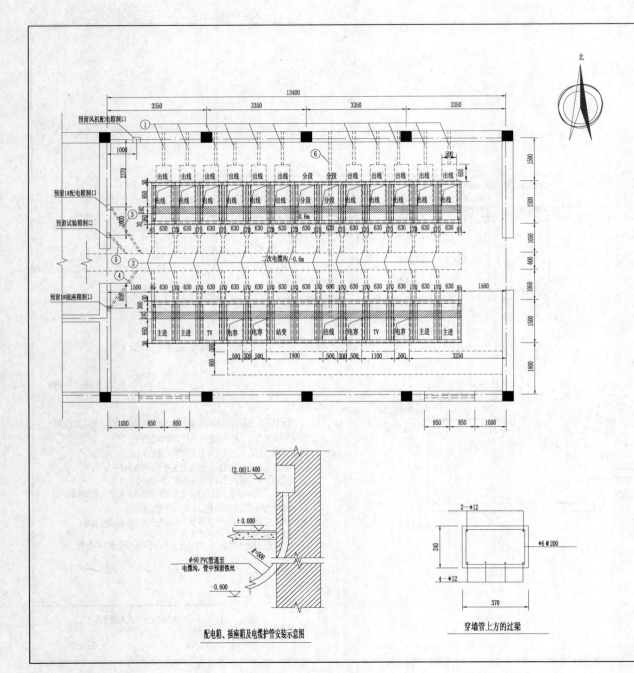

电缆管汇总表

编号	管直径	数量	电缆管埋深	电缆管材料	走径及长度	备注
1	φ200	11	管底标高-1.0m	钢管	如左图所示，现场放样待定	埋深标高相对室内±0.000算起，管中预留铁丝，遇到墙中构造柱，在柜的本身范围内，做适当移动
2	φ150	26	管底标高-0.60m	PVC管	如左图所示，现场放样待定	埋深标高相对室内±0.000算起，管中预留铁丝
3	φ60	1	管底标高-0.60m	PVC管	如左图所示，现场放样待定	埋深标高相对室内±0.000算起，管中预留铁丝，通至1#配电箱
4	φ60	1	管底标高-0.60m	PVC管	如左图所示，现场放样待定	埋深标高相对室内±0.000算起，管中预留铁丝，通至1#插座箱
5	φ60	1	管底标高-0.60m	PVC管	如左图所示，现场放样待定	埋深标高相对室内±0.000算起，管中预留铁丝，通至试验电箱
6	φ200	1	管底标高-1.00m	钢管	如左图所示，现场放样待定	埋深标高相对室内±0.000算起，管中预留铁丝

注:
1. 所标电缆管的直径均指内径。
2. 预留洞口待电缆敷设完后用防火材料封堵。所有外穿墙体的PVC及钢管用沥青麻丝嵌缝
   不小于150mm，然后用防火材料封堵（内外两端均按此法处理）。
3. 施工时请注意与电气专业密切配合，核对无误后再埋置。
4. 电缆管的长度未标出，且同一编号的电缆管的长度也各不相等。
   应该根据图纸中标注现场适当截取。
5. 预埋PVC管做法可仿05J2-25-1，套管选用非金属管。
6. 墙体内的埋管密集区域，宜采用混凝土浇筑。 在穿墙管的上方设置过梁，如左图所示。

配电箱、插座箱及电缆护管安装示意图

穿墙管上方的过梁

10kV配电室埋管走径图	
35kVA-3-T01-08	图1-2-8

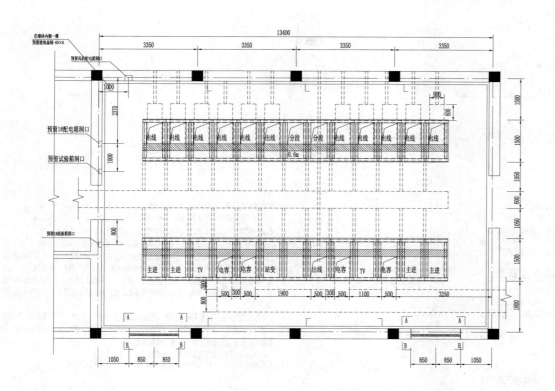

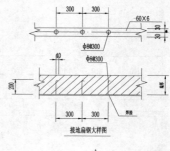

北

接地扁钢大样图

接地扁钢过门洞口大样图

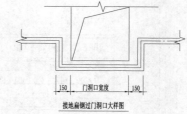

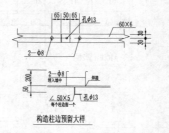

构造柱边预留大样

在墙体内侧一圈
预留接地扁钢60×6

预留风机温控箱洞口

1000

2370

1000

800

预留1#配电箱洞口

预留试验箱洞口

预留1#插座箱洞口

出线 出线 出线 出线 出线 出线 分段 分段 出线 出线 出线 出线 出线

0.6m

主进 主进 TV 电容 电容 站变 出线 电容 TV 电容 主进 主进

13400
3350 3350 3350 3350

1500
1500
1050
1050
1500

500
600

500 300 500 1900 500 300 500 1100 500 3250
800 300

1800

1050 850 850

850 850 1050

A A A A

B B B B

注A:
1.10kV配电室在墙体内侧预留60×6接地扁钢一圈,标高0.25m;接地扁钢大样及扁钢过门。

2.接地扁钢采用热镀锌扁钢。

3.接地扁钢接地做法见电气一次相应图纸。

4.铁件在交接处一律满焊,焊缝高度不小于6mm或较薄焊件厚度。

5.土建施工时请注意与电气专业密切配合,核对无误后再施工。

6.配电室及主控室的配电箱、风机温控箱及墙内埋管见相关电气图纸。

7.CQB1和电气核对无误后再预留。

8.穿墙板A-A、B-B视图参见10kV配电室穿墙板预埋件图。

注B:
1.待电缆敷设完毕后,外墙预留的穿墙洞口用砖块和水泥砂浆封堵,里外用1:2.5水泥砂浆抹面压光。

2.若电缆沟底面与穿墙洞口下缘不在同一标高,电缆沟向穿墙洞口放坡。

3.预留风机温控箱洞口2个;尺寸为:以电气图为准(高×宽×厚),中心标高为1.4m。

4.预留试验箱洞口1个;尺寸为:560×450×120(高×宽×厚),中心标高为1.4m。预留φ60PVC管通到附近电缆沟。

5.预留1#配电箱洞口1个;尺寸为:310×460×120 (高×宽×厚),中心标高1.4m,预留φ60PVC管通到附近电缆沟。

6.预留1#插座箱洞口1个;尺寸为:310×560×120 (高×宽×厚),中心标高为 1.4m,预留φ60PVC管通到附近电缆沟。

7.室内插座距地0.3m,开关距地1.4m,据毕地尺寸均以中心线标起,室外拉线开关距雨罩下面0.2m。

8.明槽或暗沟待电缆铺设后,回填完毕后用水泥砂浆抹面压光。

9.风机孔位于门口正上方,上圈梁下面,风机孔尺寸待风机到货后现场定。

10kV配电室预留埋件及孔洞图	
35kVA-3-T01-09	图1-2-9

— 15 —

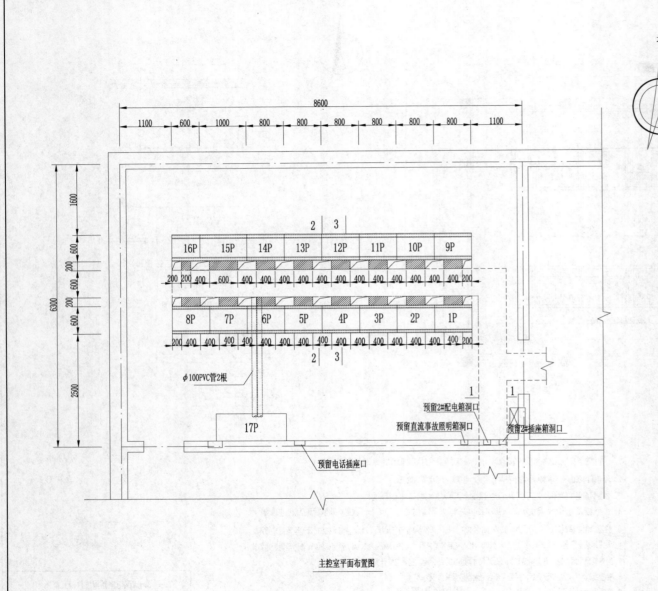

注:
1. 预留2#插座箱洞口尺寸为:310×560×120 (高×宽×厚)，中心标高为1.4m。
   预留空调配电箱洞口尺寸为:310×280×120 (高×宽×厚)，中心标高为1.4m。
   预留3#配电箱洞口尺寸为:560×450×120 (高×宽×厚)，中心标高为1.4m。
   预留2#配电箱洞口尺寸为:310×460×120 (高×宽×厚)，中心标高为1.4m。
   预留高压脉冲电网出线配电箱洞口尺寸为:500×600×200 (高×宽×厚)，中心标高为1.4m。
   预留直流事故照明配电箱洞口尺寸为:310×460×120 (高×宽×厚)，中心标高为1.4m。
2. 室内插座距地0.3m，开关距地1.4m，据尺寸均以中心线标起，室外拉线开关距雨罩下面0.2m。
3. 本主控室的所有埋件及预留孔洞图参照电气照明图纸，根据相关位置及大小预留孔洞、埋件及预留埋管。
4. 本主控室及值班室火灾报警信号回路、遥视埋管等预留钢管，详细位置参观电气二次相关图纸。
5. 土建施工时需要严格参照相关电气一次图纸、二次图纸;同时与相关图纸核对无误后，再埋置。本图未画图遥视预埋管走径图，施工时勿遗漏。
6. 1-1～3-3剖面图参见主控室电缆沟剖面图。
7. 本图预留洞口尺寸仅供参考，具体尺寸根据实际订货尺寸待定。

主控室平面布置图

主控室预埋孔洞及零米沟道布置图	
35kVA-3-T01-10	图1-2-10

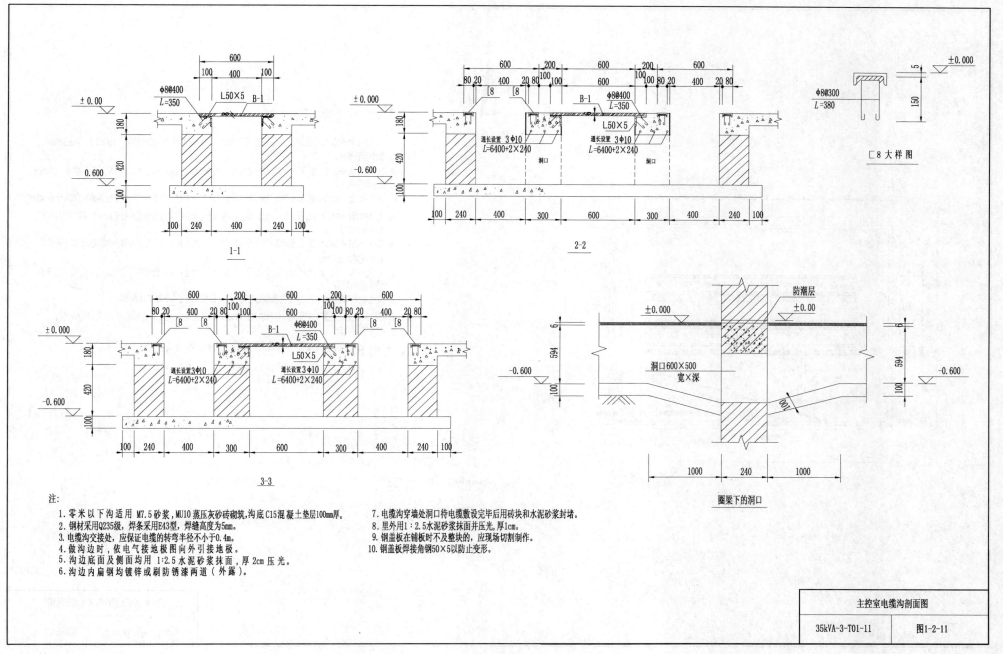

注:
1. 零米以下沟适用 M7.5 砂浆, MU10 蒸压灰砂砖砌筑, 沟底 C15 混凝土垫层100mm厚。
2. 钢材采用Q235级, 焊条采用E43型, 焊缝高度为5mm。
3. 电缆沟交接处, 应保证电缆的转弯半径不小于0.4m。
4. 做沟边时, 依电气接地极图向外引接地极。
5. 沟边底面及侧面均用 1:2.5 水泥砂浆抹面, 厚2cm压光。
6. 沟边内扁钢均镀锌或刷防锈漆两道（外露）。
7. 电缆沟穿墙处洞口待电缆敷设完毕后用砖块和水泥砂浆封堵。
8. 里外用1:2.5水泥砂浆抹面并压光, 厚1cm。
9. 钢盖板在铺板时不及整块的, 应现场切割制作。
10. 钢盖板焊接角钢50×5以防止变形。

主控室电缆沟剖面图	
35kVA-3-T01-11	图1-2-11

— 17 —

北

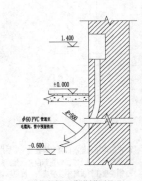

注:

1. ① 为PVC管 φ100,计2根,长度现场待定,管底标高-0.6m,由主控室内的电缆沟引至操作台,如左图所示,管中预留铁丝。

2. ② 为PVC管 φ60,计1根,长度现场待定,管底标高-0.6m,由主控室内的电缆沟引至空调配电箱,如左图所示,管中预留铁丝。

3. ③ 为PVC管 φ32,计1根,长度现场待定,管底标高-0.6m,由主控室内的电缆沟引至电话插座洞口,管中预留铁丝。

4. ④ 为PVC管 φ60,计1根,长度现场待定,管底标高-0.6m,由主控室内的电缆沟引至直流事故照明箱洞口,管中预留铁丝。

5. ⑤ 为PVC管 φ60,计1根,长度现场待定,管底标高-0.6m,由主控室内的电缆沟引至2#配电箱,如左图所示,管中预留铁丝。

6. ⑥ 为PVC管 φ60,计1根,长度现场待定,管底标高-0.6m,由主控室内的电缆沟引至2#插座箱,如左图所示,管中预留铁丝。

7. 遥视与火灾报警埋管图 详细位置参见电气二次主控室遥视与火灾报警埋管图。

8. 施工时注意,在警卫室至大门处预埋2根PVC管 φ25,长度现场待定,管底标高-0.6m,可视门铃使用。管中预留铁丝。

9. GPS天线预埋管及温度探头预埋管根据电气二次提前预留,左图未标出。

8600

1100 600 1000 800 800 800 800 800 800 1100

1600 600 200 600 600 2500

6300

16P 15P 14P 13P 12P 11P 10P 9P

8P 7P 6P 5P 4P 3P 2P 1P

200 400 400 400 400 400 400 400 400 400 400 400 400 400 400 200

2 3

2 3

φ100PVC管2根

17P

① ② ③

④

⑤

⑥

预留空调配电洞口
预留直流事故照明箱洞口
预留电话插座洞口
预留2#插座箱洞口

1

1

主控室平面布置图

1.400

+0.000

-0.600

φ60 PVC 管通至电缆沟,管中预留铁丝。

配电箱,插座箱及电缆护管安装示意图

主控室预埋孔洞及零米沟道布置图

35kVA-3-T01-12　　图1-2-12

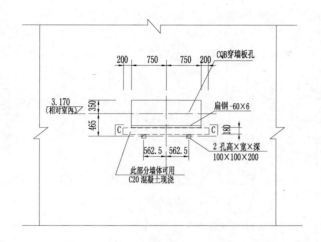

配电室内墙面穿墙板下留孔大样

A—A 视面

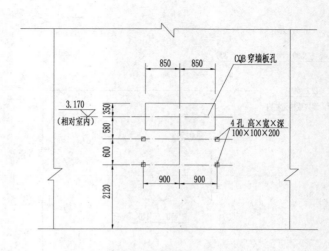

配电室外墙面穿墙板下留孔大样

B—B 视面

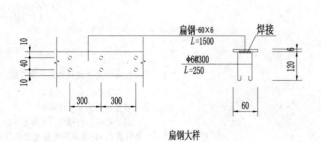

扁钢大样

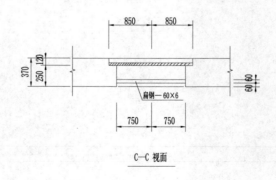

C—C 视面

10kV配电室穿墙板预埋件图	
35kVA-3-T01-13	图1-2-13

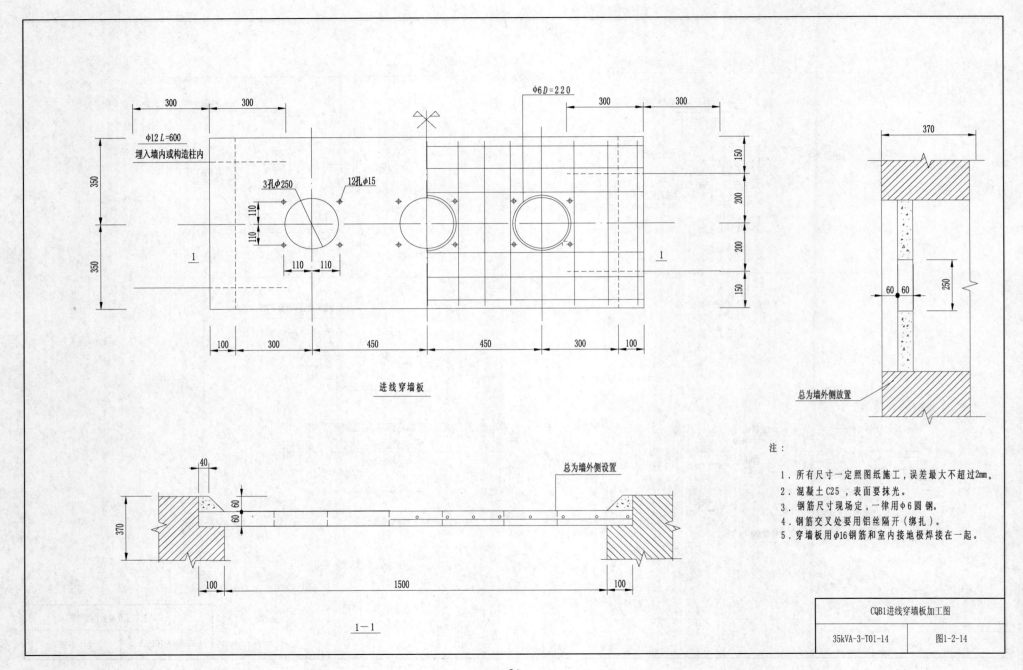

进线穿墙板

Φ12 L=600
埋入墙内或构造柱内

3孔Φ250

12孔Φ15

Φ6D=220

总为墙外侧放置

总为墙外侧设置

1—1

注:

1.所有尺寸一定照图纸施工,误差最大不超过2mm。

2.混凝土C25,表面要抹光。

3.钢筋尺寸现场定,一律用Φ6圆钢。

4.钢筋交叉处要用铝丝隔开(绑扎)。

5.穿墙板用Φ16钢筋和室内接地极焊接在一起。

CQB1进线穿墙板加工图	
35kVA-3-T01-14	图1-2-14

第三节 室 外 部 分

室外设备基础、架构及支架设计说明

1. 钢材采用 Q235B 级，焊条 E43，均防腐采用热镀锌。

2. 本工程的设计使用年限为 30 年。

3. 基础采用 C20 混凝土，二次浇筑采用 C25 混凝土，垫层采用 100 厚 C15 混凝土。

4. 锚栓配双帽、双垫（普通及弹簧垫片各一个）。所有外露混凝土均为清水混凝土。

5. 所有基础应一次浇完，中间不得留施工缝。施工时请和电气人员配合，埋设电缆护管。架构、支架基础浇筑后应在混凝土初凝后终凝前将杯口内模拆除，杯口内壁打毛清洗干净，待基础强度达到设计强度的 85% 以上时方可进行上部结构吊装，吊装前应先进行基槽回填，回填土应分层夯实至该区域的设计标高，基础周围回填土夯实系数为 0.94。所有基础均应坐在老土层上，设计标高未到老土层应挖至老土层后用 3：7 灰土夯至设计标高，压实系数 0.97。设备基础在设备安装前也应基槽回填，要求同支架基础。

6. 支架施工前应与电气人员校对支架方位，所有接地铁件均朝统一方向。

7. 架构柱安装时位置必须准确，安装前基础杯口内清扫干净，杯口内壁湿润，杯口底用 M10 水泥砂浆找平，待柱子就位后用 C25 细石混凝土灌实。

8. 导线安装时，只允许单相安装紧线，并对架构采取临时固定措施。

9. 避雷针从制作至安装完毕应遵守相关技术规范。

10. 本设计中±0.000 相当于站内室外地面设计标高，此标高与一期保持一致。

11. 所有架构及支架基础下均设垫层，在图中未标明的采用 100 厚 C15 混凝土垫层。

12. 设计标高零米以下的内容仅供参考。

室外设备基础、架构及支架设计说明	
35kVA-3-T02-01	图1-3-1

北

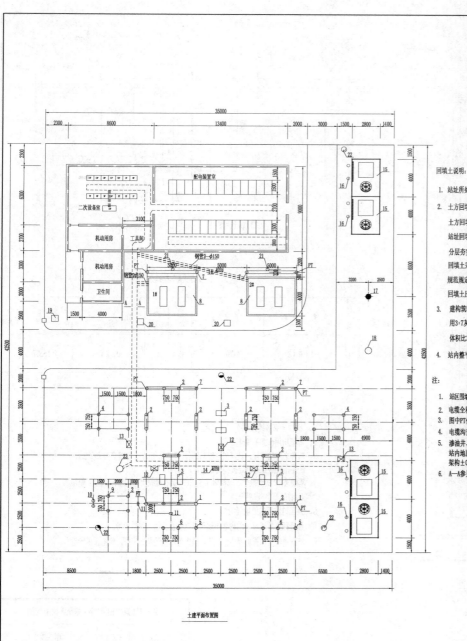

土建平面布置图

回填土说明：

1. 站址所处位置，不能低于本地50年一遇洪水位标高。

2. 土方回填前，对基底的垃圾、树根、木板等杂物进行清除并将基底水予以抽验。

   土方回填施工时，应适当控制含水量，如土料水分过多或不足时，应晾干或洒水湿润。

   站址回填土可采用粉土或粉质黏土，不得使用淤泥、料土、冻土等土质回填，回填土应

   分层夯实至设计标高。

   回填土采用机械压实，每层填土厚度压实不大于500mm，回填土每层压实后，应按

   规范规定进行环刀取样。每70m²面积内应不少于一个检验点

   回填土压实系数不应小于0.97。

3. 建构筑物基础必须埋在老土层上，若在耕值土或杂填土层，应将其全部清除，清除后

   用3:7灰土或用级配碎石回填至基础垫层底面设计标高，灰土应分层夯实，压实系数不得小于0.97，

   体积比3:7的灰土，其最小干密度：粉土1.55t/m³；粉质黏土1.50t/m³；黏土1.45t/m³。

4. 站内整平施工时注意排水方向。

注：

1. 站区围墙内用地面积：0.15hm²；其他用地面积：0.02hm²；站址总占地面积：0.17hm²。

2. 电缆全程穿管，如遇道路,道路处，先期预留φ200钢管，除道路处外，其余部分电缆边施工边穿管。

3. 图中PT代表爬梯的安装位置及爬梯类型，详见各爬梯加工图。

4. 电缆沟预留洞口，穿墙洞口待电缆敷设完毕后，用防火堵料封堵。

5. 渗油井、砂箱位置可根据现场位置做适当移动。

   站内地面（架构±0.000）不能低于当地50年一遇的洪水位，

   架构±0.000应做成永久性标记。

6. A—A参见室外电缆沟剖面图。

架构基础汇总表

序号	名　称	单位	数量	高度(m)	规格	3.5下	4.5下	6下	7下	9下
1	35kV 进线架构	组	2	7.3	φ300					4
2	35kV 隔离开关支架	组	11	3.0	φ300	22				
3	35kV 断路器基础	座	3							
4	35kV 避雷器、电压互感器、熔断器组合支架	组	2	3.0	φ300	8				
5	35kV 单相电压互感器	组	2	3.0	φ300	2				
6	35kV 避雷器支架	组	2	3.0	φ300	4				
7	35kV 主变进线	组	4	7.3						8
8	变压器基础	座								
9	35kV 站变熔断器支架	组	1	4.5	φ300		2			
10	35kV 站变支架	组	1	2.0	φ300	2				
11	电缆支架基础	座	2							
12	XW1—1端子箱基础	座	2							
13	XW2—1端子箱基础	座	2							
14	XW6—2端子箱基础	座	2							
15	10kV 电容器基础	座	4							
16	10kV 电容器侧的隔离开关支架	座	4							
17	30m避雷针	座	1							
18	事故蓄油池	座	1							
19	化粪池	座	1							
20	砂箱	座	2							
21	10kV 母线支架	组	2		φ300	2				
22	室外照明灯基础	座	4							
23	集水井	座	1							

土建平面布置图	
35kVA-3-T02-02	图1-3-2

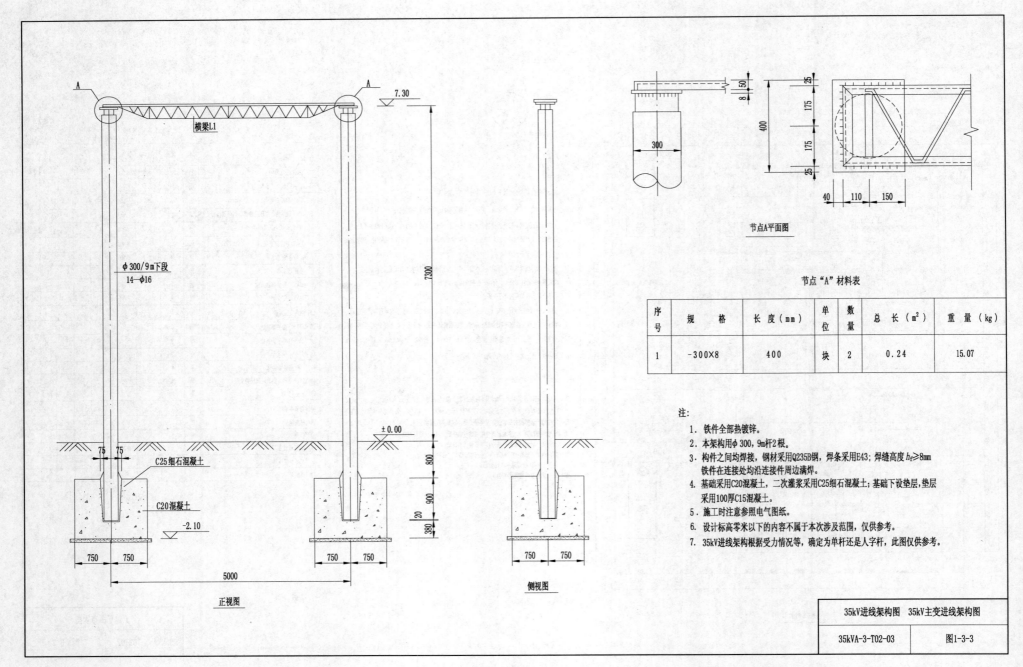

横梁L1

7.30

φ300/9m下段
14—φ16

7300

节点A平面图

节点"A"材料表

序号	规 格	长 度(mm)	单位	数量	总 长(m²)	重 量(kg)
1	-300×8	400	块	2	0.24	15.07

注:
1. 铁件全部热镀锌。
2. 本架构用φ300,9m杆2根。
3. 构件之间均焊接,钢材采用Q235B钢,焊条采用E43;焊缝高度h_f≥8mm
   铁件在连接处均沿连接件周边满焊。
4. 基础采用C20混凝土,二次灌浆采用C25细石混凝土;基础下设垫层,垫层
   采用100厚C15混凝土。
5. 施工时注意参照电气图纸。
6. 设计标高零米以下的内容不属于本次涉及范围,仅供参考。
7. 35kV进线架构根据受力情况等,确定为单杆还是人字杆,此图仅供参考。

C25细石混凝土

±0.00

C20混凝土

-2.10

正视图

侧视图

35kV进线架构图　35kV主变进线架构图	
35kVA-3-T02-03	图1-3-3

— 24 —

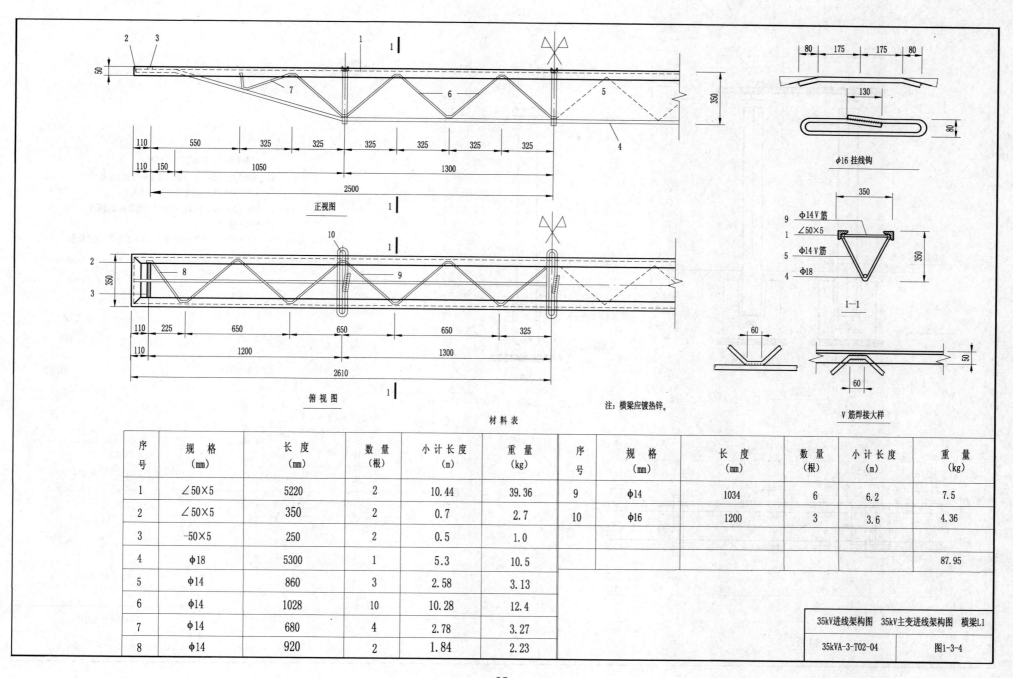

正视图

俯视图

注：横梁应镀热锌。

$\phi16$ 挂线钩

1—1

V 筋焊接大样

材料表

序号	规格 (mm)	长度 (mm)	数量 (根)	小计长度 (m)	重量 (kg)	序号	规格 (mm)	长度 (mm)	数量 (根)	小计长度 (m)	重量 (kg)
1	∠50×5	5220	2	10.44	39.36	9	$\phi14$	1034	6	6.2	7.5
2	∠50×5	350	2	0.7	2.7	10	$\phi16$	1200	3	3.6	4.36
3	-50×5	250	2	0.5	1.0						
4	$\phi18$	5300	1	5.3	10.5						
5	$\phi14$	860	3	2.58	3.13						87.95
6	$\phi14$	1028	10	10.28	12.4						
7	$\phi14$	680	4	2.78	3.27						
8	$\phi14$	920	2	1.84	2.23						

35kV进线架构图　35kV主变进线架构图　横梁L1

35kVA-3-T02-04　　图1-3-4

— 25 —

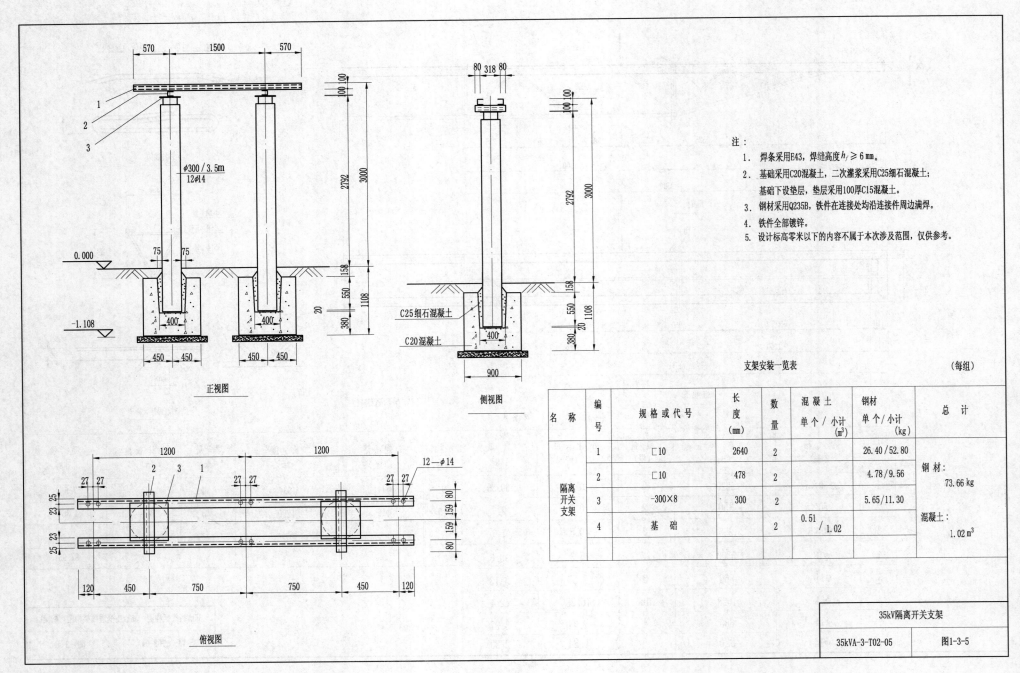

注：
1. 焊条采用E43，焊缝高度 $h_f \geqslant 6\,mm$。
2. 基础采用C20混凝土，二次灌浆采用C25细石混凝土；基础下设垫层，垫层采用100厚C15混凝土。
3. 钢材采用Q235B，铁件在连接处均沿连接件周边满焊。
4. 铁件全部镀锌。
5. 设计标高零米以下的内容不属于本次涉及范围，仅供参考。

正视图

侧视图

C25细石混凝土
C20混凝土

俯视图

支架安装一览表 　　　　　　　　　　　　　　　　　　（每组）

名 称	编号	规 格 或 代 号	长度 (mm)	数量	混凝土 单个 / 小计 (m³)	钢材 单个 / 小计 (kg)	总 计
隔离开关支架	1	□10	2640	2		26.40 / 52.80	钢材： 73.66 kg 混凝土： 1.02 m³
	2	□10	478	2		4.78 / 9.56	
	3	-300×8	300	2		5.65 / 11.30	
	4	基 础		2	0.51 / 1.02		

35kV隔离开关支架

35kVA-3-T02-05	图1-3-5

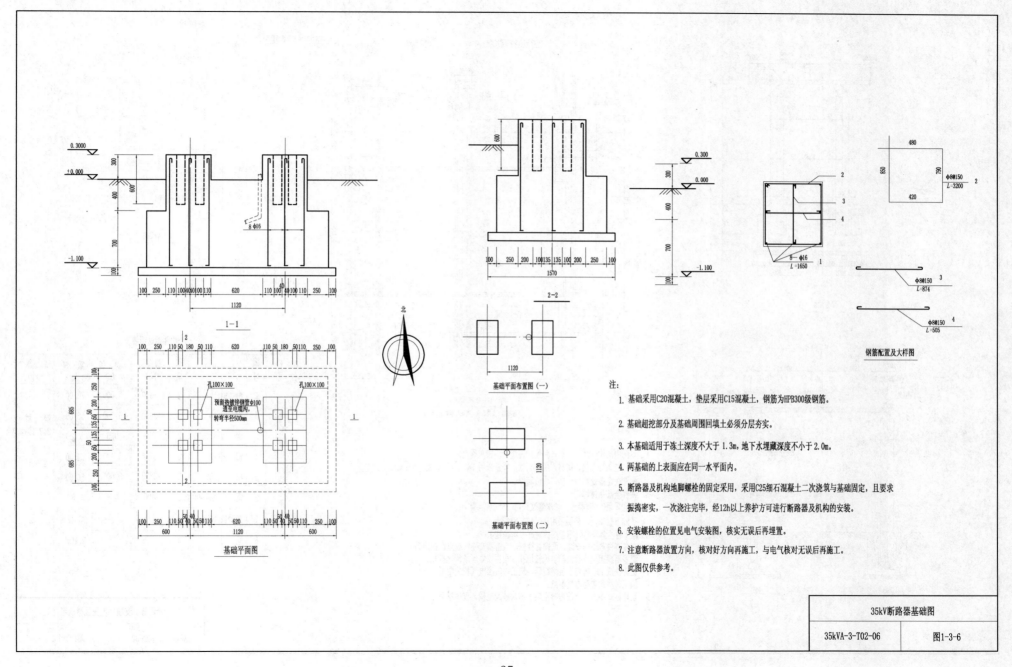

注:
1. 基础采用C20混凝土,垫层采用C15混凝土,钢筋为HPB300级钢筋。

2. 基础超挖部分及基础周围回填土必须分层夯实。

3. 本基础适用于冻土深度不大于1.3m,地下水埋藏深度不小于2.0m。

4. 两基础的上表面应在同一水平面内。

5. 断路器及机构地脚螺栓的固定采用,采用C25细石混凝土二次浇筑与基础固定,且要求
   振捣密实,一次浇注完毕,经12h以上养护方可进行断路器及机构的安装。

6. 安装螺栓的位置见电气安装图,核实无误后再埋置。

7. 注意断路器放置方向,核对好方向再施工,与电气核对无误后再施工。

8. 此图仅供参考。

1-1

基础平面图

北

2-2

基础平面布置图(一)

基础平面布置图(二)

钢筋配置及大样图

35kV断路器基础图

| 35kVA-3-T02-06 | 图1-3-6 |

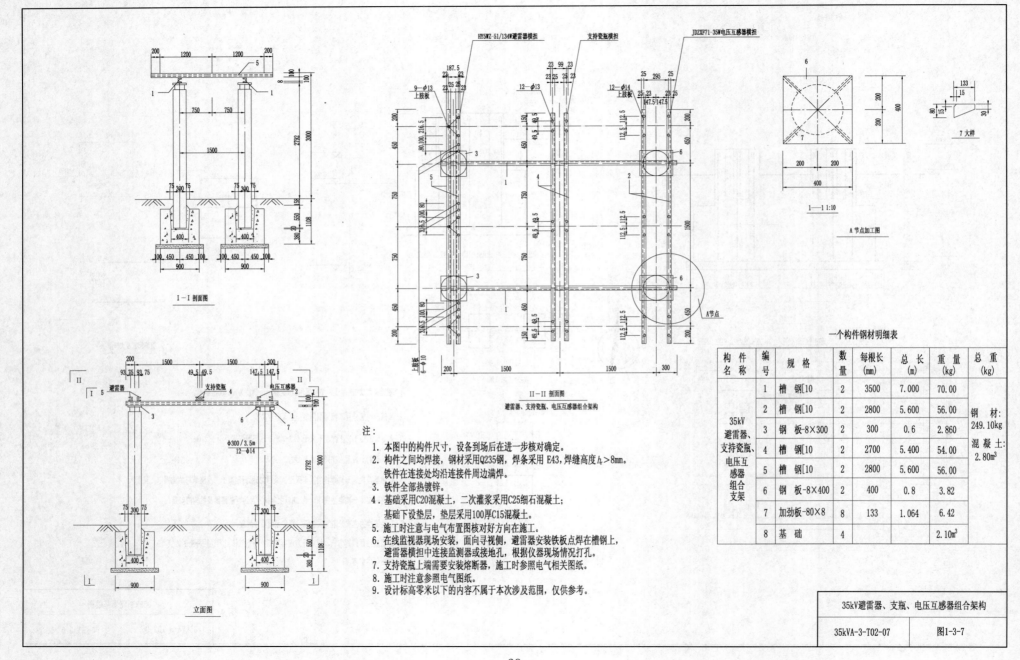

I－I 剖面图

立面图

II－II 剖面图
避雷器、支持瓷瓶、电压互感器组合架构

HY5WZ-51/134W避雷器横担
支持瓷瓶横担
JDZXF71-35W电压互感器横担

1－1 1:10

A节点加工图

7 大样

一个构件钢材明细表

构件名称	编号	规格	数量	每根长(mm)	总长(m)	重量(kg)	总重(kg)
35kV避雷器、支持瓷瓶、电压互感器组合支架	1	槽钢[10	2	3500	7.000	70.00	钢材：249.10kg 混凝土：2.80m³
	2	槽钢[10	2	2800	5.600	56.00	
	3	钢板-8×300	2	300	0.6	2.860	
	4	槽钢[10	2	2700	5.400	54.00	
	5	槽钢[10	2	2800	5.600	56.00	
	6	钢板-8×400	2	400	0.8	3.82	
	7	加劲板-80×8	8	133	1.064	6.42	
	8	基础	4			2.10m³	

注：
1. 本图中的构件尺寸，设备到场后在进一步核对确定。
2. 构件之间均焊接，钢材采用Q235钢，焊条采用 E43，焊缝高度ₐ>8mm。铁件在连接处均沿连接件周边满焊。
3. 铁件全部热镀锌。
4. 基础采用C20混凝土，二次灌浆采用C25细石混凝土；基础下设垫层，垫层采用100厚C15混凝土。
5. 施工时注意与电气布置图核对好方向在施工。
6. 在线监视器现场安装，面向寻视侧，避雷器安装铁板点焊在槽钢上，避雷器横担中连接监测器或接地孔，根据仪器现场情况打孔。
7. 支持瓷瓶上端需要安装熔断器，施工时参照电气相关图纸。
8. 施工时注意参照电气图纸。
9. 设计标高零米以下的内容不属于本次涉及范围，仅供参考。

35kV避雷器、支瓶、电压互感器组合架构	
35kVA-3-T02-07	图1-3-7

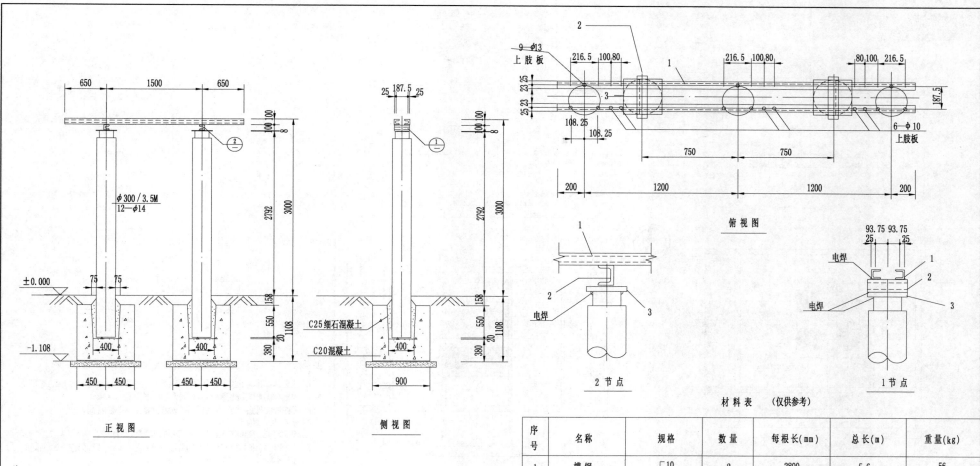

正视图　　　　　　　　侧视图　　　　　　　　俯视图

2节点　　　　　　　1节点

注:

1．电焊条E43，焊缝高度$h_r \geqslant 6mm$。

2．钢材采用Q235B钢，铁件在连接处沿周边满焊。

3．铁件全部镀锌，设备到货后，根据设备孔据打。

4．构件的长度及间距，构件上孔的大小及间距，孔应根据设备到货后的实际情况定。

5．基础采用C20混凝土，二次灌注采用C25细石混凝土；基础下设垫层，垫层采用100厚C15混凝土。

6．施工时注意参照电气图纸。

7．设计标高零米以下的内容不属于本次涉及范围，仅供参考。

材料表　（仅供参考）

序号	名称	规格	数量	每根长(mm)	总长(m)	重量(kg)
1	槽钢	□10	2	2800	5.6	56
2	槽钢	□10	2	350	0.7	7
3	钢板	-8×300	2	300	0.6	2.86
4	基础		2			1.05 m³

35kV避雷器支架	
35kVA-3-T02-08	图1-3-8

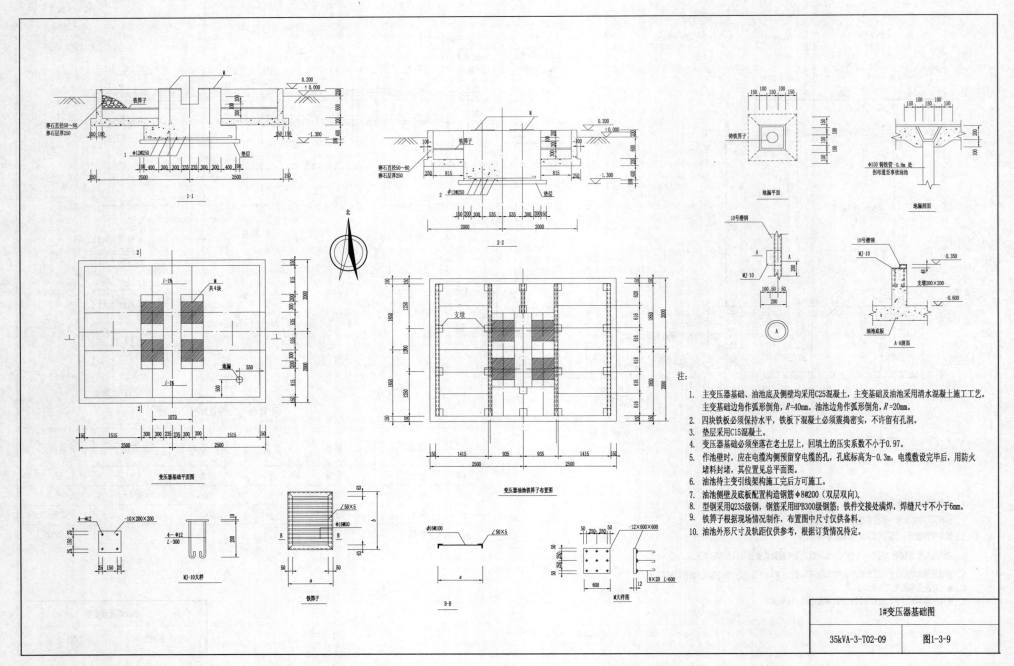

注:
1. 主变压器基础、油池底及侧壁均采用C25混凝土,主变基础及油池采用清水混凝土施工工艺。主变基础边角作弧形倒角,R=40mm。油池边角作弧形倒角,R=20mm。
2. 四块铁板必须保持水平,铁板下混凝土必须震捣密实,不许留有孔洞。
3. 垫层采用C15混凝土。
4. 变压器基础必须坐落在老土层上,回填土的压实系数不小于0.97。
5. 作池壁时,应在电缆沟侧预留穿电缆的孔,孔底标高为-0.3m,电缆敷设完毕后,用防火堵料封堵,其位置见总平面图。
6. 油池待主变引线架构施工完后方可施工。
7. 油池侧壁及底板配置构造钢筋φ8@200(双层双向)。
8. 型钢采用Q235级钢,钢筋采用HPB300级钢筋;铁件交接处满焊,焊缝尺寸不小于6mm。
9. 铁箅子根据现场情况制作,布置图中尺寸仅供备料。
10. 油池外形尺寸及轨距仅供参考,根据订货情况待定。

1#变压器基础图	
35kVA-3-T02-09	图1-3-9

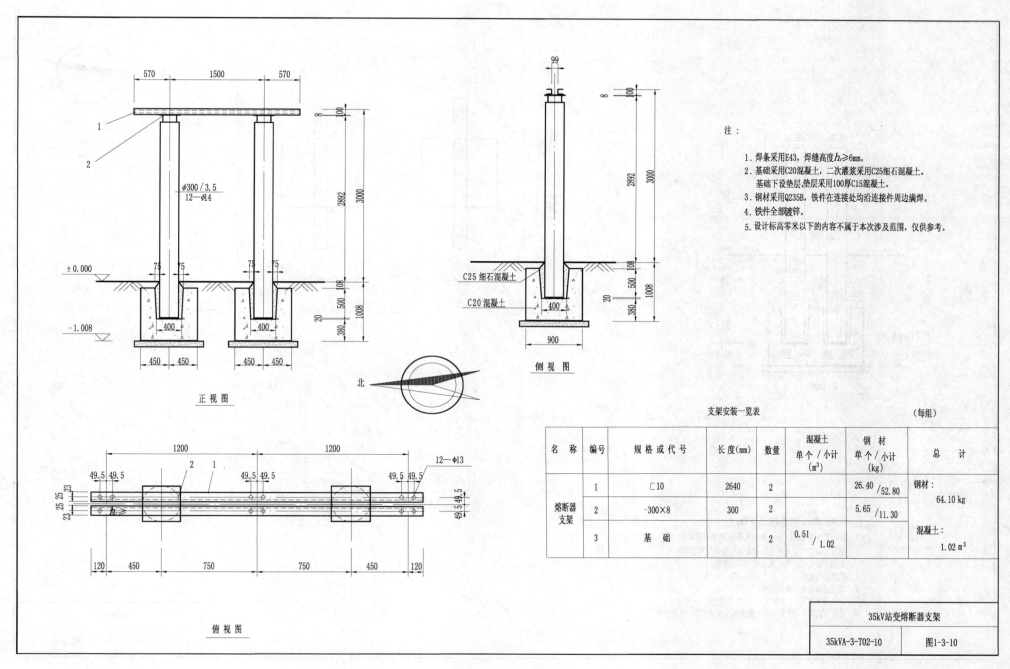

注：
1. 焊条采用E43，焊缝高度 $h \geqslant 6mm$。
2. 基础采用C20混凝土，二次灌浆采用C25细石混凝土。
   基础下设垫层，垫层采用100厚C15混凝土。
3. 钢材采用Q235B，铁件在连接处均沿连接件周边满焊。
4. 铁件全部镀锌。
5. 设计标高零米以下的内容不属于本次涉及范围，仅供参考。

正视图

侧视图

俯视图

支架安装一览表 （每组）

名称	编号	规格或代号	长度(mm)	数量	混凝土 单个／小计 (m^3)	钢材 单个／小计 (kg)	总 计
熔断器 支架	1	□10	2640	2		26.40 ／ 52.80	钢材： 64.10 kg 混凝土： 1.02 m^3
	2	-300×8	300	2		5.65 ／ 11.30	
	3	基 础		2	0.51 ／ 1.02		

35kV站变熔断器支架	
35kVA-3-T02-10	图1-3-10

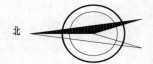

北

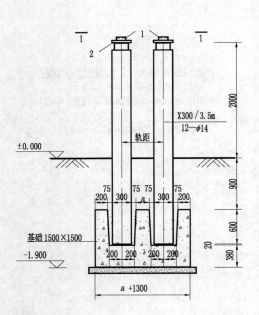

正视图

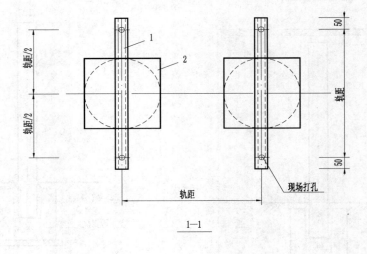

1—1

支架安装一览表　　　　　　　　　　（每组）

名　称	编号	规格或代号	长度 (mm)	数量	钢材 单个/小计 (kg)	总　计
35kV 站变	1	□10		2		
	2	-300×8	300	2	5.65/11.30	

注：

1. 焊条采用E43，焊缝高度 $h_f \geqslant 6$mm。
2. 基础采用C20混凝土，二次灌浆采用C25细石混凝土。
3. 钢材采用Q235B，铁件在连接处均沿连接件周边满焊。
   基础下设垫层，垫层采用100厚C15混凝土。
4. 铁件全部镀锌。
5. 根据设备到货，现场打孔。
6. 此图仅供参考。
7. 设计标高零米以下的内容不属于本次涉及范围，仅供参考。

35kV站变架构	
35kVA-3-T02-11	图1-3-11

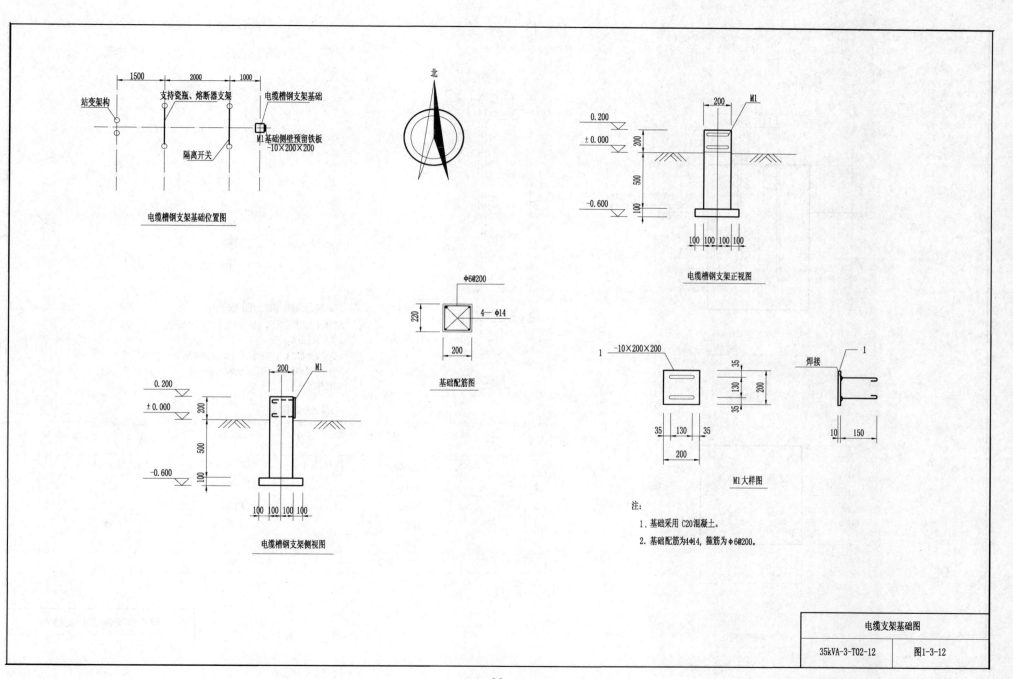

电缆槽钢支架基础位置图

电缆槽钢支架侧视图

电缆槽钢支架正视图

基础配筋图

M1大样图

焊接

注:
1. 基础采用C20混凝土。
2. 基础配筋为4φ14,箍筋为φ6@200。

电缆支架基础图	
35kVA-3-T02-12	图1-3-12

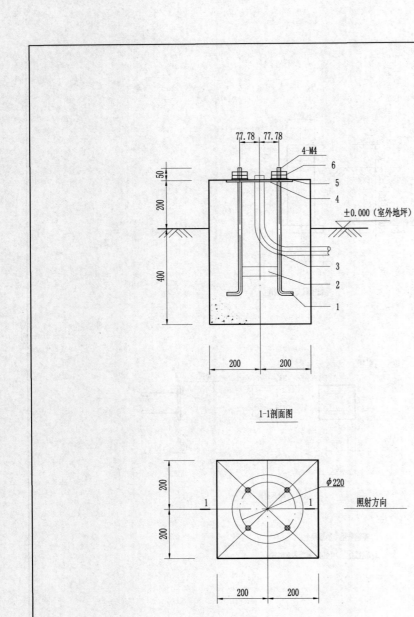

1-1剖面图

照射方向

基础平面图

地脚螺栓

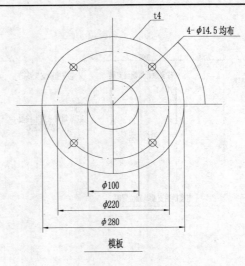

模板

注:
1.C25混凝土现浇,基础上表面光滑平整。
2.模板以上螺纹涂黄油,浇注时包扎保护好,模板校平。
3.坑底素土夯实。
4.钢材采用Q235B,焊条E43,未注焊缝均为满焊。
5.射灯位置见电气屋外照明示意图。
6.此图仅供参考。

基础骨架材料表

序号	代 号	名 称	数量	材 料	重量 单件(kg)	重量 总计(kg)	备 注
1		地脚螺栓	4	Q235 M14×500	0.6	2.4	
2		加强板条	4	Q235 40×4×235	0.3	1.2	
3		穿线管	2	PVCφ80			
4		模板	1	Q235 t4	1.7	1.7	
5		锌厚平垫	4	t4			
6		锌六角螺母	8	M14			

室外照明灯基础示意图（仅供参考）	
35kVA-3-T02-13	图1-3-13

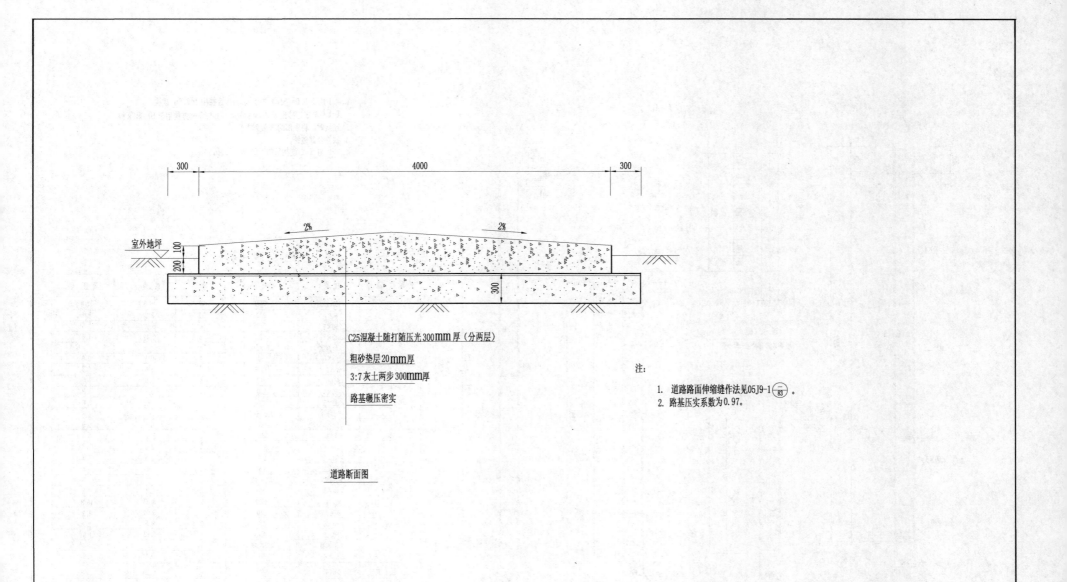

C25混凝土随打随压光300mm厚（分两层）

粗砂垫层20mm厚

3:7灰土两步300mm厚

路基碾压密实

注:
1. 道路路面伸缩缝作法见05J9-1 $\left(\frac{一}{83}\right)$ 。
2. 路基压实系数为0.97。

道路断面图

道路断面图	
35kVA-3-T02-14	图1-3-14

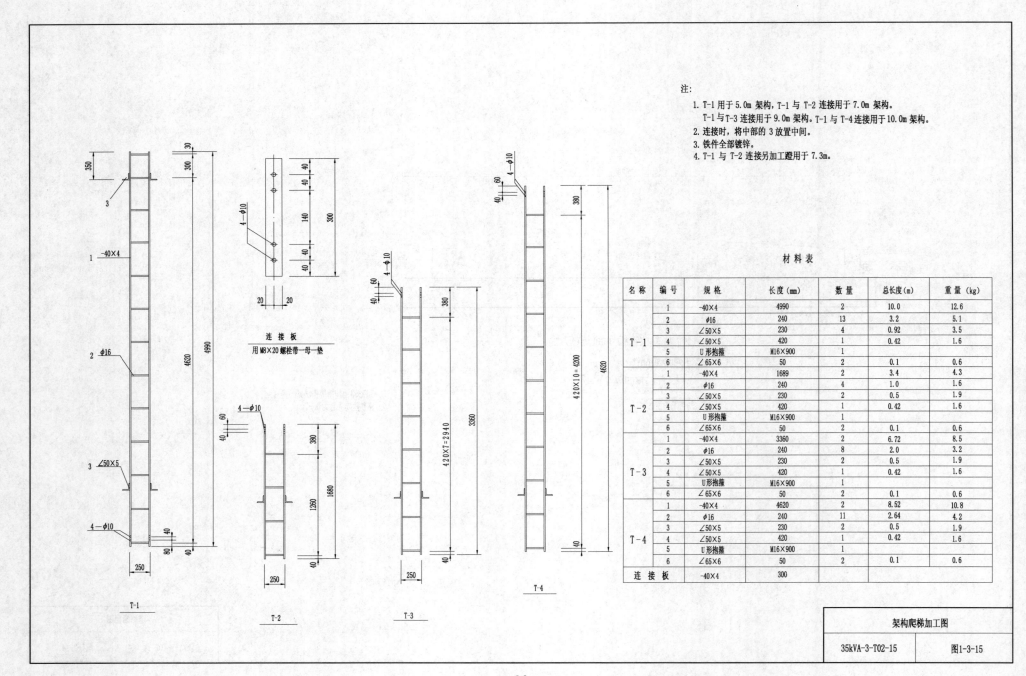

注：

1. T-1用于5.0m架构，T-1与T-2连接用于7.0m架构。
   T-1与T-3连接用于9.0m架构。T-1与T-4连接用于10.0m架构。
2. 连接时，将中部的3放置中间。
3. 铁件全部镀锌。
4. T-1与T-2连接另加工蹬用于7.3m。

材 料 表

名 称	编号	规 格	长度(mm)	数 量	总长度(m)	重 量 (kg)
T-1	1	-40×4	4990	2	10.0	12.6
	2	φ16	240	13	3.2	5.1
	3	∠50×5	230	4	0.92	3.5
	4	∠50×5	420	1	0.42	1.6
	5	U形抱箍	M16×900	1		
	6	∠65×6	50	2	0.1	0.6
T-2	1	-40×4	1689	2	3.4	4.3
	2	φ16	240	4	1.0	1.6
	3	∠50×5	230	2	0.5	1.9
	4	∠50×5	420	1	0.42	1.6
	5	U形抱箍	M16×900	1		
	6	∠65×6	50	2	0.1	0.6
T-3	1	-40×4	3360	2	6.72	8.5
	2	φ16	240	8	2.0	3.2
	3	∠50×5	230	2	0.5	1.9
	4	∠50×5	420	1	0.42	1.6
	5	U形抱箍	M16×900	1		
	6	∠65×6	50	2	0.1	0.6
T-4	1	-40×4	4620	2	8.52	10.8
	2	φ16	240	11	2.64	4.2
	3	∠50×5	230	2	0.5	1.9
	4	∠50×5	420	1	0.42	1.6
	5	U形抱箍	M16×900	1		
	6	∠65×6	50	2	0.1	0.6
连 接 板		-40×4	300			

连 接 板
用M8×20螺栓带一母一垫

T-1

T-2

T-3

T-4

	架构爬梯加工图	
35kVA-3-T02-15		图1-3-15

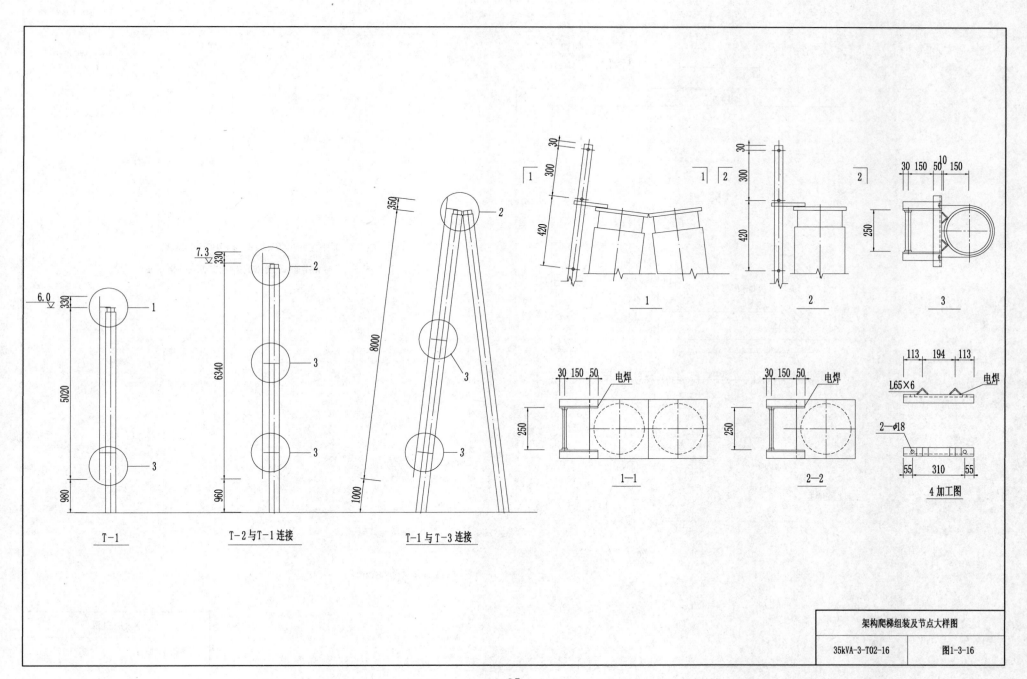

T-1

T-2与T-1连接

T-1与T-3连接

1

2

3

1—1

2—2

4 加工图

电焊

电焊

电焊

L65×6

2—φ18

架构爬梯组装及节点大样图

35kVA-3-T02-16

图1-3-16

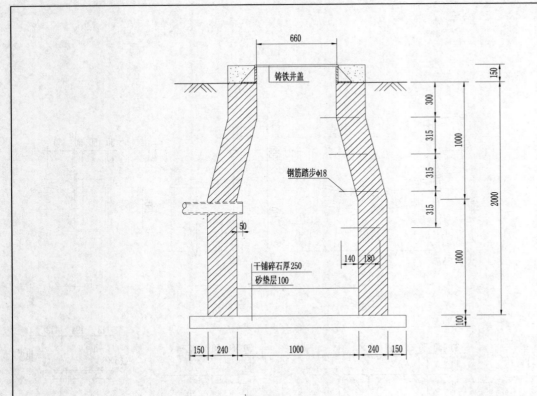

铸铁井盖

钢筋踏步φ18

干铺碎石厚250
砂垫层100

注:
1. 井壁底面起 10 皮砖为干摆，以上为 M7.5 砂浆砌筑。
2. 井圈钢筋 HPB300，混凝土采用 C20。
3. 渗水井管道标高根据电缆沟深度决定，但最小不得小于 1m。

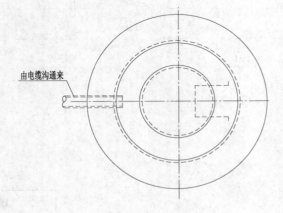

由电缆沟通来

渗水井施工图		
35kVA-3-T02-17		图1-3-17

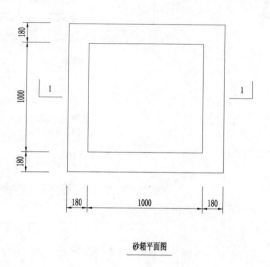

砂箱平面图

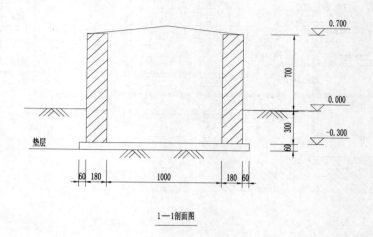

1—1剖面图

注:
1.砂箱墙体采用MU7.5蒸压灰砂砖,M5.0水泥砂浆砌筑。墙体外侧用1:3水泥砂浆抹面压光。
2.垫层采用C15混凝土。
3.砂箱装满砂子后,用水泥砂浆封住顶面,厚度不大于3mm。

砂箱大样图	
35kVA-3-T02-18	图1-3-18

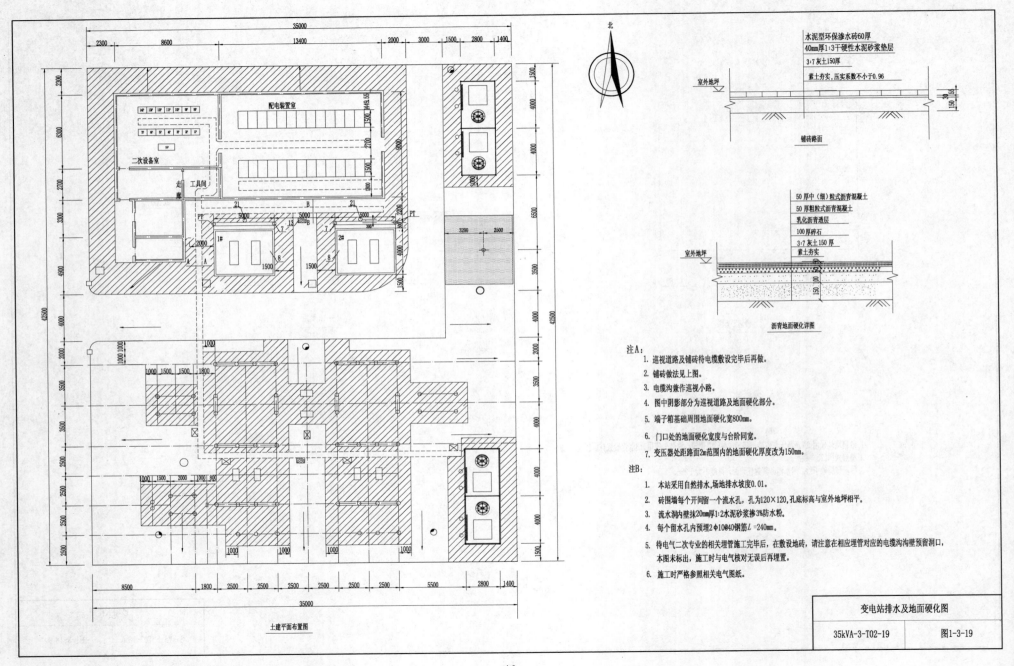

土建平面布置图

水泥型环保渗水砖60厚
40mm厚1:3干硬性水泥砂浆垫层
3:7灰土150厚
素土夯实，压实系数不小于0.96

室外地坪

铺砖路面

50厚中(细)粒式沥青混凝土
50厚粗粒式沥青混凝土
乳化沥青透层
100厚碎石
3:7灰土150厚
素土夯实

室外地坪

沥青地面硬化详图

注A:

1. 巡视道路及铺砖待电缆敷设完毕后再做。
2. 铺砖做法见上图。
3. 电缆沟兼作巡视小路。
4. 图中阴影部分为巡视道路及地面硬化部分。
5. 端子箱基础周围地面硬化宽800mm。
6. 门口处的地面硬化宽度与台阶同宽。
7. 变压器处距路面2m范围内的地面硬化厚度改为150mm。

注B:

1. 本站采用自然排水，场地排水坡度0.01。
2. 砖围墙每个开间留一个流水孔，孔为120×120，孔底标高与室外地坪相平。
3. 流水洞内壁抹20mm厚1:2水泥砂浆掺3%防水粉。
4. 每个留水孔内预埋2Φ10@40钢筋L=240mm。
5. 待电气二次专业的相关埋管施工完毕后，在敷设地砖，请注意在相应埋管对应的电缆沟沟壁预留洞口，本图未标出，施工时与电气核对无误后再埋置。
6. 施工时严格参照相关电气图纸。

变电站排水及地面硬化图

| 35kVA-3-T02-19 | 图1-3-19 |

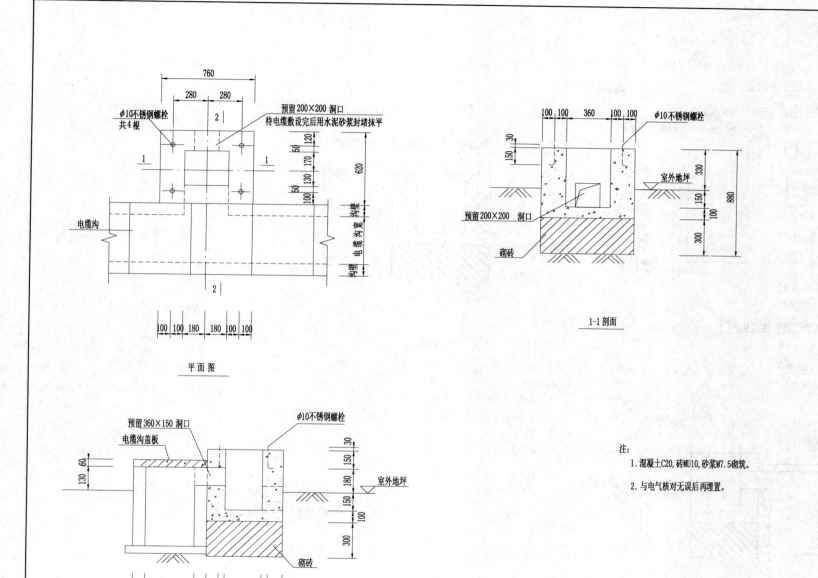

760

280 280

φ10不锈钢螺栓
共4根

预留200×200 洞口
待电缆敷设完后用水泥砂浆封堵抹平

120
50
170
130
50
100
620

电缆沟

沟壁 电缆沟宽 沟壁

100 100 180 180 100 100

平面图

φ10不锈钢螺栓

100 100 360 100 100

150 30

预留200×200 洞口

室外地坪

砌砖

330
150
100
300
880

1-1 剖面

φ10螺栓
扣长30

30
150

60

螺栓加工图

预留360×150 洞口

电缆沟盖板

φ10不锈钢螺栓

130 60

室外地坪

砌砖

沟壁 沟宽 沟壁 100 300 50 120

30
150
180
150
100
300

1-1 剖面

注：
1. 混凝土C20，砖MU10，砂浆M7.5砌筑。
2. 与电气核对无误后再埋置。

XW1-1型端子箱基础图	
35kVA-3-T02-20	图1-3-20

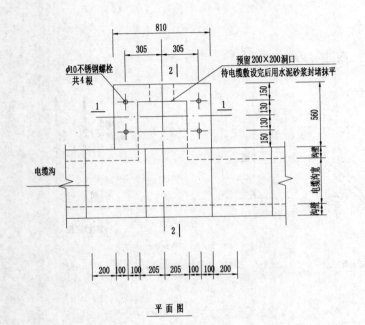

810

305 305

φ10不锈钢螺栓
共4根

预留200×200洞口
待电缆敷设完后用水泥砂浆封堵抹平

2

1 1

2

150 130 130 150
560

电缆沟

沟壁
电缆沟内宽
沟壁

200 100 100 205 205 100 100 200

平 面 图

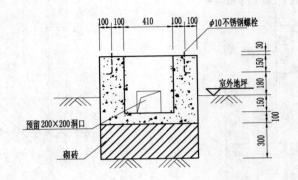

100 100 410 100 100

φ10不锈钢螺栓

预留200×200洞口

室外地坪

砌砖

30 150 180 150 100 300

1-1 剖面

φ10螺栓
扣长30

30 150

60

螺栓加工图

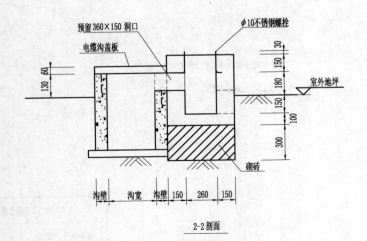

预留360×150洞口

φ10不锈钢螺栓

电缆沟盖板

室外地坪

130 60

30 150 180 150 100 300

砌砖

沟壁 沟宽 沟壁 150 260 150

2-2 剖面

注:
1. 混凝土C20,砖MU10,砂浆M7.5砌筑。
2. 与电气核对无误后再埋置。

XW2—1型端子箱基础图	
35kVA-3-T02-21	图1-3-21

— 42 —

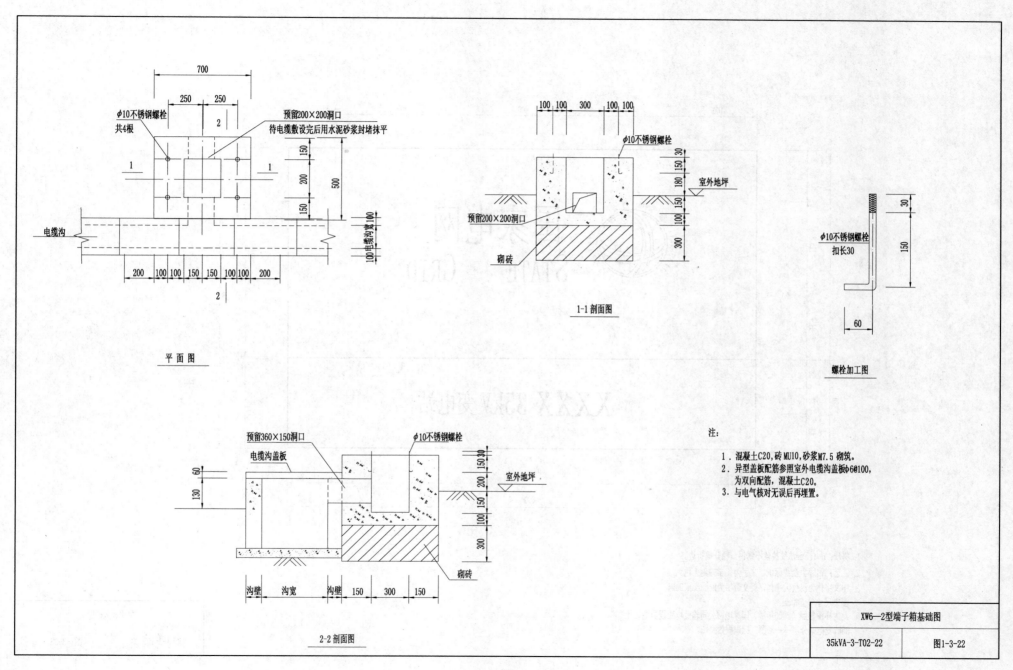

平 面 图

1-1 剖面图

螺栓加工图

2-2 剖面图

注:
1. 混凝土C20,砖 MU10,砂浆M7.5 砌筑。
2. 异型盖板配筋参照室外电缆沟盖板φ6@100,
   为双向配筋,混凝土C20。
3. 与电气核对无误后再埋置。

XW6—2型端子箱基础图	
35kVA-3-T02-22	图1-3-22

— 43 —

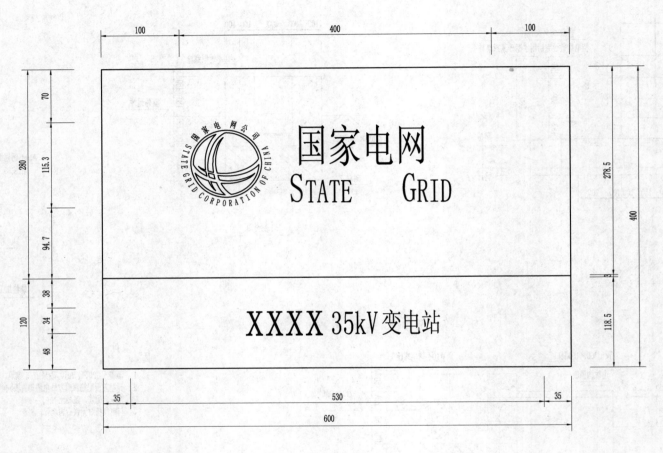

国家电网
STATE   GRID

XXXX 35kV 变电站

注:
1. 材质: *d*=1.5mm法纹拉丝不锈钢, 经开槽折边。
2. 工艺: 铭牌上企业标识、文字为化学蚀刻上色。
3. 中文字体为汉仪大黑体, 英文数字为Bookman Demi。
4. 图中尺寸单位为mm。
5. 此大样图参照（2006年版）国家电网公司输变电工程典型设计
   35kV变电站分层——彩图1 标识板效果图。

标识板大样图	
35kVA-3-T02-23	图1-3-23

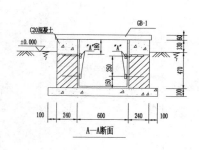

A—A断面

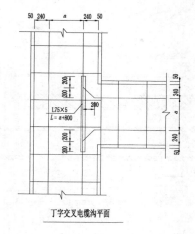

丁字交叉电缆沟平面

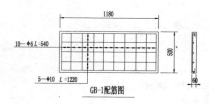

GB-1配筋图

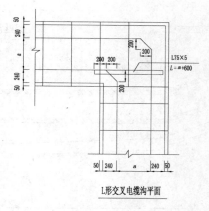

L形交叉电缆沟平面

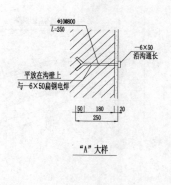

"A"大样

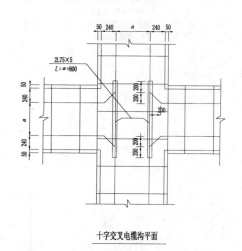

十字交叉电缆沟平面

注:

1. 本图±0.000为变电站室外地坪标高。

2. 电缆沟沟壁采用MU10蒸压灰砂砖,M5水泥砂浆砌筑,沟底采用C15素混凝土垫层100厚,
   垫层下均素土夯实。电缆沟盖板采用C25混凝土,HPB300钢筋。

3. 电缆沟内壁及底用1:2.5水泥砂浆(掺5%防水粉)抹面20厚,沟底找坡方向见站内给排
   水及电缆沟布置图,坡度为0.3%。

4. 电缆沟A—A断面位置见站内管沟布置图。

5. 电缆沟壁放不下时可局部改为混凝土沟壁并与基础混凝土合为一体,
   上部沟壁可做在其上保持原宽度。

室外电缆沟施工图	
35kVA-3-T02-24	图1-3-24

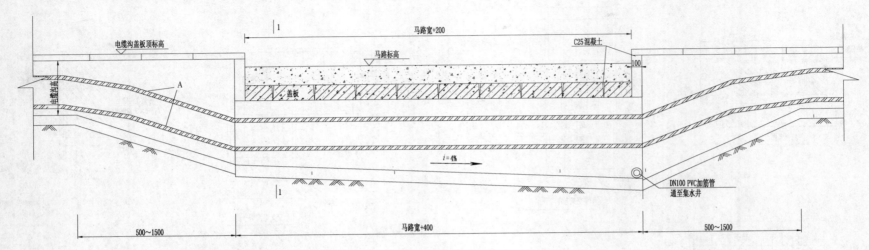

电缆沟盖板顶标高

马路宽+200

C25混凝土

马路标高

盖板

A

i = 4%

DN100 PVC加筋管
通至集水井

500~1500

马路宽+400

500~1500

过路电缆沟纵断面图

注:
1. 本图应与室外管沟图中过路电缆沟标高相对照。
2. 电缆沟支架埋铁见电缆沟施工图。
3. 电缆沟底应坡向集水井侧,并具体位置见平面图。
4. A大样见室外电缆沟施工图。
5. 盖板钢筋采用HPB300钢筋,混凝土采用C25混凝土
保护层厚度为20mm。

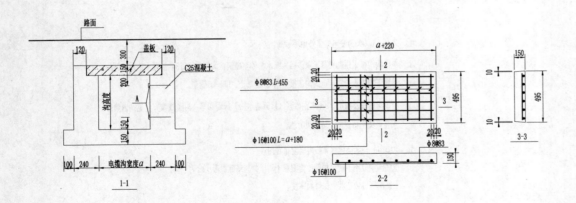

路面

盖板

C25混凝土

A

沟高度

电缆沟宽度 a

1-1

φ8@83 l=455

a+220

2

3

3

495

2

φ16@100 L=a+180

φ8@83

20 20

φ16@100

2-2

150

495

3-3

150

过路电缆沟施工图	
35kVA-3-T02-25	图1-3-25

— 46 —

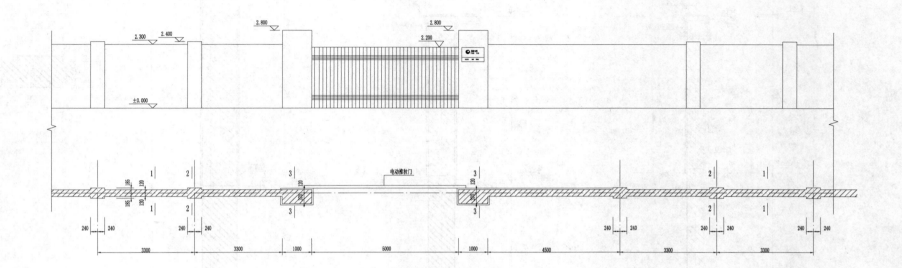

注:

1. 大门两侧20m范围内待大门确定后再施工,以利于埋设管件。

2. 围墙平面图壁柱间距为3300,其间不足3300可调整壁柱间围墙长度,壁柱尺寸不变。调整位置应位于围墙转角处。

3. 推拉门及电动门请建设单位按本图尺寸向厂家定货,并根据厂家所提要求预留轨道及埋件,大门颜色为黑色。

4. 大门及围墙墙面装饰仅供参考,甲方也可自定。

5. 围墙墙垛顶部中间预留100×100×400洞(长×宽×深),用于安装电网。

6. 门柱施工时,注意与电气照明图结合,及时预埋电线管及接线盒。

7. 国电公司标识板见典型设计。

大门标识墙立面图	
35kVA-3-T02-26	图1-3-26

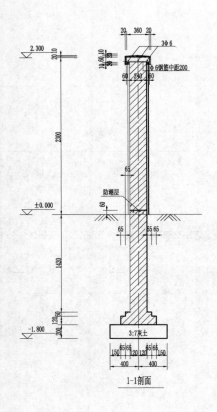

1-1剖面

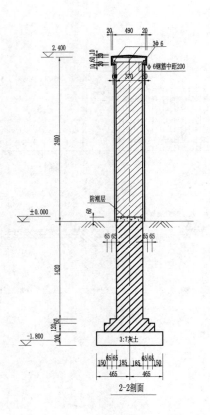

2-2剖面

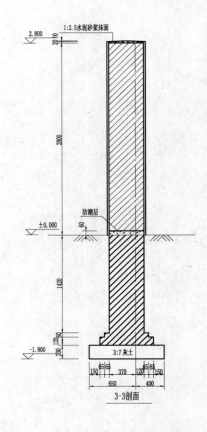

3-3剖面

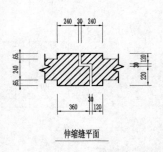

伸缩缝平面

注:

1. 围墙防潮层以下基础采用M7.5 水泥砂浆,MU15 蒸压灰砂砖（优等品）砌筑

   防潮层以上M7.5 混合砂浆，MU10 蒸压灰砂砖（一等品）砌筑，砂浆具有足够的保水性。

2. 砌体灰缝必须饱满密实，并保证砖砌体与其下混凝土可靠连接。

3. 围墙基槽开挖后，基层应位于耕作土层之下；若不满足，应将耕作土层挖除，

   然后用素土分层回填夯实，其压实系数不小于96%。

4. 围墙每隔15m左右设一伸缩缝，位置在370垛处，作法见详图。

5. 围墙两侧回填土必须分层夯实，压实系数为0.96.

6. 在围墙墙垛顶部中间预留洞口100×100×400（长×宽×深），以便安装电网。

7. 防潮层采用1:2水泥砂浆，掺3%防水粉，抹20mm厚。

8. 砖围墙每个开间留一个流水孔，孔为120×120，孔底标高与室外地平相平。

9. 流水洞内壁抹20mm厚1:2 水泥砂浆掺 3% 防水粉。

10. 每个留水孔内预埋2φ10@40钢筋L=240mm。

11. 本图所示围墙压顶样式仅供参考.

12. 围墙基础仅为参考，应根据工程实际需要调整。

围墙大样图	
35kVA-3-T02-27	图1-3-27

基础材料表

序号	名称	规格	长度(mm)	数量	单重(kg)	合计(kg)	备注
1	主筋	φ25	3080	25	11.4	285	
2	垫层钢筋	φ16	3450	34	5.44	185	
3	环筋	φ12	3930	10	3.5	35	
4	基础骨架			1			
5	接地装置						用户自定
混凝土体积：14m³				钢筋重：505kg			

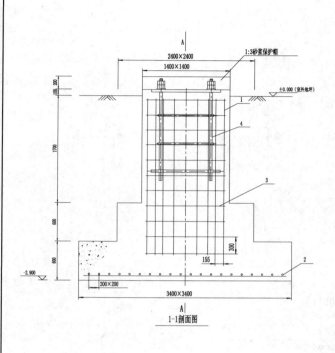

1-1剖面图

A向

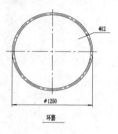

环筋

注A:
1. 基础混凝土采用C20混凝土；
2. φ25、φ16钢筋为螺纹钢，φ12钢筋Ⅰ级。
3. 主筋φ25、环筋φ12尺寸和数量请按图纸自行设计。
4. 垫层厚度为100mm，采用C15混凝土浇筑，图中未标出，请勿遗漏。
5. 基础深度必须达到要求，回填必须夯实。
6. 基础骨架以实物为准。
7. 钢筋保护层厚度不小于50mm。
8. 水泥砂浆保护帽应在避雷针安装完后施工。

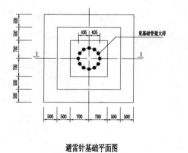

避雷针基础平面图

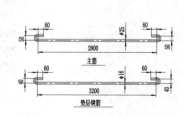

主筋

垫层钢筋

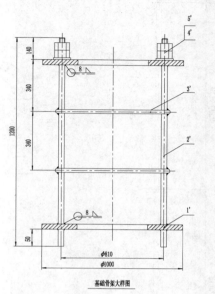

基础骨架大样图

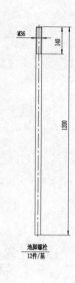

地脚螺栓
12件/基

注B:
1. 在模板平面上用白漆写编号两处。
2. 螺纹部分涂黄油进行保护。
3. 环钢筋可用一3×25扁钢代用。

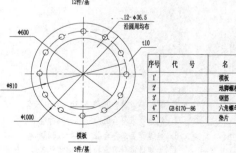

模板
2件/基

垫片
12件/基

基础骨架材料表

序号	代号	名称	数量	材料	重量 单件(kg)	重量 总计(kg)	备注
1'		模板	2	Q235 t10			
2'		地脚螺栓	12	Q235 M36×1200			
3'		钢筋	2	Q235 φ12			
4'	GB 6170-86	六角螺母	24	M36			
5'		垫片	12	Q235 t10			

30m避雷针基础施工图	
35kVA-3-T02-28	图1-3-28

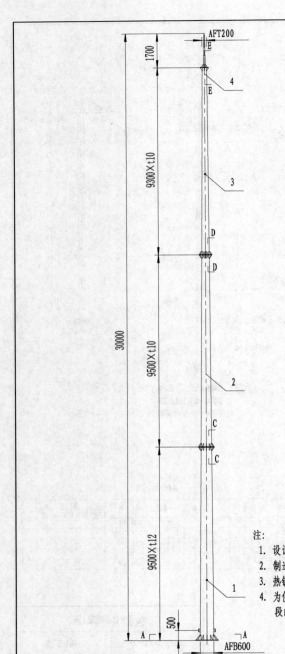

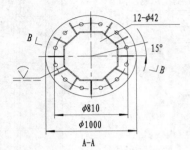

A-A

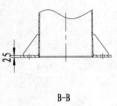

B-B

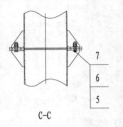

C-C

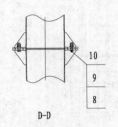

D-D

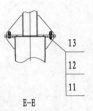

E-E

AFT200

AFB600

材 料 表

序号	代 号	名 称	数量	材 料	重量(kg) 单件	重量(kg) 总计	备 注
1	T01	30m避雷针塔下节	1	Q235			
2	T02	30m避雷针塔中节	1	Q235			
3	T03	30m避雷针塔上节	1	Q235			
4	T04	30m避雷针塔避雷针	1	Q235			
5		热镀锌六角螺栓	12	8.8级 M30×140			螺纹部分95mm
6		热镀锌六角螺母	24	8.8级 M30			
7		垫圈	24	自制			
8		热镀锌六角螺栓	12	8.8级 M24×130			螺纹部分85mm
9		热镀锌六角螺母	24	8.8级 M24			
10		垫圈	24	自制			
11		热镀锌六角螺栓	6	6.8级 M20×65			螺纹部分40mm
12		热镀锌六角螺母	6	6.8级 M20			
13		平垫圈	6	B20			
14						3000kg	

注:
1. 设计要求符合DL/T 5130—2001标准。
2. 制造要求符合DL/T 646—98标准。
3. 热镀锌要求符合GB 2694—2003标准。
4. 为使避雷针可靠接地,避雷针各段之间用—60×6镀锌扁钢焊接,扁钢与塔
   段的搭接长度不小于120mm。搭接处满焊,焊后应采用热喷锌防腐处理。

30m独立避雷针组装图

35kVA-3-T02-29   图1-3-29

— 50 —

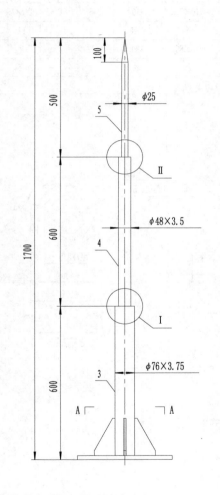

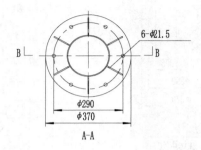

A-A

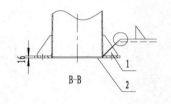

B-B

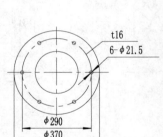

I
2:60

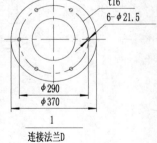

II
2:60

连接法兰D

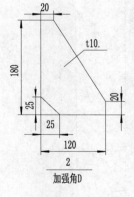

2
加强角D

材 料 表

编号	名称	规格	长度	数量	重量(kg)		备注
					单重	小计	
1	连接法兰D	-16	φ370	1		9.6	
2	加强角D	-10×120	180	6	1.1	6.6	
3	避雷针下节	φ76×3.75	600	1		4.5	
4	避雷针中节	φ48×3.5	750	1		3.1	
5	避雷针上节	φ25	650	1		2.5	
6	顶盖Ⅰ	t4	φ76	1			
7	钢筋Ⅰ	φ8	180	2			
8	顶盖Ⅱ	t4	φ48	1			
9	钢筋Ⅱ	φ6	100	2			
合计(kg)							

注:
1. 要求焊缝表面平滑连续,无夹渣、气孔等焊接缺陷。
2. 去除尖角毛刺,清除焊渣飞溅。

30m独立避雷针针尖加工图	
35kVA-3-T02-30	图1-3-30

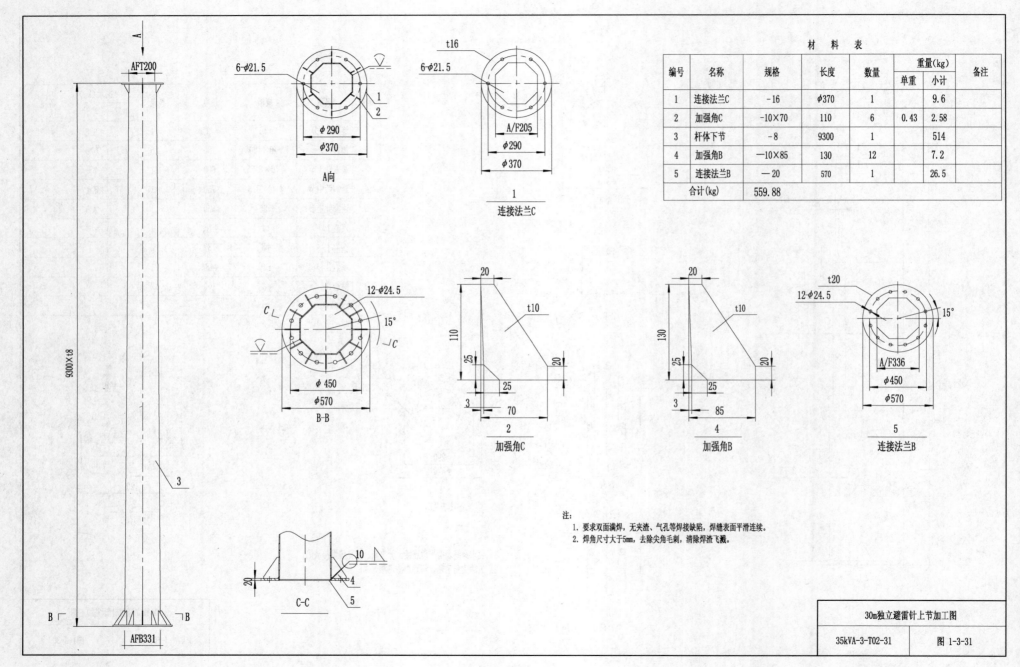

材 料 表							
编号	名称	规格	长度	数量	重量(kg)		备注
					单重	小计	
1	连接法兰C	—16	φ370	1		9.6	
2	加强角C	—10×70	110	6	0.43	2.58	
3	杆体下节	—8	9300	1		514	
4	加强角B	—10×85	130	12		7.2	
5	连接法兰B	—20	570	1		26.5	
合计(kg)	559.88						

A向

连接法兰C

B—B

加强角C

加强角B

连接法兰B

C—C

注:
1. 要求双面满焊,无夹渣、气孔等焊接缺陷,焊缝表面平滑连续。
2. 焊角尺寸大于5mm,去除尖角毛刺,清除焊渣飞溅。

30m独立避雷针上节加工图		
35kVA-3-T02-31	图 1-3-31

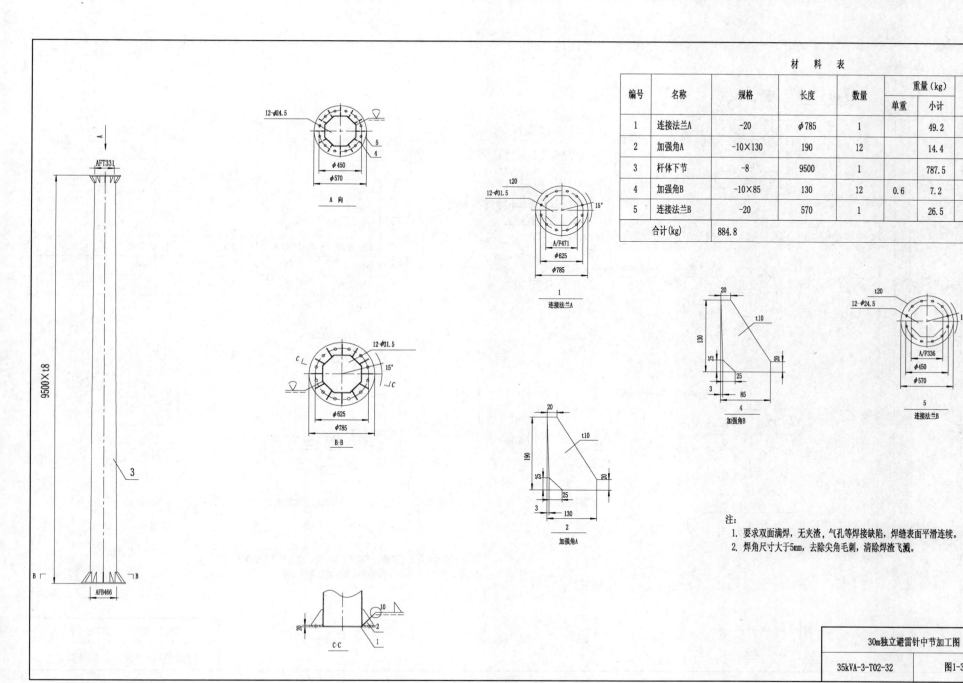

材 料 表

编号	名称	规格	长度	数量	重量（kg）		备注
					单重	小计	
1	连接法兰A	-20	φ785	1		49.2	
2	加强角A	-10×130	190	12		14.4	
3	杆体下节	-8	9500	1		787.5	
4	加强角B	-10×85	130	12	0.6	7.2	
5	连接法兰B	-20	570	1		26.5	
合计(kg)	884.8						

注：
1. 要求双面满焊，无夹渣，气孔等焊接缺陷，焊缝表面平滑连续。
2. 焊角尺寸大于5mm，去除尖角毛刺，清除焊渣飞溅。

30m独立避雷针中节加工图		
35kVA-3-T02-32	图1-3-32

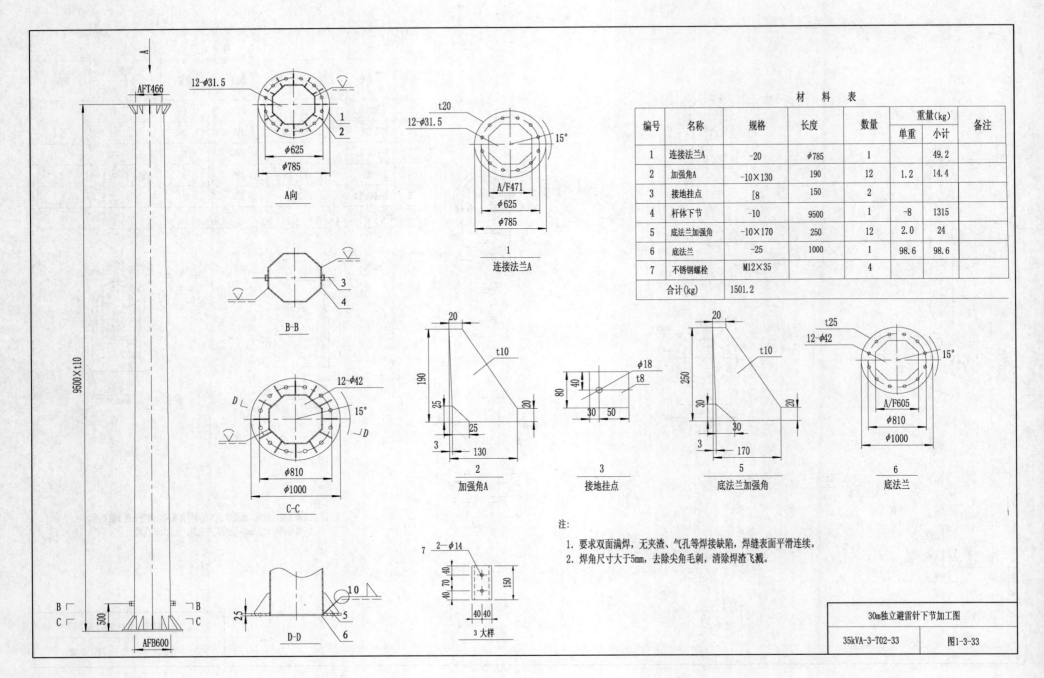

材 料 表

编号	名称	规格	长度	数量	重量(kg)		备注
					单重	小计	
1	连接法兰A	-20	φ785	1		49.2	
2	加强角A	-10×130	190	12	1.2	14.4	
3	接地挂点	[8	150	2			
4	杆体下节	-10	9500	1	-8	1315	
5	底法兰加强角	-10×170	250	12	2.0	24	
6	底法兰	-25	1000	1	98.6	98.6	
7	不锈钢螺栓	M12×35		4			
合计(kg)						1501.2	

注：
1. 要求双面满焊，无夹渣、气孔等焊接缺陷，焊缝表面平滑连续。
2. 焊角尺寸大于5mm，去除尖角毛刺，清除焊渣飞溅。

30m独立避雷针下节加工图

35kVA-3-T02-33   图1-3-33

— 54 —

第二章 电 气 一 次

第一节 35kV-A3 方案 35kV 变电站新建工程施工设计说明书

一、工程设计依据及内容，建设规模，环境条件，对初步审查意见的执行情况

1 设计依据

（1）《35kV-A3 变电站新建工程》初步设计审核纪要

（2）国家电网公司输变电工程标准化设计（35kV 变电站分册，2011 年版）

（3）国家电网公司输变电工程通用设备（2011 年版）

（4）《国家电网公司 2011 年新建变电站设计补充规定》（国家电网基建〔2011〕58 号）

（5）《智能变电站优化集成设计建设指导意见》（国家电网基建〔2011〕539 号）

（6）《国家电网公司输变电工程全寿命周期设计建设指导意见》（国家电网基建〔2008〕1241 号）

（7）《国家电网公司输变电工程施工图设计内容深度规定（变电站）》及编制说明（Q/GDW 381.1—2009）

（8）协调统一基建类和生产类标准差异条款（变电部分）的通知（办基建〔2008〕20 号）

（9）输变电工程建设标准强制性条文

（10）国家电网公司物资采购标准（2011 年 3 月 1 日版）

（11）变电站设计建设相关的其他规程规范、反措、管理规定

（12）《3～110kV 变电所设计技术规程》（GB 50060—92）

（13）《协调统一基建类和生产类标准差异条款》（国家电网科〔2011〕12 号）

2 建设规模

（1）主变容量 2×10MVA，采用有载调压自冷变压器，变电所电压等级为 35/10kV。

（2）35kV 出线 2 回，采用内桥接线。

（3）10kV 出线 12 回，采用单母线分段接线。

（4）无功补偿容量，按主变容量的 20% 考虑。室外散装，容量为 4×1002kvar。

3 环境条件

本工程适用于以下环境条件：

海拔 $\leqslant$1000m；太阳辐射强度 $\leqslant$0.1W/cm²；覆冰厚度 $\leqslant$10mm；

风速/风压 $\leqslant$34/700m/（s·Pa）；耐受地震能力（水平加速度）$\leqslant$0.2g m/s²；

站址暂按假定的正北方向布置，国标Ⅲ级污秽区。

4. 初步审查意见的执行情况

本工程施工设计完全依照初步审查意见执行。

二、电气主接线，布置型式，绝缘配合

1. 电气主接线

（1）本站为 2 台主变压器，容量为 2×10MVA；电压等级 35/10kV。

（2）35kV 主接线：采用内桥接线，出线 2 回。

（3）10kV 主接线：采用单母线分段接线，12 回出线。

（4）无功补偿：按每台主变配置 2 组 1002kvar 电容器组装置考虑。

2. 电气布置形式

根据系统要求的各电压等级的出线方向及选定站址周围环境条件，电气总平面针对推荐站址具体情况进行布置。

（1）35kV 采用配电装置采用屋外布置，架空南出线，位于变电站的南部。

（2）主变压器采用户外布置，位于 35kV 配电装置的北部，与 35kV 配电装置之间是一条宽 4.0m 的主运输马路，两台主变由东向西一字布置。

（3）10kV 配电装置采用铠装中置式手车柜，户内双列面对面布置，10kV 配电室位于主变压器北侧，为单层建筑。

（4）无功补偿装置采用户外布置，位于 10kV 配电室的东部及变电站东南角。无功补偿采用户外散装成套装置。

3. 绝缘配合

对于雷电侵入波及内过电压，采用氧化锌避雷器保护，35kV 母线及 10kV 母线均装有氧化锌避雷器。

三、采用的主要设备型号

1. 主变压器

型号：SZ11-10000/35；

额定变比：35±3×2.5％/10.5；

阻抗电压：U_d％＝7.5％；

接线组别：YNd11；

接口参照通用设备推荐接口。

2. 高压断路器

型号：ZW-40.5/2000-31.5；

额定电压：40.5kV；

额定电流：2000A；

动稳定电流：80kA；

热稳定电流：31.5kA（3s）；

弹簧操作机构

内置电流互感器（进线用）

    额定电流比：400～500～600/5；

    准确等级：0.2S/0.5/10P20/10P20；

内置电流互感器（桥间隔用）

    额定电流比：400～500～600/5；

    准确等级：0.5/10P20/10P20 /10P20。

3. 高压隔离开关

型号：GW4-40.5DDW/2000-31.5，GW4-40.5DW/2000-31.5；

额定电压：40.5kV；

额定电流：2000A；

动稳定电流：63kA；

热稳定电流：31.5kA。

4. 避雷器

型号：YH5WZ-51/134W。

5. 电压互感器

型号：JDZXF71-35W；

额定电压比：$35/\sqrt{3}$，$0.1/\sqrt{3}$，$0.1/\sqrt{3}$，$0.1/3$；

准确等级：0.2/0.5/3P；

接口参照通用设备推荐接口。

6. 10kV 部分高压开关柜

型号：KYN28A-12（内配真空开关）；

额定电流：1250A；

开断电流：25kA；

额定热稳定电流：25kA（4s）；

额定动稳定电流：63kA；

接口参照通用设备推荐接口。

7. 无功补偿装置

型号：TBB10-1002/334-AKW（内含干式空芯电抗器）；

接口参照通用设备推荐接口。

四、对标准化成果应用目录，通用设备标准接口应用情况

1. 通用设计应用情况

本工程采用了国网公司 35kV-A3 通用设计方案。

2. 通用设备标准接口应用

（1）10kV 开关柜应用标准接口情况。10kV 开关柜选用 KYN28A-12 型标准铠装中置式手车柜，柜体尺寸为 1500mm×800mm×2300mm（深×宽×高），此尺寸为国家标准尺寸，柜底开孔尺寸按照通用设备接口标准尺寸，应用了通用设备的标准接口。

（2）无功补偿装置应用标准接口情况。电容器装置一次接线方式采用单星形接线，保护方式采用开口三角电压保护接线，基础平面尺寸为 4000mm×2800mm（不含隔离开关，可根据厂家图纸做相应改变），电容器基础高出±0.00mm 的尺寸为 150mm，应用了通用设备的标准接口。

（3）主变应用标准接口情况。主变油池及基础安装尺寸均采用了通用设备推荐的标准接口尺寸，油池大小为 5m×4m（可根据主变尺寸及相应规程做相应改变），基础安装轨距为 1070mm。

五、智能变电站电气设备智能化技术配置方案

根据《国家电网公司 2011 年新建变电站设计补充规定》（国家电网科〔2011〕601 号文）的规定，结合本站实际情况，本工程进行了综合经济比较，本站互感器仍配置常规互感器，不对设备进行在线监测。

六、强制性条文要求及施工验收规范的要求

（1）满足第 2.10.2 条。接地引下线及其主接地网的连接应满足设计要求。铁芯和夹件的接地引出套管、套管的接地小套管及电压抽取装置不用时其抽出端子均应接地；备用电流互感器二次端子应短接接地；套管顶部结构的接触及密封良好。

（2）满足第 4.2.9 条。金属电缆支架全长均应有良好接地。

（3）满足第 3.1.1 条、3.2.4 条、3.3.1 条、3.3.4 条、3.3.12 条。

七、与相关专业的划分界限、接口要求

1. 与土建专业的划分接线

土建专业负责设备基础及支架的设计，电气一次负责一次设备的布置、选择及安装图的设计。

2. 与电气二次专业的划分界限

电气二次专业负责二次设备的布置、选择及安装图设计，负责端子排设计、电缆清册统计，与二次分界线为TA、TV及开关设备的二次端子引出处。

八、适用范围

本次施工图标准化设计在一定程度上可以标准化部分设备的设计图纸，如一次设备的开关柜，主变压器、避雷器等，但是，仍有一部分设备在近期内如果实现外形及设备接口的标准化设计还有一定的难度，如比较典型的设备：电容器，各个厂家生产的外形图及基础图有很大的区别，一时间很难做到完全的遵从国网公司下发的通用设备接口，因此，即使本次施工图标准化通用设计按照通用设备接口做，将来，在适用的某个实际工程中时，也很难套用，本次施工图设计对部分暂时无法标准化的设备先暂且按照某个国内大的生产厂家的典型图纸进行设计，尽量做到覆盖面广，适用性全的要求。

因此，本方案施工图除主变压器、电容器外，其余可作为标准化的图纸进行相应套用，主变压器及电容器应在实际具体方案中根据实际情况确定是否可以套用。

第二节 国网35kV-A3方案35kV变电站新建工程施工设计主要设备材料清册

电气一次部分主要设备材料表

序号	设备名称	型号及规范	单位	数量	备注	序号	设备名称	型号及规范	单位	数量	备注
（一）	主变压器系统							阻抗电压：$U_d\% = 7.5$			
1	电力变压器	三相两卷有载调压变压器	台	2	Ⅲ级防污			接线组别：YNd11			
		型号 SZ11-10000/35				2	穿墙套管	CW-20/2000	只	6	
		额定容量：10000kVA				3	装置性材料				
		额定电压比：$35 \pm 3 \times 2.5\%/$10.5				1	绝缘子串	FXBW-35/70	串	12	带配套金具

序号	设 备 名 称	型 号 及 规 范	单位	数量	备 注	序号	设 备 名 称	型 号 及 规 范	单位	数量	备 注
2	钢芯铝绞线	LGJ-185/30	m	110		5	钢芯铝绞线	LGJ-120/7	m	50	
3	支柱绝缘子	ZS-35/6	只	24		6	绝缘子串	FXBW-35/70	串	18	带配套金具
4	铝排	LMY-100×10	m	30		7	支持瓷瓶	ZWS-35/4	只	6	
5	热缩套	与LMY-100×10铝配套	m	45		（三）	10kV 配电装置				
6	硬母线固定金具	MWP-103	套	24			高压开关柜				共25面
7	母线伸缩节	MSS-100×10	套	24		1	主进开关柜	KYN28A-12Z	面	2	
（二）	35kV 配电装置					2	出线柜	KYN28A-12Z	面	12	
						3	站用变柜	KYN28A-12Z	面	1	
1	真空断路器	ZW-40.5/2000-31.5 开关内置 TA	台	3		4	电容器出线柜	KYN28A-12Z	面	4	
						5	TV、LA柜	KYN28A-12Z	面	2	
2	隔离开关（单接地）	GW4-40.5DW/2000-31.5	组	4		6	分段开关柜	KYN28A-12Z	面	1	
3	隔离开关（双接地）	GW4-40.5DDW/2000-31.5	组	4		7	分段隔离柜	KYN28A-12Z	面	1	
4	避雷器	HY5WZ-51/134W	只	12		8	主进隔离柜	KYN28A-12Z	面	2	
5	高压熔断器	RW10-35/0.5	只	6		9	装置性材料				
6	干式电压互感器	JDZXF71-35W	只	6		1	10kV 封闭母线桥		m	17	以现场实际测量为准
7	干式电压互感器	JDZXW2-35W2 电压抽取用	只	2		2	穿墙板		块	2	热镀锌
8	装置性材料					（四）	10kV 无功补偿装置				
1	端子箱(断路器用)	XW1-1	台	2		1	电容器成套装置	TBB10-1002/334-AKW	套	4	
2	端子箱（TV 用）	XW2-1	台	3		1	电容器	BAM11/√3-334-1W	台	3	
3	绝缘子串	FXBW-35/70	串	18		2	放电线圈	FDGE-11/√3-1-1W	台	3	
4	钢芯铝绞线	LGJ-185/30	m	200		3	氧化锌避雷器	YH5WR-17/46 带放电计数器	只	3	

序号	设备名称	型号及规范	单位	数量	备注	序号	设备名称	型号及规范	单位	数量	备注
4	12kV 户外隔离开关及隔离接地开关（四级）	GW4-12DW/1250A-4	组	1		1	电缆防火		座	1	
						（七）	防雷接地部分				
5	10kV 干式空芯电抗器	CKDK-10-16.7/0.32-5	台	3		1	接地扁钢	—60×6	m	1330	热镀锌
6	支柱绝缘子	ZNW-12/4	套	1		2	垂直接地极	＜63×6 L＝2500mm	根	48	热镀锌
7	铝排	LMY-60×6	套	1		（八）	动力、照明部分				
8	母线热缩套		套	1		1	配电箱	PXT（R）−2−3X4/1CM	面	3	
9	网门		套	1		2	插座箱	CXT（R）-2-6-4	面	2	
2	装置性材料					3	配电箱（空调用）	PXT（R）-5-3×1	面	1	
1	10kV 电力电缆	Z-ZR-YJLV22-8.7/15-3×120mm²	m	90		4	直流事故照明箱	PXT（R）-2-2×4	面	1	
						5	轴流风机自动温控箱	一控三	面	1	
2	10kV 电力电缆终端头	10kV 电缆终端，3×120，户外终端，冷缩，铝	套	4		6	动力配电箱	XW6-2	面	2	
						7	事故照明配电箱	PZ30-10	台	1	
3	10kV 电力电缆终端头	10kV 电缆终端，3×120，户内终端，冷缩，铝	套	4		8	事故应急灯		盏	4	
						9	壁灯（内置节能灯型）	2×12W	盏	6	
（五）	站用变部分		套	1		10	轴流风机	30K4-11，1440 转，玻璃钢弯筒、百叶	盏	3	
1	站用变压器	S11-50/35，35±5％/0.4kV，Yyn0	台	1		11	吸顶灯	DBB-313-1/100	盏	5	
2	高压熔断器	kW5-35/2	只	3		12	泛光灯	400W，220V	盏	8	
						13	电话线插座		个	2	
（六）	电缆敷设、电缆防火部分					14	暗装双联开关		个	8	

序号	设备名称	型号及规范	单位	数量	备注	序号	设备名称	型号及规范	单位	数量	备注
15	插座	250V，10A 暗装单相及单相带接地	个	18		24	低压电力电缆	ZR-VV-1kV，4×10+1×6	m	30	
						25	低压电力电缆	VV-0.6kV，4×6+1×4	m	15	
16	节能灯		个	3		26	低压电力电缆	VV-0.6kV，4×4+1×2.5	m	28	
17	防水拉线开关		个	4		27	低压电力电缆	VV22-0.6kV，2×2.5	m	35	
18	低压电力电缆	ZR-VV22-3×25+1×16	m	20		28	低压电力电缆	ZR-VV-0.6kV，2×4	m	60	
19	低压电力电缆	ZR-VV22-3×16+1×10	m	50		29	低压电力电缆	ZR-VV-0.6kV，3×6	m	30	
20	低压电力电缆	ZR-VV22-2×2.5	m	205		30	低压电力电缆	PVC-0.6kV，1×6	m	150	
21	低压电力电缆	ZR-VV22-0.6kV，2×4	m	35		31	低压电力电缆	PVC-0.6kV，1×4	m	100	
22	低压电力电缆	ZR-VV-1kV，4×16+1×10	m	25		32	电线管	φ32	m	60	
23	低压电力电缆	VV-0.6kV，4×6+1×4	m	15		33	电线管	φ25	m	100	

注 以上装置性材料中所有铁构件、材料均为热镀锌；所有电缆长度均不作为剪切长度，剪切长度以实际测量为准。

第三节 总 的 部 分

总 的 部 分 图 集 清 册

图 序	图 号	图 名	图 序	图 号	图 名
图 2-3-1	35kVA3-D101-01	电气主接线图	图 2-3-4	35kVA3-D101-04	接地装置平面布置图
图 2-3-2	35kVA3-D101-02	电气主平面布置图	图 2-3-5	35kVA3-D101-05	接地极加工图
图 2-3-3	35kVA3-D101-03	全站防雷保护范围图			

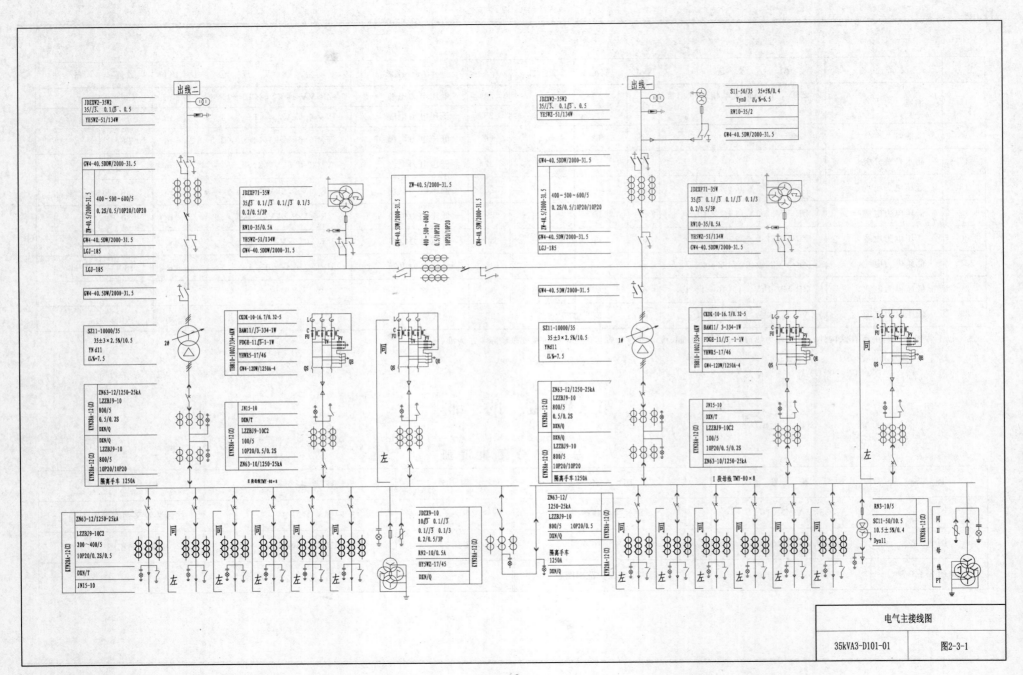

电气主接线图

35kVA3-D101-01   图2-3-1

— 62 —

北

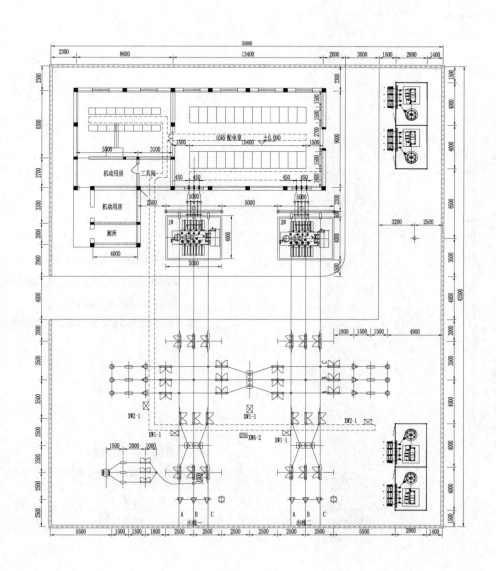

注:
变电站围墙内占地 1487.5㎡，合2.223亩，
油尺寸由具体主变压器尺寸及相应规定确定。

电气主平面布置图	
35kVA3-D101-02	图2-3-2

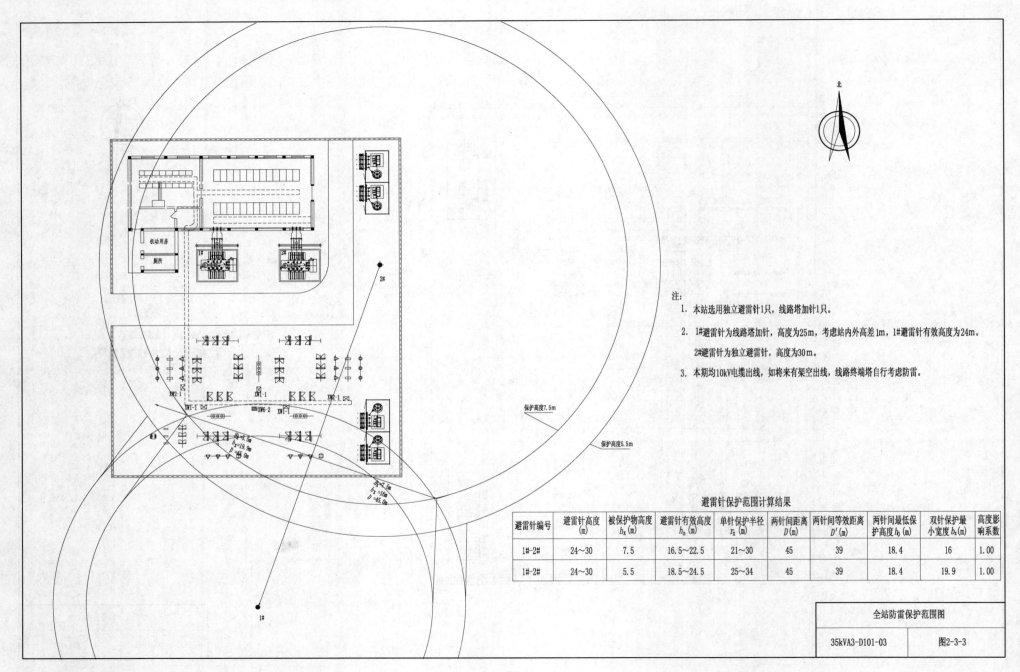

注:
1. 本站选用独立避雷针1只，线路塔加针1只。

2. 1#避雷针为线路塔加针，高度为25m，考虑站内外高差1m，1#避雷针有效高度为24m。

   2#避雷针为独立避雷针，高度为30m。

3. 本期均为10kV电缆出线，如将来有架空出线，线路终端塔自行考虑防雷。

保护高度7.5m

保护高度5.5m

北

2#

1#

避雷针保护范围计算结果

避雷针编号	避雷针高度(m)	被保护物高度 h_x(m)	避雷针有效高度 h_a(m)	单针保护半径 r_x(m)	两针间距离 D(m)	两针间等效距离 D'(m)	两针间最低保护高度 h_0(m)	双针保护最小宽度 b_x(m)	高度影响系数
1#-2#	24～30	7.5	16.5～22.5	21～30	45	39	18.4	16	1.00
1#-2#	24～30	5.5	18.5～24.5	25～34	45	39	18.4	19.9	1.00

全站防雷保护范围图	
35kVA3-D101-03	图2-3-3

机动用房

厕所

— 64 —

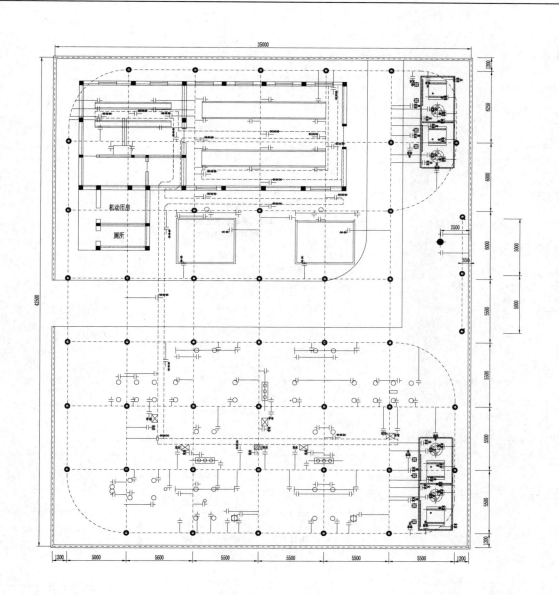

图中符号

- – – – 水平接地体
- ● 独立避雷针
- ⊢⊣ 包括本期的地上部分
- ○ 水泥杆
- ⊙ 垂直接地体
- ⊩⊣** 变压器用
- ⊩⊣* 主控室用
- ⊩⊣*** 围栏用
- ⊩⊣**** 电缆沟用

注:

1. 接地装置系由∠63×6长 2.5m 的角钢作为垂直接地体和 -60×6 水平接地体构成接地装置,埋设深度为0.8m,接地体须采用热镀锌处理。

2. 接地极每隔 5.5m(5m、5.6m、6m、6.25m)埋设一根,详细尺寸见图,并用-60×6扁钢连成环状。

3. 金属杆塔、架构、电气设备金属外壳等、操作机构、电气设备、工作接地等处处需接地,其分支引线除工作接地外,均采用 -60×6 扁钢 引出地面,其引出位置按距接地设备最近处设置,图中分支引线位置仅供施工参考; 分支引线必须焊接,焊接处须涂沥青防腐。

4. 主控室地下电缆沟接地引线采用 -60×6 扁钢,电缆支架连接中间及端头与主接地网相连接。

5. 接地装置总接地电阻不应超过 4Ω,否则需增加设置接地极,至总接地电不大于4Ω为止,避雷针接地电阻不超过10Ω。

6. 接地装置工程一次完成。

7. 接地装置与设备的相对位置详见电气平面布置图。

8. 接地装置施工详见 GB 50169-2006《电气装置安装工程接地装置施工及验收规范》。

9. 变压器及断路器采用 -60×6 扁钢两处可靠接地。

10. 在 10kV 室内用-60×6的镀锌扁钢明敷于百叶窗以下的墙面上,围绕室内一周,在配电室四墙角处用-60×6的接地扁钢与接地主网及设备接地槽钢连接。

11. 在接地网边缘经常有人出入的走道处,铺设砾石、沥青路面,厚度不小于20cm,电阻率2500Ω·m。

材 料 表

序号	名 称	型 号 及 规 格	单位	数量	符号	备 注
1	水平接地体	-60×6	m	600	– – –	
2	垂直接地体	L63×6 L=2500	根	48	⊙	
3	接地引出线	-60×6	m	20	⊩⊣**	变压器用
4	接地引出线	-60×6	m	30	⊩⊣*	端子箱、动力箱用
5	接地引出线	-60×6	m	100	⊩⊣*	主控室用
6	接地引出线	-60×6	m	400	⊩⊣	
7	接地引出线	-60×6	m	80	⊩⊣**	电容用
8	接地引出线	-60×6	m	100	⊩⊣***	电缆沟用

接地装置平面布置图

35kVA3-D101-04	图2-3-4

角 钢 接 地 体

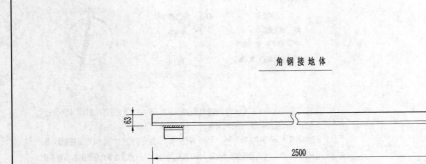

63

2500

注：

1. 加工后镀锌。
2. 加工件数见"接地装置图"。
3. 要求搭接面四面焊接。

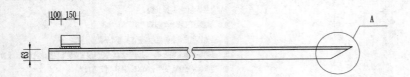

100 150

63

A

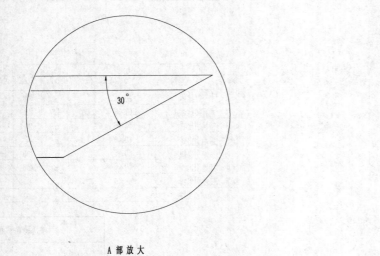

30°

A 部 放 大

接地极材料表

序号	名　　称	型号及规格	单位	数量	重量(kg)		备　注
					单重	总重	
角 钢 接 地 体 部 分							
1	角　钢	∠60×6　　L=2500	根	1			
2	角　钢	∠60×6　　L=150	根	1			

接地极加工图

35kVA3-D101-05

图2-3-5

第四节 10kV 部 分

10kV 部 分 图 集 清 册

图 序	图 号	图 名	图 序	图 号	图 名
图 2-4-1	35kVA3-D103-01	10kV 配电室平面布置图	图 2-4-5	35kVA3-D103-05	2#主变压器 10kV 母线桥平面布置图
图 2-4-2	35kVA3-D103-02	10kV 单线配置图	图 2-4-6	35kVA3-D103-06	10kV 侧出线间隔断面图
图 2-4-3	35kVA3-D103-03	10kV 配电室留孔埋件图	图 2-4-7	35kVA3-D103-07	ZS-35/600 支持瓷瓶安装及加工图
图 2-4-4	35kVA3-D103-04	1#主变压器 10kV 母线桥平面布置图	图 2-4-8	35kVA3-D103-08	MS-80×8 母线伸缩节安装图

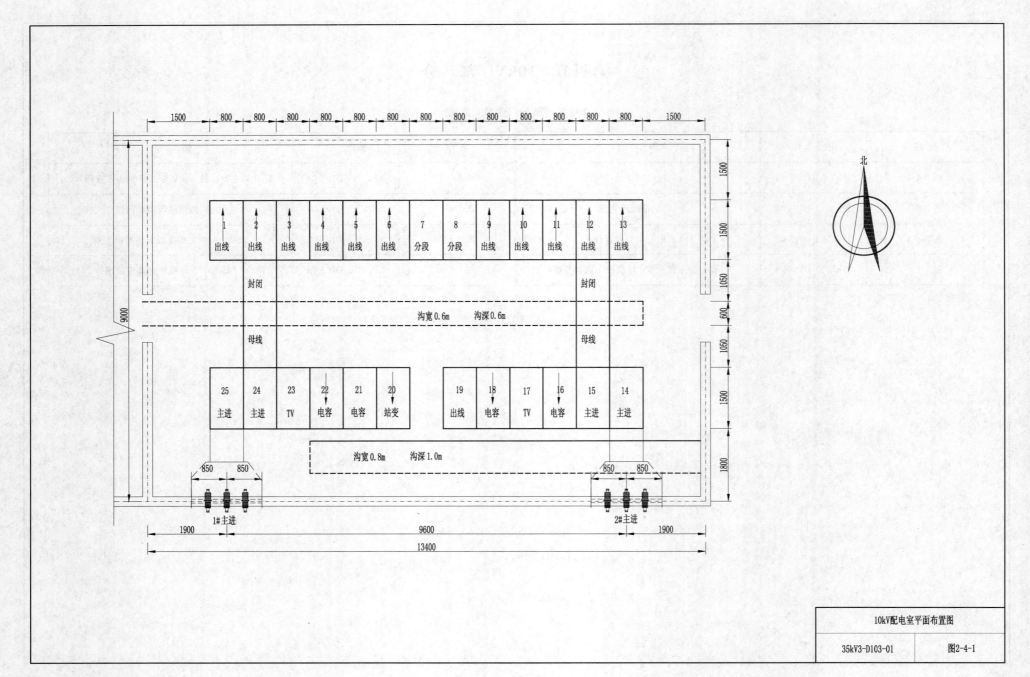

1	2	3	4	5	6	7	8	9	10	11	12	13
出线	出线	出线	出线	出线	出线	分段	分段	出线	出线	出线	出线	出线

封闭   封闭

沟宽0.6m   沟深0.6m

母线   母线

25	24	23	22	21	20	19	18	17	16	15	14
主进	主进	TV	电容	电容	站变	出线	电容	TV	电容	主进	主进

沟宽0.8m   沟深1.0m

1#主进   2#主进

北

10kV配电室平面布置图

35kV3-D103-01   图2-4-1

— 68 —

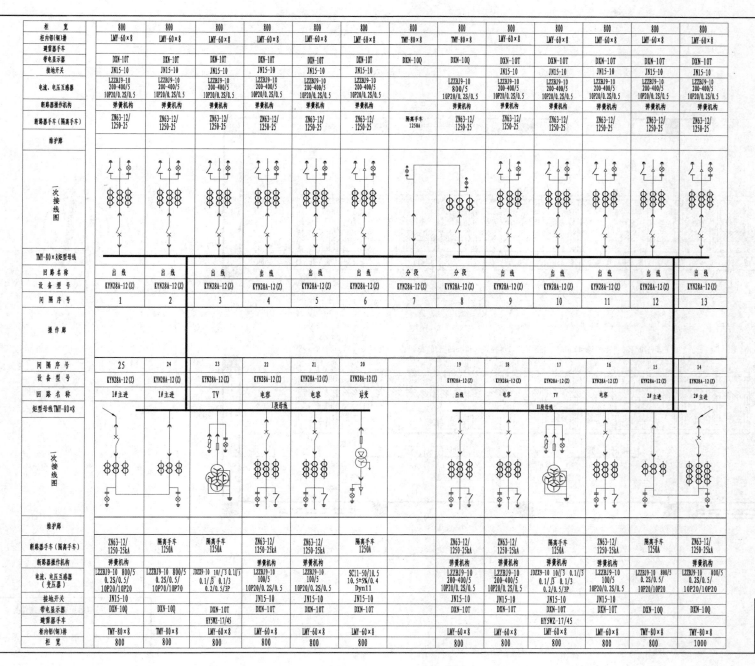

柜 宽	800	800	800	800	800	800	800	800	800	800	800	800	800
柜内铝(铜)排	LMY-60×8	LMY-60×8	LMY-60×8	LMY-60×8	LMY-60×8	LMY-60×8	TMY-80×8	TMY-80×8	LMY-60×8	LMY-60×8	LMY-60×8	LMY-60×8	LMY-60×8
避雷器手车													
带电显示器	DXN-10T	DXN-10T	DXN-10T	DXN-10T	DXN-10T	DXN-10T	DXN-10Q	DXN-10Q	DXN-10T	DXN-10T	DXN-10T	DXN-10T	DXN-10T
接地开关	JN15-10	JN15-10	JN15-10	JN15-10	JN15-10	JN15-10			JN15-10	JN15-10	JN15-10	JN15-10	JN15-10
电流、电压互感器	LZZBJ9-10 200-400/5 10P20/0.2S/0.5	LZZBJ9-10 200-400/5 10P20/0.2S/0.5	LZZBJ9-10 200-400/5 10P20/0.2S/0.5	LZZBJ9-10 200-400/5 10P20/0.2S/0.5	LZZBJ9-10 200-400/5 10P20/0.2S/0.5	LZZBJ9-10 200-400/5 10P20/0.2S/0.5		LZZBJ9-10 800/5 10P20/0.2S/0.5	LZZBJ9-10 200-400/5 10P20/0.2S/0.5	LZZBJ9-10 200-400/5 10P20/0.2S/0.5	LZZBJ9-10 200-400/5 10P20/0.2S/0.5	LZZBJ9-10 200-400/5 10P20/0.2S/0.5	LZZBJ9-10 200-400/5 10P20/0.2S/0.5
断路器操作机构	弹簧机构	弹簧机构	弹簧机构	弹簧机构	弹簧机构	弹簧机构		弹簧机构	弹簧机构	弹簧机构	弹簧机构	弹簧机构	弹簧机构
断路器手车(隔离手车)	ZN63-12/1250-25	ZN63-12/1250-25	ZN63-12/1250-25	ZN63-12/1250-25	ZN63-12/1250-25	ZN63-12/1250-25	隔离手车 1250A	ZN63-12/1250-25	ZN63-12/1250-25	ZN63-12/1250-25	ZN63-12/1250-25	ZN63-12/1250-25	ZN63-12/1250-25
维护廊													
一次接线图													
TMY-80×8矩型母线													
回路名称	出线	出线	出线	出线	出线	出线	分段	分段	出线	出线	出线	出线	出线
设备型号	KYN28A-12(Z)	KYN28A-12(Z)	KYN28A-12(Z)	KYN28A-12(Z)	KYN28A-12(Z)	KYN28A-12(Z)	KYN28A-12(Z)	KYN28A-12(Z)	KYN28A-12(Z)	KYN28A-12(Z)	KYN28A-12(Z)	KYN28A-12(Z)	KYN28A-12(Z)
间隔序号	1	2	3	4	5	6	7	8	9	10	11	12	13
操作廊													
间隔序号	25	24	23	22	21	20		19	18	17	16	15	14
设备型号	KYN28A-12(Z)	KYN28A-12(Z)	KYN28A-12(Z)	KYN28A-12(Z)	KYN28A-12(Z)	KYN28A-12(Z)		KYN28A-12(Z)	KYN28A-12(Z)	KYN28A-12(Z)	KYN28A-12(Z)	KYN28A-12(Z)	KYN28A-12(Z)
回路名称	1#主进	1#主进	TV	电容	电容	站变		出线	电容	TV	电容	2#主进	2#主进
矩型母线 TMY-80×8													
一次接线图													
维护廊													
断路器手车(隔离手车)	ZN63-12/1250-25kA	隔离手车 1250A	隔离手车 1250A	ZN63-12/1250-25kA	ZN63-12/1250-25kA	隔离手车 1250A		ZN63-12/1250-25kA	ZN63-12/1250-25kA	ZN63-12/1250-25kA	ZN63-12/1250-25kA	隔离手车 1250A	ZN63-12/1250-25kA
断路器操作机构	弹簧机构			弹簧机构	弹簧机构			弹簧机构	弹簧机构	弹簧机构	弹簧机构		弹簧机构
电流、电压互感器(变压器)	LZZBJ9-10 800/5 0.2S/0.5/ 10P20/10P20	LZZBJ9-10 800/5 0.2S/0.5/ 10P70/10P70	JDZX9-10 10/√3 0.1/√3 0.1/√3 0.2/0.5/3P	LZZBJ9-10 100/5 10P20/0.2S/0.5	LZZBJ9-10 100/5 10P20/0.2S/0.5	SC11-50/10.5 10.5±5%/0.4 Dyn11		LZZBJ9-10 200-400/5 10P20/0.2S/0.5	LZZBJ9-10 100/5 10P20/0.2S/0.5	JDZX9-10 10/√3 0.1/√3 0.1/√3 0.2/0.5/3P	LZZBJ9-10 100/5 10P20/0.2S/0.5	LZZBJ9-10 800/5 0.2S/0.5/ 10P20/10P20	LZZBJ9-10 800/5 0.2S/0.5/ 10P20/10P20
接地开关	JN15-10	JN15-10		JN15-10	JN15-10	JN15-10		JN15-10	JN15-10	JN15-10	JN15-10		
带电显示器	DXN-10Q	DXN-10Q		DXN-10T	DXN-10T	DXN-10T		DXN-10T	DXN-10T		DXN-10T	DXN-10Q	DXN-10Q
避雷器手车			HY5WZ-17/45							HY5WZ-17/45			
柜内铝(铜)排	TMY-80×8	TMY-80×8	LMY-60×8	LMY-60×8	LMY-60×8	LMY-60×8		LMY-60×8	LMY-60×8	LMY-60×8	LMY-60×8	TMY-80×8	TMY-80×8
柜宽	800	800	800	800	800	800		800	800	800	800	800	1000

注：
1. 全部电流互感器的动稳定值不小于65kA。
2. 开关柜与母线间的引线用铝排。
3. 电容器用真空开关应在厂内进行老练处理。
4. 柜体颜色浅驼。

10kV单线配置图	
35kVA3-D103-02	图2-4-2

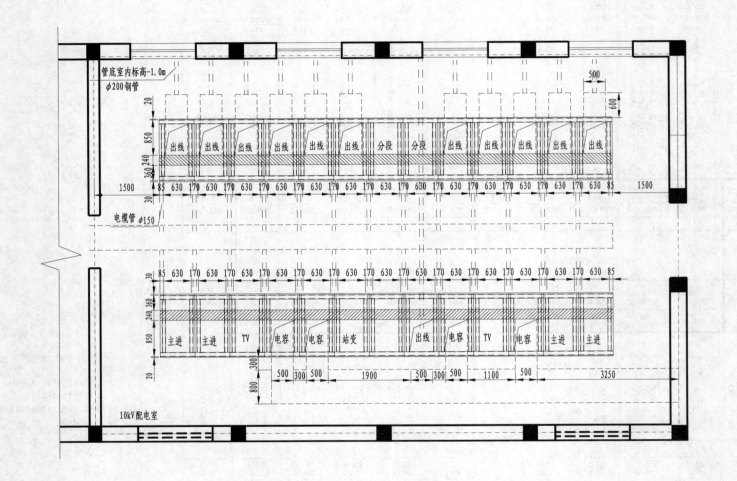

管底室内标高-1.0m
φ200钢管

20

500

600

850

出线 出线 出线 出线 出线 出线 分段 分段 出线 出线 出线 出线 出线

360 240

1500 85 630 170 630 170 630 170 630 170 630 170 630 170 630 170 630 170 630 170 630 170 630 85 1500

30

电缆管 φ150

85 630 170 630 170 630 170 630 170 630 170 630 170 630 170 630 170 630 170 630 170 630 170 630 85

240 360

850

主进 主进 TV 电容 电容 站变 出线 电容 TV 电容 主进 主进

20

300

800

500 300 500 1900 500 300 500 1100 500 3250

10kV配电室

北

10kV配电室留孔埋件图

35kVA3-D103-03   图2-4-3

— 70 —

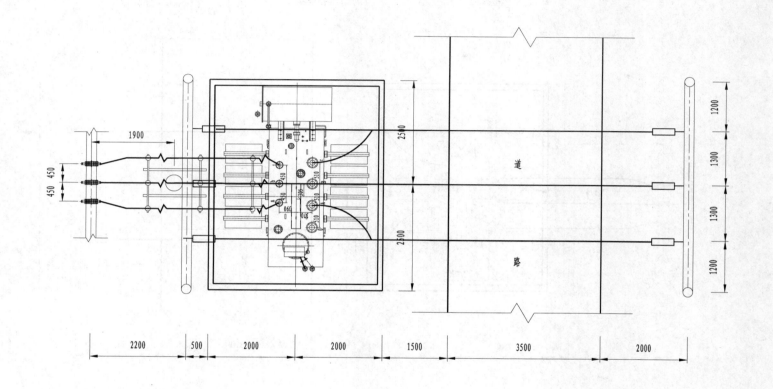

注：油尺寸由具体主变压器尺寸及相应规定确定.

1#主变压器10kV母线桥平面布置图	
35kVA3-D103-04	图2-4-4

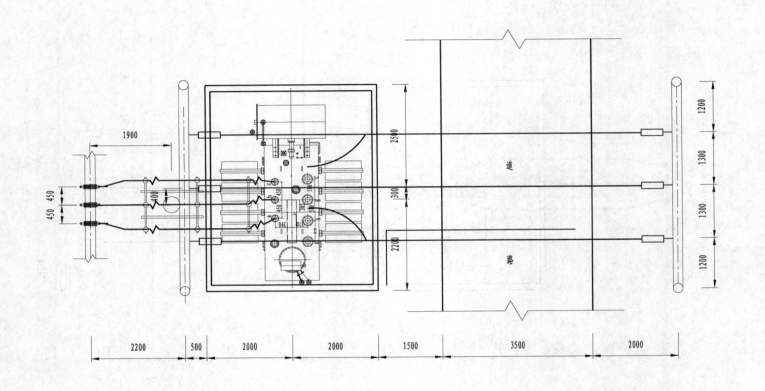

注：油尺寸由具体主变压器尺寸及相应规定确定。

2#主变压器10kV母线桥平面布置图	
35kVA3-D103-05	图2-4-5

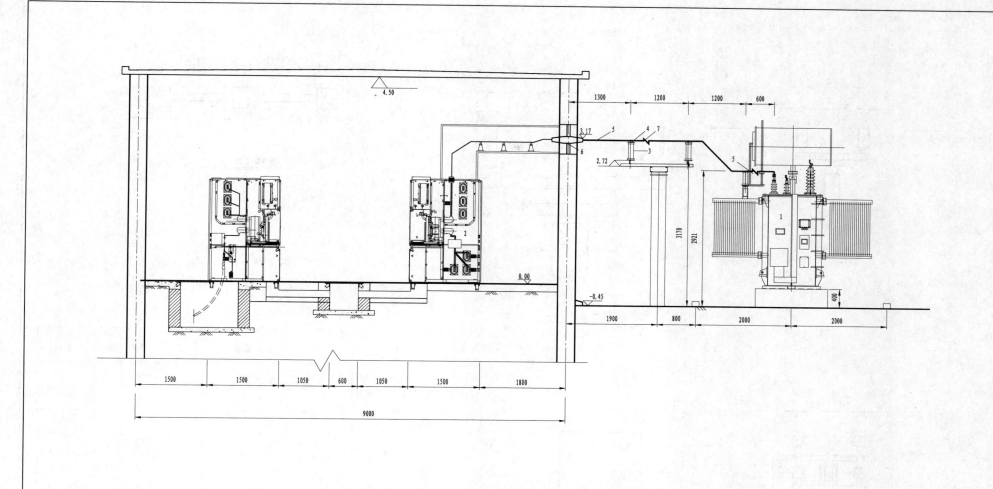

材料表					
序号	名 称	型号及规格	单位	数量	备 注
1	电力变压器	SZ11-10000/35	台	1	
2	10kV主进开关柜	KYN28A-12	面	1	
3	支持瓷瓶	ZS-35/6	只	12	
4	母线固定器	MWP-102	个	12	
5	母线伸缩节	MS-80×8	个	6	
6	穿墙套管	CW-20/2000	只	3	
7	铜排	TMY-80×8	m	18	

10kV侧出线间隔断面图

35kVA3-D103-06	图2-4-6

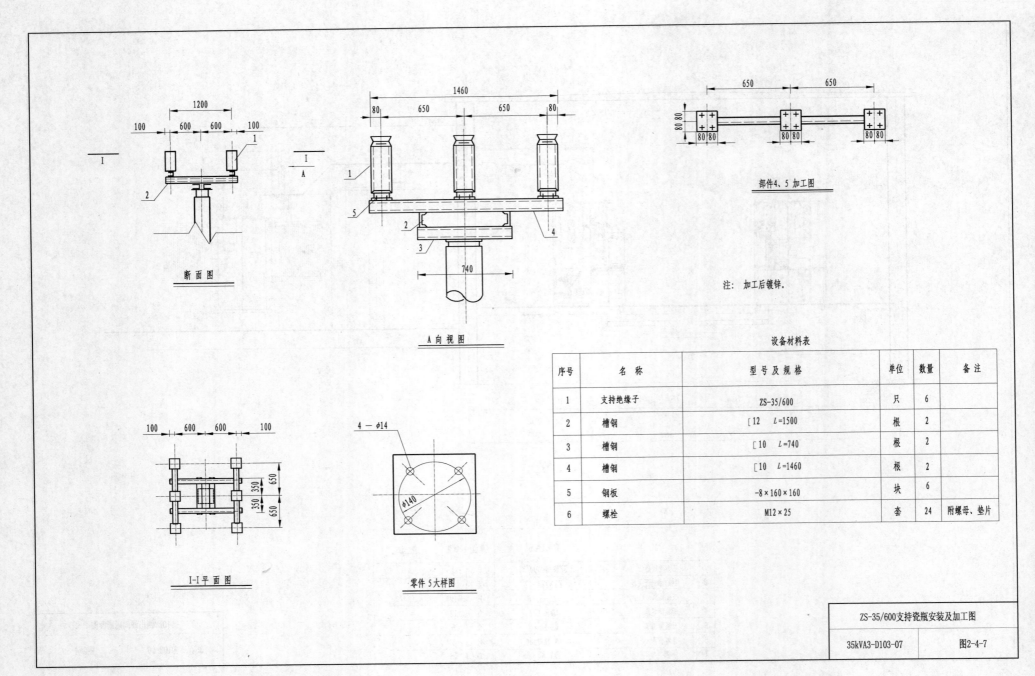

断面图

A 向视图

I-I 平面图

零件 5 大样图

部件 4、5 加工图

注：加工后镀锌.

设备材料表

序号	名 称	型 号 及 规 格	单位	数量	备 注
1	支持绝缘子	ZS-35/600	只	6	
2	槽钢	[12 L=1500	根	2	
3	槽钢	[10 L=740	根	2	
4	槽钢	[10 L=1460	根	2	
5	钢板	-8×160×160	块	6	
6	螺栓	M12×25	套	24	附螺母、垫片

ZS-35/600支持瓷瓶安装及加工图	
35kVA3-D103-07	图2-4-7

— 74 —

材 料 表

序号	名　称	型号及规格	单位	数量	
1	六角螺栓	M20×60	条	8	
2	六角螺母	AM20	个	8	
3	特制光垫	内径21、外径45、厚6	个	16	
4	弹簧垫	20	个	8	

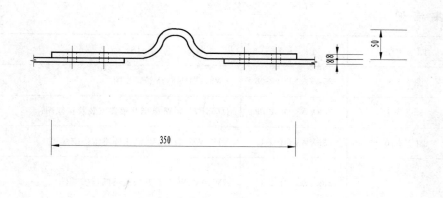

50

8

350

主 视 图

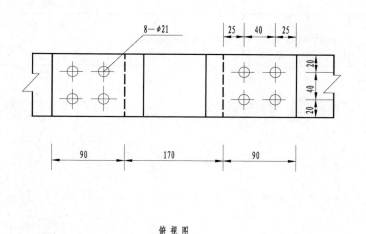

8—φ21

25 40 25

20 40 20

90 170 90

俯 视 图

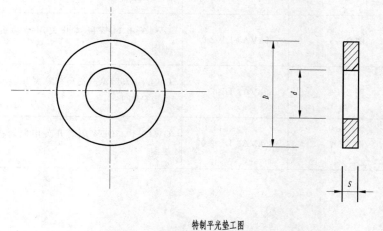

D d s

特制平光垫工图

MS-80×8母线伸缩节安装图

35kVA3-D103-08　　　图2-4-8

第五节 35kV 部分

35kV 部分图集清册

图 序	图 号	图 名	图 序	图 号	图 名
图 2-5-1	35kVA3-D102-01	35kV 进线间隔断面图	图 2-5-8	35kVA3-D102-08	ZW57-40.5 断路器安装图
图 2-5-2	35kVA3-D102-02	35kV 桥间隔及母线 PT 间隔断面图	图 2-5-9	35kVA3-D102-09	JDZXF71-35W 电压互感器安装及接线图
图 2-5-3	35kVA3-D102-03	35kV 站用变压器间隔断面图	图 2-5-10	35kVA3-D102-10	YH5WZ-51/134W 氧化锌避雷器安装图
图 2-5-4	35kVA3-D102-04	GW4A-40.5DW（长高）隔离开关（附 CS14G）机构安装图	图 2-5-11	35kVA3-D102-11	RW10-35W/0.5 型限流熔断器安装图
图 2-5-5	35kVA3-D102-05	GW4A-40.5DW 隔离开关用操动机构支架加工图	图 2-5-12	35kVA3-D102-12	35kV 母线断面及安装图
图 2-5-6	35kVA3-D102-06	GW4A-40.5DDW（长高）隔离开关（附 CS14G）机构安装图	图 2-5-13	35kVA3-D102-13	XW2-1 型端子箱安装图
图 2-5-7	35kVA3-D102-07	GW4A-40.5DDW 隔离开关用操动机构支架加工图	图 2-5-14	35kVA3-D102-14	XW1-1 型端子箱安装图

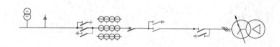

接 线 图

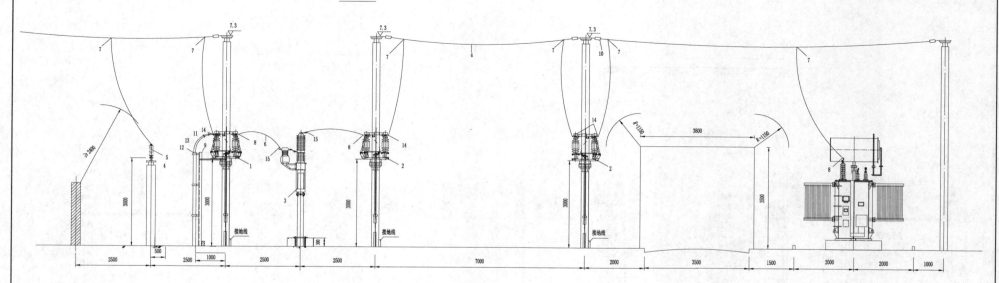

设备材料表

序号	名 称	型号及规格	单位	数量	备注	序号	名 称	型号及规格	单位	数量	备注
1	隔离开关(双接地)	GW4—40.5DW/2000—31.5	组	1	附CS14G机构	9	电缆槽钢支架	[10	个	1	
2	隔离开关(单接地)	GW4—40.5DW/2000—31.5	组	2	附CS14G机构	10	悬式绝缘子		串	12	包括金具
3	断路器	ZW—40.5/2000—31.5	台	1		11	铝接线端子	DL—50 双孔型	个	3	电缆头用
4	电压互感器	JDZXW2—35W2	台	1		12	电力电缆	ZR—YJLV22—35 3×50mm²			
5	避雷器	YH5WZ—51/134W	台	3	附在线监视器3只	13	三芯电缆户外终端	35kV电缆终端, 3×50, 户外终端, 铝	个	1	
6	钢芯铝绞线	LGJ—185/30	m	220		14	设备线夹	SY—185/30C	个	12	板宽80mm
7	T形线夹	TY—185	个	19		15	设备线夹	SYG—185/30B	个	9	板宽80mm
8	设备线夹	SY—185/30B	个	9	板宽80mm						

	35kV进线间隔断面图
35kVA3-D102-01	图2-5-1

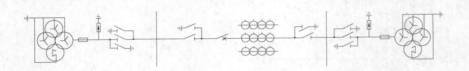

接线图

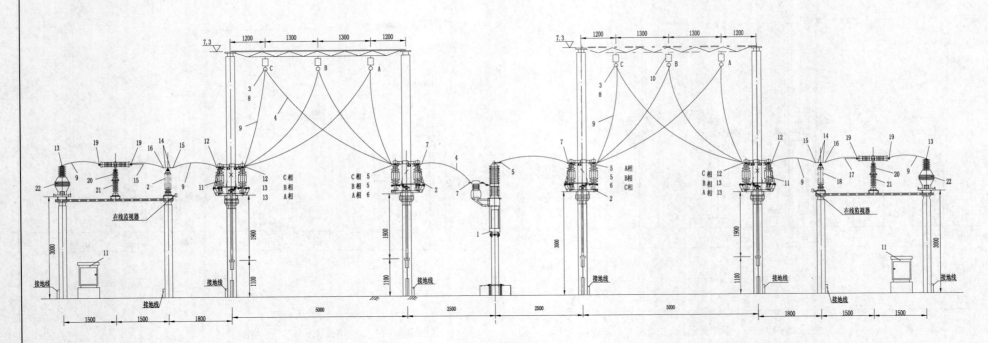

设备材料表

序号	名 称	型号及规格	单位	数量	备 注	序号	名 称	型号及规格	单位	数量	备 注	序号	名 称	型号及规格	单位	数量	备 注
1	断路器	ZW—40.5/2000—31.5	台	1		10	悬式绝缘子	FXBW—35/70	串	6	包括金具	19	接线鼻子	DL—35	个	6	
2	隔离开关(单接地)	GW4—40.5DW/2000—31.5	组	2	附 CS14G 机构	11	隔离开关(双接地)	GW4—40.5DDW/2000—31.5	组	2	CS14G 机构	20	熔断器	RW10—35W/0.5	只	6	
3	T形线夹	TY2—185	个	18		12	设备线夹	SY—120/7B	个	2	板宽80mm	21	支持瓷瓶	ZS—35/4	支	6	
4	钢芯铝绞线	LGJ—185/30	m	60		13	设备线夹	SY—120/7A	个	4	板宽80mm	22	电压互感器	JDZXF71—35W	台	6	
5	设备线夹	SY—185/30B	个	7	板宽80mm	14	铝排	LMY—60×6 L=300	根	3		23	设备线夹	SY—35/6B	个	6	
6	设备线夹	SY—185/30C	个	2	板宽80mm	15	设备线夹	SY—120/7B	个	6	板宽60mm						
7	设备线夹	SY—185/30A	个	6	板宽80mm	16	设备线夹	SY—35/6B	个	6	板宽60mm						
8	T形线夹	TY2—120/7	个	18	板宽80mm	17	钢芯铝绞线	LGJ—35/6	m	9							
9	钢芯铝绞线	LGJ—120/7	m	42		18	避雷器	HY5WZ—51/134W	只	6	附在线监视器3只						

35kV 桥间隔及母线 PT间隔断面图	
35kVA3-D102-02	图2-5-2

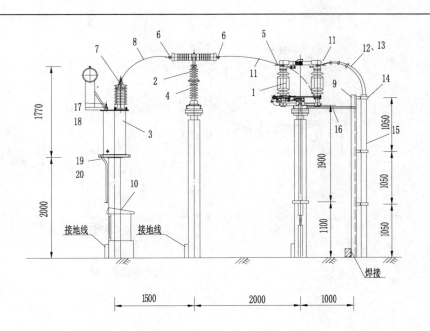
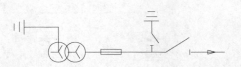

设备材料表

序号	名 称	型号及规格	单位	数量	备 注	序号	名 称	型号及规格	单位	数量	备 注
1	隔离开关	GW4—40.5DW/2000—31.5	组	1		13	三芯电缆户外终端	35kV电缆终端，3×50，户外终端，铝	个	1	
2	熔断器	RW10—35W/2	只	3		14	电缆卡子	LMY—50×5 L=400 固定三芯电缆管	根	3	槽钢支架上预留槽钢固定点
3	站用变压器	S11—50/35	台	1		15	电缆护管	PVC φ150 L=3500	根	1	
4	支 瓶	ZSW—40.5/4	只	3		16	热镀锌角钢	∠50×5 L=900	根	2	槽钢支架两侧个一根，焊接
5	设备线夹	SY—50/8B	个	3	板宽120mm	17	铜接线端子	DT—25	个	3	低压电缆头用
6	接线鼻子	DL—50	个	6		18	铜接线端子	DT—16	个	1	低压电缆头用
7	铜铝设备线夹	SYG—50/8B	个	3	板宽60mm	19	电缆护管	PVC φ100 L=3500	根	1	需弯制
8	钢芯铝绞线	LGJ—50/8	m	15		20	电力电缆	VV22—KV 3×25+1×16mm²			
9	电缆槽钢支架	⌷10	个	1	见加工图						
10	站变配电箱	X6—2（改）	个	1							
11	铝接线端子	DL—50 双孔型	个	3	电缆头用						
12	电力电缆	ZR—YJLV22—35 3×50mm²									

35kV站用变压器间隔断面图

35kVA3-D102-03	图2-5-3

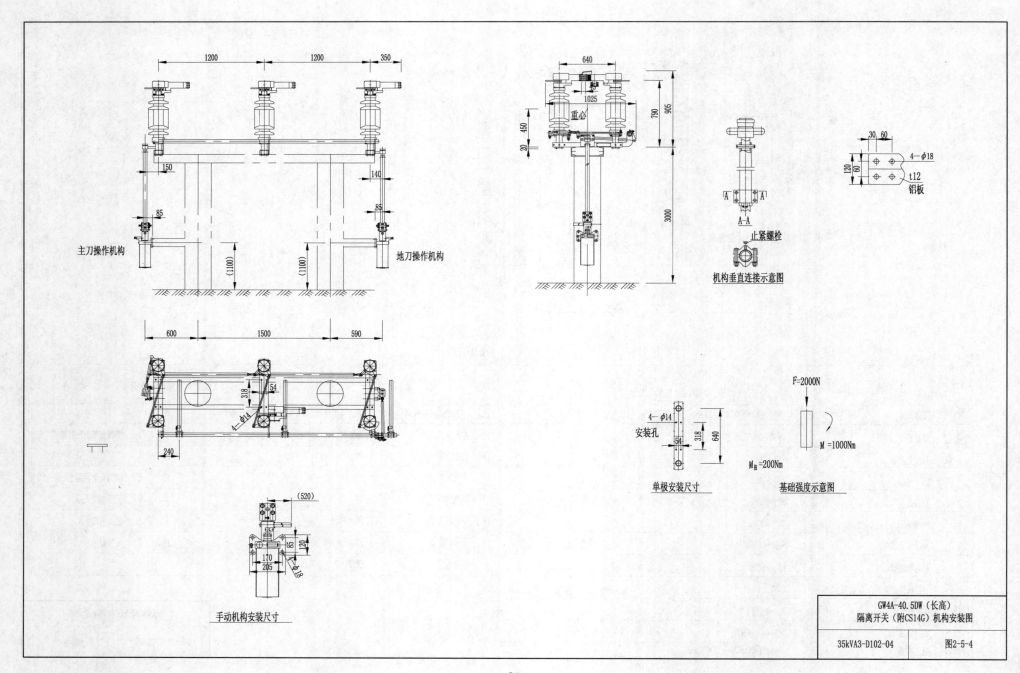

主刀操作机构

地刀操作机构

1200   1200   350

150   140

85   85

(1100)   (1100)

600   1500   590

318   54

4—φ14

240

640

重心

1025

790   905

450   20

3000

A—A

A'   A

止紧螺栓

机构垂直连接示意图

30   60

120   60

4—φ18

t12

铝板

F=2000N

M=1000Nm

M拉=200Nm

4—φ14

安装孔

318   640

54

单极安装尺寸

基础强度示意图

(520)

85   120

170

205

4—φ18

手动机构安装尺寸

GW4A-40.5DW（长高）隔离开关（附CS14G）机构安装图	
35kVA3-D102-04	图2-5-4

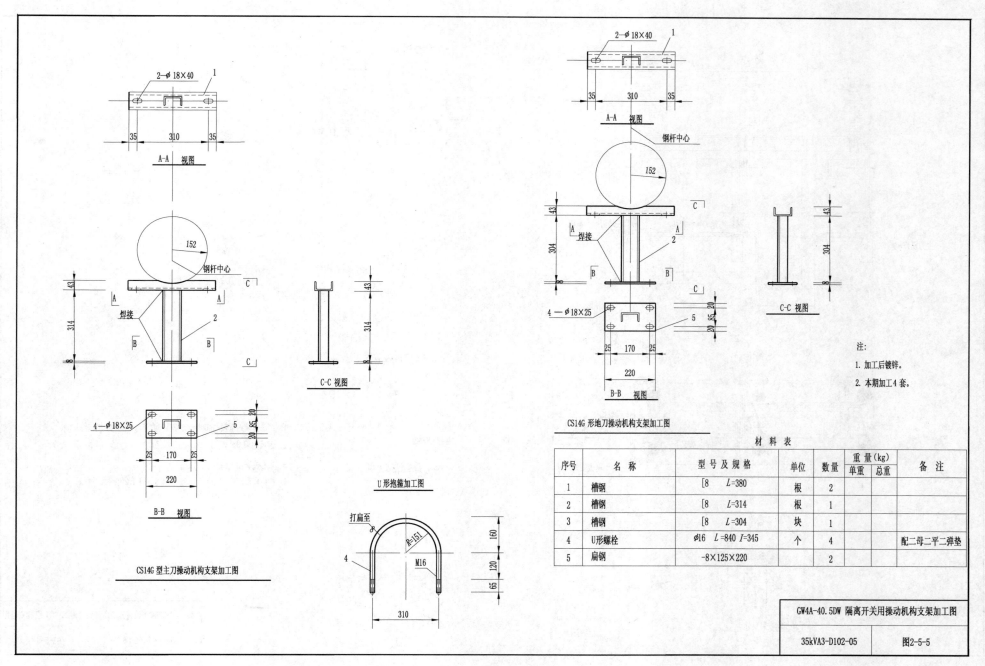

2—φ18×40

35　310　35

A—A 视图

152

钢杆中心

43

焊接

314

A　A

B　B

C

C

C—C 视图

43

314

8

4—φ18×25

5

25　170　25

220

20　85　20

B—B 视图

CS14G型主刀操动机构支架加工图

U形抱箍加工图

打扁至φ

R=151

打扁至φ

4

M16

310

160

120

65

2—φ18×40

35　310　35

A—A 视图

钢杆中心

152

43

焊接

304

8

A

2

B　B

C

C

C—C 视图

43

304

8

4—φ18×25

5

25　170　25

220

20　85　20

B—B 视图

CS14G形地刀操动机构支架加工图

注:

1. 加工后镀锌。

2. 本期加工4套。

材料表

序号	名　称	型号及规格	单位	数量	重量(kg) 单重	重量(kg) 总重	备　注
1	槽钢	[8　L=380	根	2			
2	槽钢	[8　L=314	根	1			
3	槽钢	[8　L=304	块	1			
4	U形螺栓	φ16　L=840　l=345	个	4			配二母二平二弹垫
5	扁钢	-8×125×220		2			

GW4A-40.5DW 隔离开关用操动机构支架加工图	
35kVA3-D102-05	图2-5-5

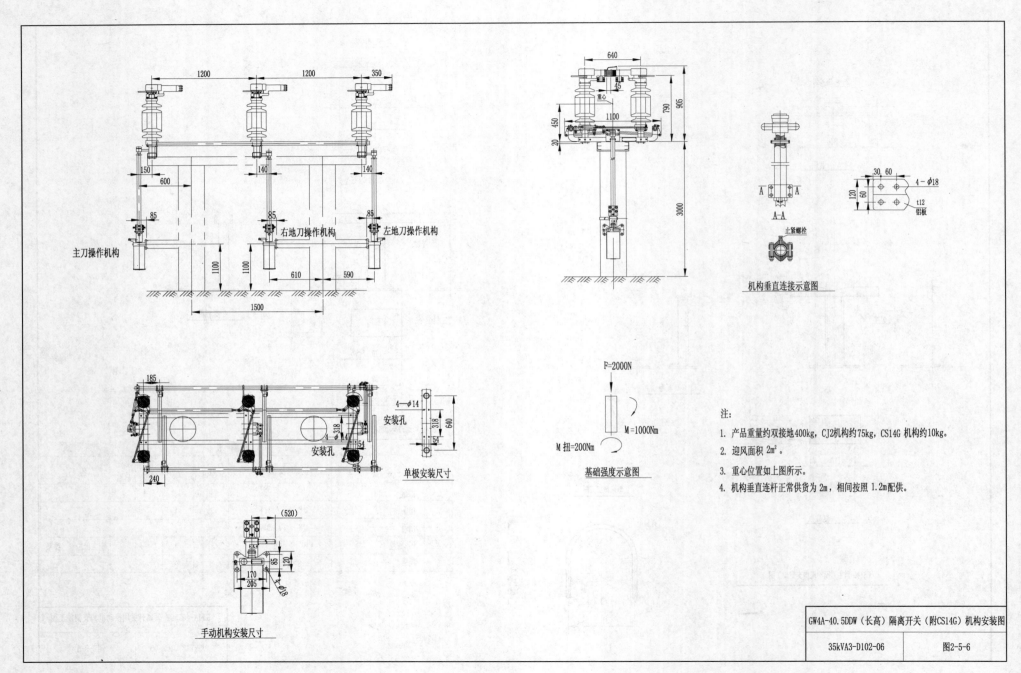

主刀操作机构

右地刀操作机构　　左地刀操作机构

安装孔

安装孔

单极安装尺寸

手动机构安装尺寸

机构垂直连接示意图

A—A

止紧螺栓

4—φ18

t12
铝板

F=2000N

M=1000Nm

M 扭=200Nm

基础强度示意图

注：

1. 产品重量约双接地400kg，CJ2机构约75kg，CS14G 机构约10kg。

2. 迎风面积 2m²。

3. 重心位置如上图所示。

4. 机构垂直连杆正常供货为 2m，相间按照 1.2m配供。

GW4A-40.5DDW（长高）隔离开关（附CS14G）机构安装图	
35kVA3-D102-06	图2-5-6

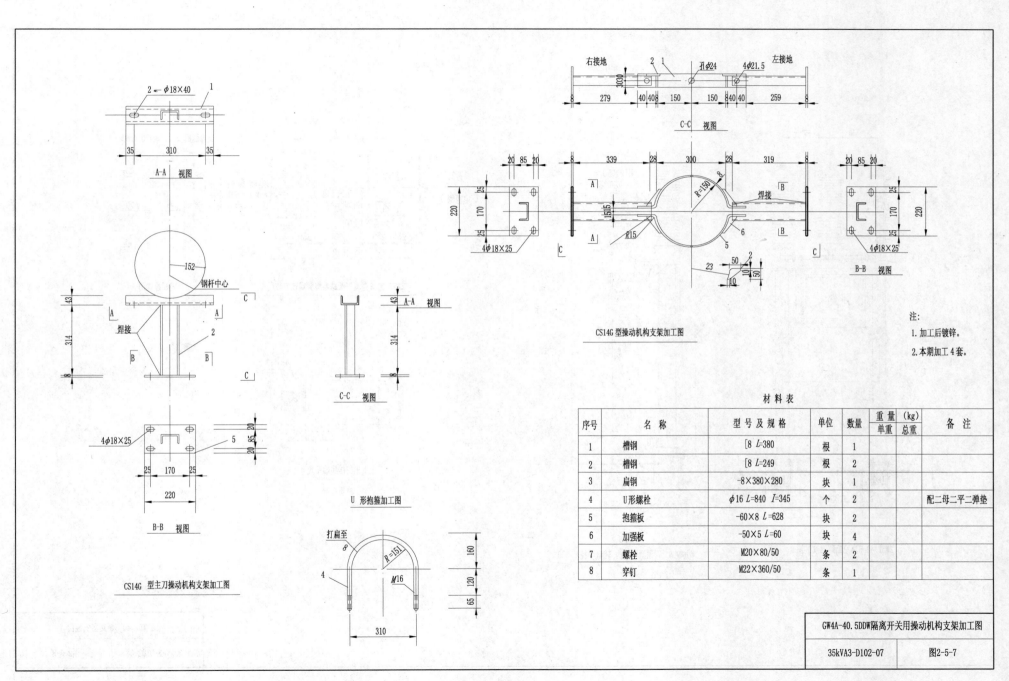

CS14G 型主刀操动机构支架加工图

U 形抱箍加工图

CS14G 型操动机构支架加工图

注:
1. 加工后镀锌。
2. 本期加工 4 套。

材 料 表

序号	名 称	型 号 及 规 格	单位	数量	重 量 (kg) 单重	总重	备 注
1	槽钢	[8 L=380	根	1			
2	槽钢	[8 L=249	根	2			
3	扁钢	-8×380×280	块	1			
4	U形螺栓	φ16 L=840 I=345	个	2			配二母二平二弹垫
5	抱箍板	-60×8 L=628	块	2			
6	加强板	-50×5 L=60	块	4			
7	螺栓	M20×80/50	条	2			
8	穿钉	M22×360/50	条	1			

GW4A-40.5DDW隔离开关用操动机构支架加工图		
35kVA3-D102-07	图2-5-7	

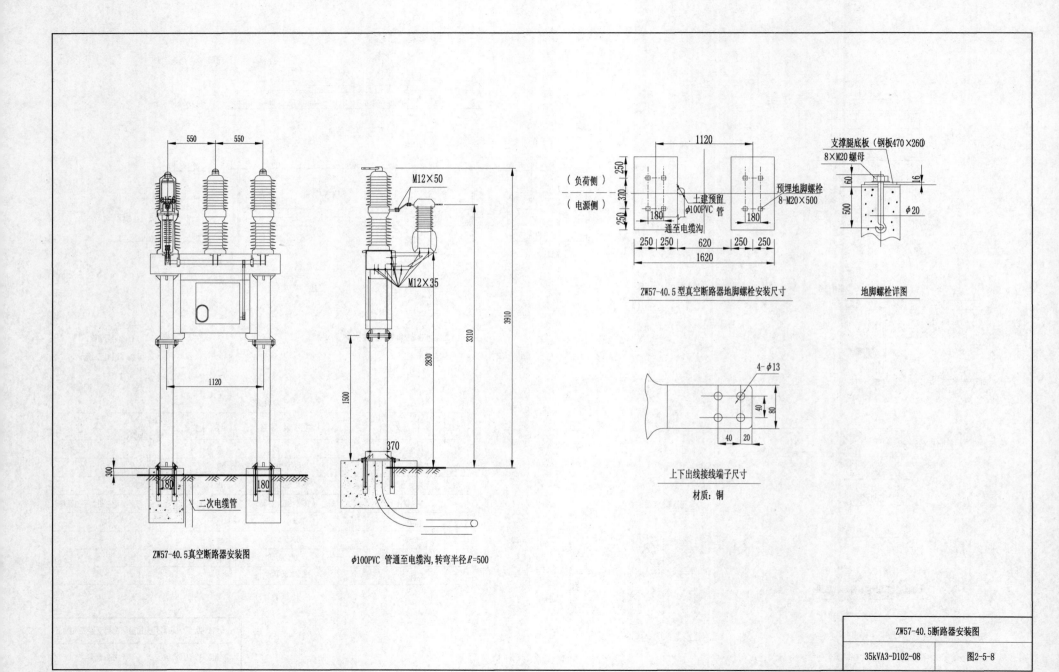

550　550

M12×50

3910

3310

2830

1500

1120

300

180　180

二次电缆管

ZW57-40.5真空断路器安装图

M12×35

370

ϕ100PVC 管通至电缆沟,转弯半径R=500

1120

250 250 620 250 250

1620

250　370　250

180　180

（负荷侧）

（电源侧）

土建预留
ϕ100PVC 管
通至电缆沟

预埋地脚螺栓
8-M20×500

ZW57-40.5型真空断路器地脚螺栓安装尺寸

支撑腿底板（钢板470×260）
8×M20螺母

60

16

500

ϕ20

地脚螺栓详图

4-ϕ13

40

80

40　20

上下出线接线端子尺寸

材质:铜

ZW57-40.5断路器安装图	
35kVA3-D102-08	图2-5-8

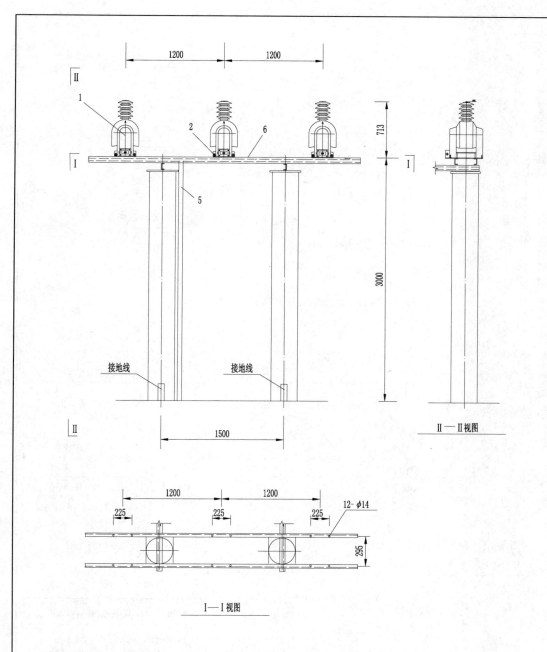

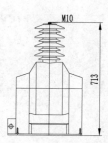

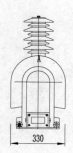

II—II视图

I—I视图

材 料 表

序号	名 称	型 号 及 规 格	单位	数量	备 注
1	电压互感器	JDZXF71—35W	台	3	
2	不锈钢螺栓	M12×40	条	12	每条带一母二平一弹簧垫
3	绝缘铜绞线	TJ—25	m	4	
4	铜开口接线鼻子	OT—250A	个	12	
5	电缆护管	φ40	根	2	通至附近电缆沟,需弯制
6	接地扁钢	—60×6	m	1.5	

JDZXF71-35W电压互感器安装及接线图	
35kVA3-D102-09	图2-5-9

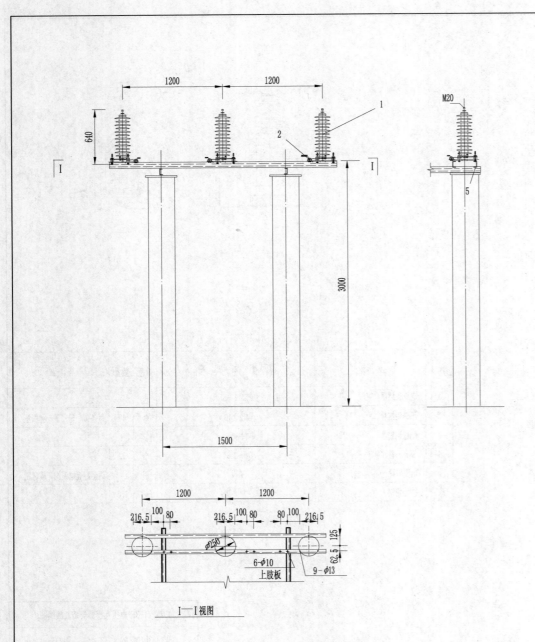

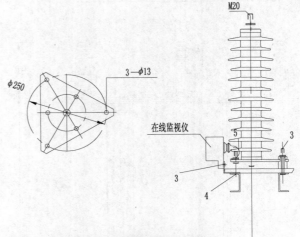

注: 在线监视器现场安装,面向寻视侧;避雷器安装铁板点焊在槽钢上。

材料表

序号	名 称	型 号 及 规 格	单位	数量	备 注
1	避雷器	YH5WZ—51/134W	只	3	
2	在线监测器		只	3	避雷器附带
3	不锈钢螺栓	M12×100	条	9	带一母一平一弹
4	不锈钢螺栓	M10×30	条	12	带一母一平一弹
5	软铜线	TJ—25mm²	m	1.5	附OT-250A 开口接线端子

I—I 视图

YH5WZ-51/134W 氧化锌避雷器安装图	
35kVA3-D102-10	图2-5-10

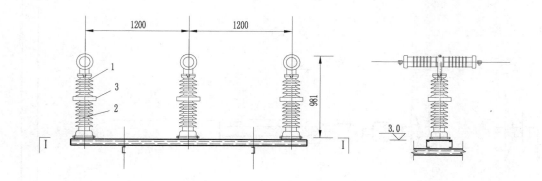

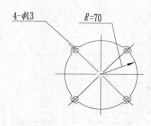

支持瓷瓶底座

I—I视图

材料表

序号	名　称	型号及规格	单位	数量	备　注
1	限流熔断器	RW10—35W/0.5	只	3	
2	支持瓷瓶	ZSW—40.5/4	只	3	
3	连接钢板	-8×180×180	块	3	镀锌、现场打孔
4	不锈钢螺栓	M12×40	条	12	每条带一母二平一弹簧垫
5	不锈钢螺栓	M10×30	条	12	每条带一平一弹

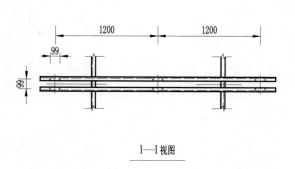

RW10-35W/0.5型限流熔断器安装图	
35kVA3-D102-11	图2-5-11

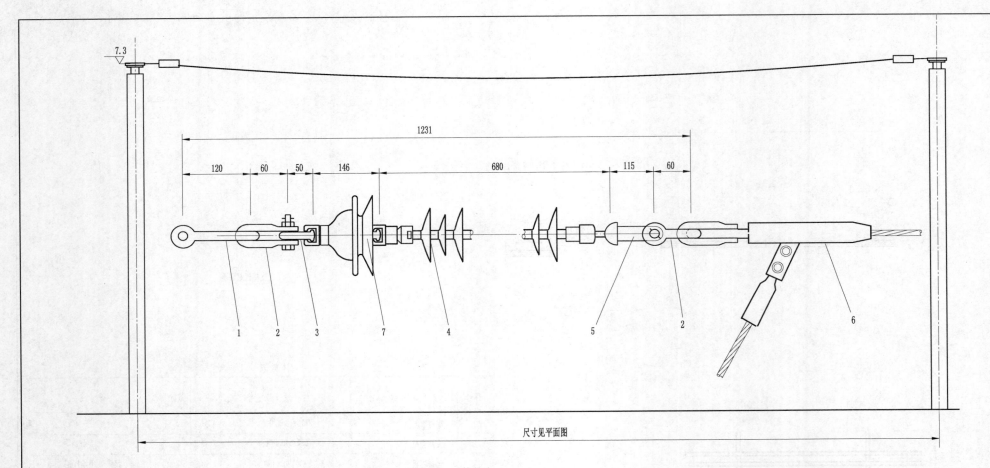

材料表

编号	名　称	规　格	单位	数量	重量(kg) 单重	重量(kg) 小计	备　注	编号	名　称	规　格	单位	数量	重量(kg) 单重	重量(kg) 小计	备　注
1	U形环	UL—7	个	1		0.7		7	瓷悬式绝缘子	XWP-7	片	1		5.5	
2	U形环	U—7	个	2		1.0			总　重	16.99kg					
3	球头挂环	Q—7	个	1		0.27									
4	合成绝缘子	FXBW-35/100	串	1		4									
5	碗头挂板	W—7B	个	1		0.92									
6	耐张线夹	NY-185/30A				4.6									

35kV母线断面及安装图

35kVA3-D102-12	图2-5-12

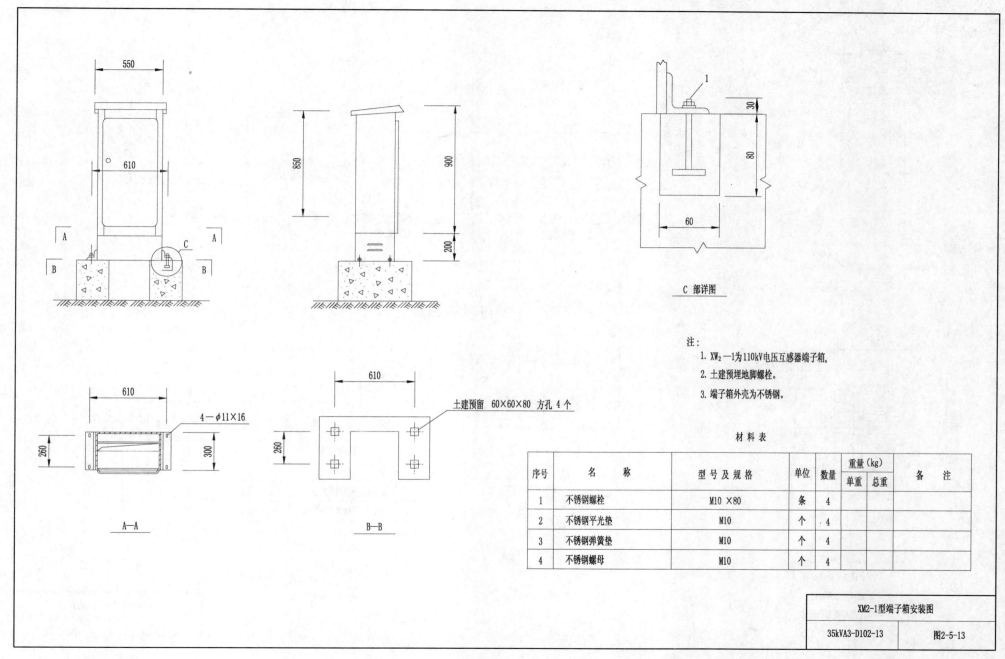

C 部详图

注:
1. XW₂—1为110kV电压互感器端子箱。
2. 土建预埋地脚螺栓。
3. 端子箱外壳为不锈钢。

4—ϕ11×16

土建预留 60×60×80 方孔 4 个

A—A

B—B

材 料 表

序号	名　　　称	型 号 及 规 格	单位	数量	重量（kg）		备　　注
					单重	总重	
1	不锈钢螺栓	M10 ×80	条	4			
2	不锈钢平光垫	M10	个	4			
3	不锈钢弹簧垫	M10	个	4			
4	不锈钢螺母	M10	个	4			

XM2-1型端子箱安装图	
35kVA3-D102-13	图2-5-13

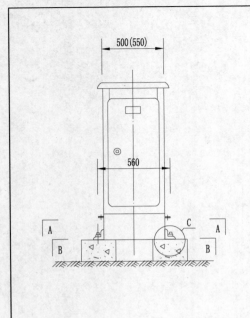

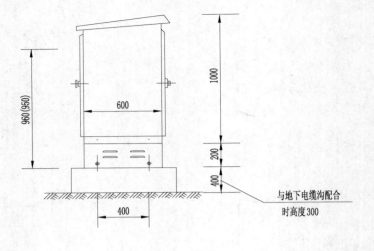

与地下电缆沟配合
时高度300

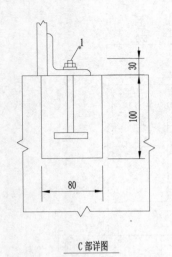

C部详图

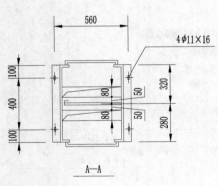

A—A

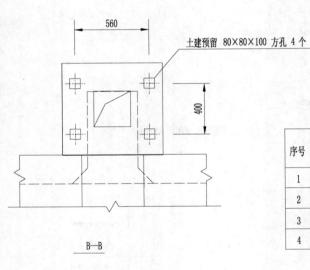

B—B

土建预留 80×80×100 方孔 4 个

材料表

序号	名 称	型号及规格	单位	数量	重量（kg）		备 注
					单重	总重	
1	不锈钢螺栓	M10×100	条	4			
2	不锈钢螺母	M10	个	4			
3	不锈钢平光垫	M10	个	4			
4	不锈钢弹光垫	M10	个	4			

注：
1. 设备接地现场决定。
2. 土建预埋地脚螺栓。
3. 端子箱外壳为不锈钢。

XW1-1型端子箱安装图	
35kVA3-D102-14	图2-5-14

第六节　电 容 器 部 分

电容器部分图集清册

图　序	图　号	图　　名	图　序	图　号	图　　名
图 2-6-1	35kVA3-D104-01	电容器组主接线图	图 2-6-3	35kVA3-D104-03	电容器留孔埋件图
图 2-6-2	35kVA3-D104-02	电容器用平面布置图	图 2-6-4	35kVA3-D104-04	GW4-12DW/1250A-4 隔离开关安装图

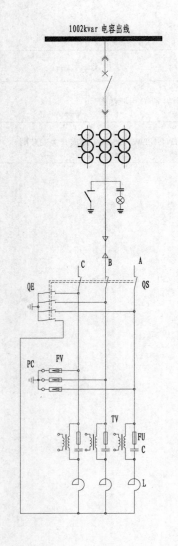

1002kvar 电容出线

ZN63-10/1250-25kA
弹簧机构

LZZBJ9-10C2
100/5
10P20/0.2S/0.5

DXN-10T

JN15-10

KYN28A-12 (Z)

ZR-YJLV22-8.7/15kV
3×120mm²

GW4-12DW/1250A-4

CKDK-10-16.7/0.32-5

YHWR5-17/46

BAM11/√3̄-334-1W

FDGE-11/√3̄-1-1W

TBB10-2004/334-ACW

材 料 表

序号	名 称	型 号 及 规 格	单位	数量	备 注
1	电力电容器	BAM11/√3̄-334-1W	台	6	
2	放电线圈	FDGE-11/√3̄-1-1W	台	3	
3	电抗器	CKDK-10-16.7/0.32-5	台	3	
4	氧化锌避雷器	YHWR5-17/46	组	1	
5	电力电缆	ZR-YJLV22-8.7/15kV 3×120mm²	m	30	
6	电缆头	10kV电缆终端,3×120,户外终端,冷缩,铝	个	1	
7	电缆头	10kV电缆终端,3×120,户内终端,冷缩,铝	个	1	
8	隔离开关	GW4-12DW/1250A-4	组	1	
9	铝排	LMY-60/6	m		厂方带

电容器组主接线图	
35kVA3-D104-01	图2-6-1

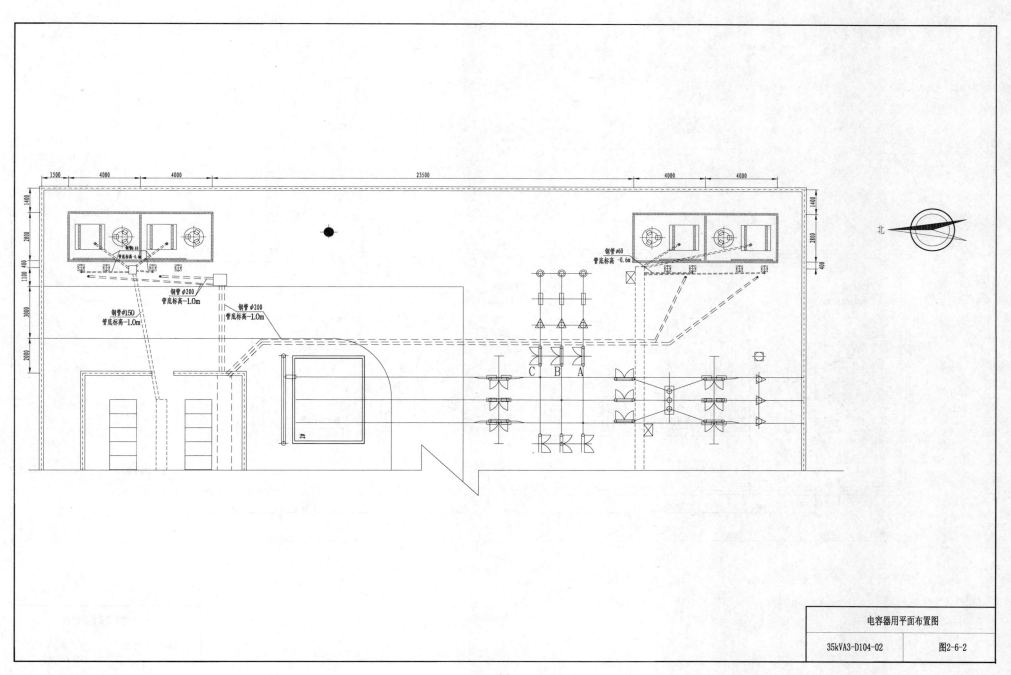

	电容器用平面布置图	
35kVA3-D104-02		图2-6-2

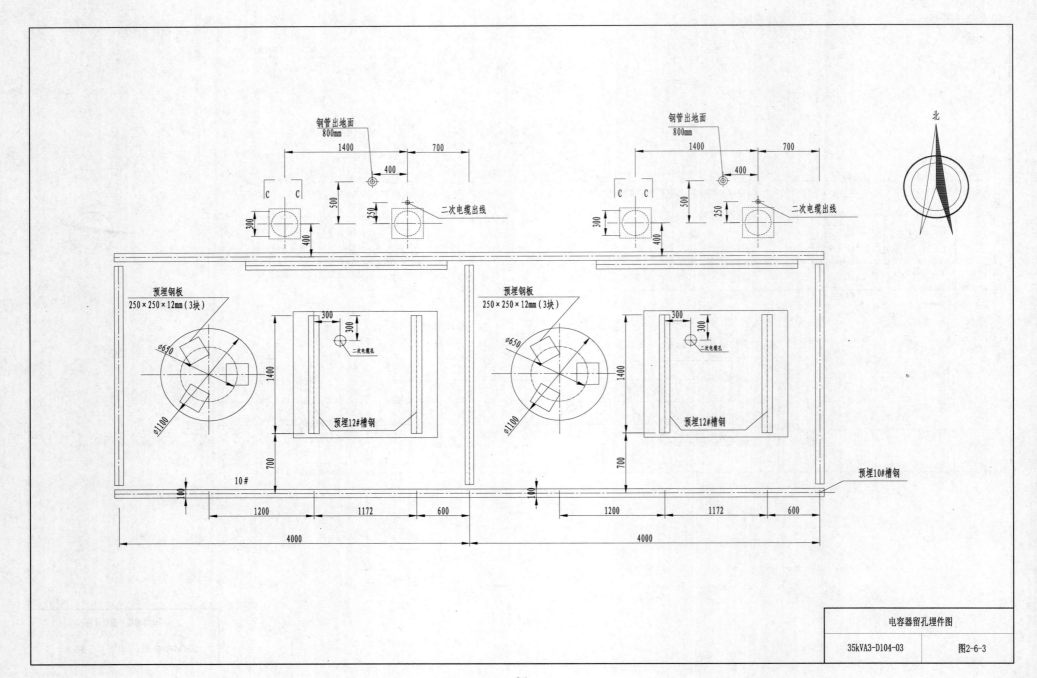

钢管出地面
800mm

1400   700

400

C C

500

300 250

二次电缆出线

400

预埋钢板
250×250×12mm（3块）

ø650

300
300
二次电缆孔

1400

ø1100

预埋12#槽钢

700

10#

100

1200   1172   600

4000

钢管出地面
800mm

1400   700

400

C C

500

300 250

二次电缆出线

400

预埋钢板
250×250×12mm（3块）

ø650

300
300
二次电缆孔

1400

ø1100

预埋12#槽钢

700

100

预埋10#槽钢

1200   1172   600

4000

北

电容器留孔埋件图	
35kVA3-D104-03	图2-6-3

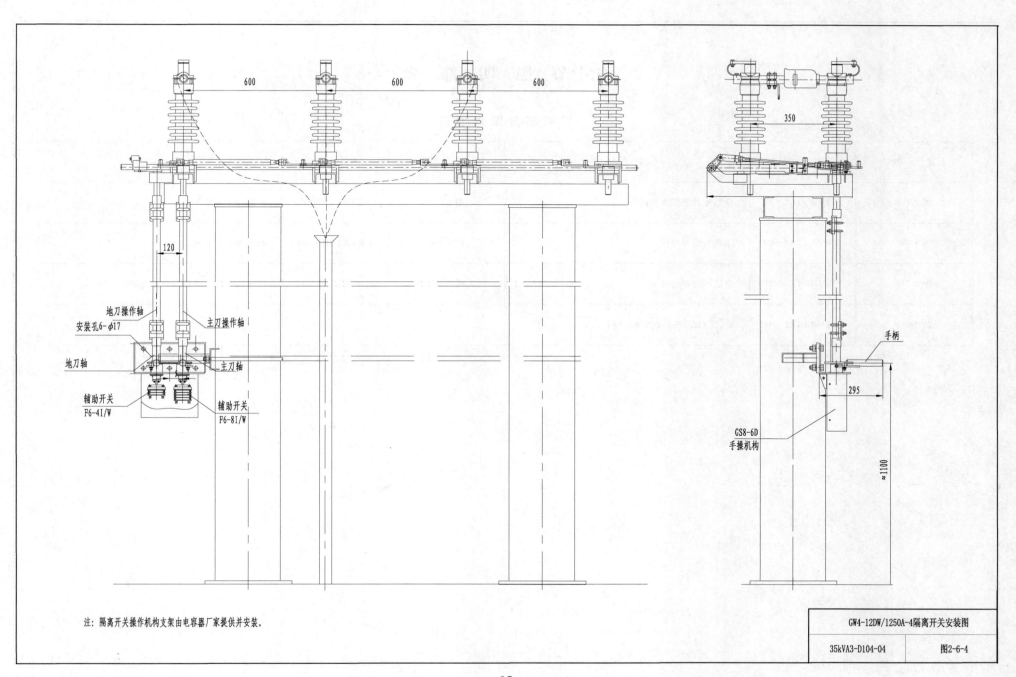

600　　　　600　　　　600

350

120

地刀操作轴　　　　　主刀操作轴

安装孔6-φ17

地刀轴　　　　　主刀轴

辅助开关
F6-4I/W

辅助开关
F6-8I/W

手柄

GS8-6D
手操机构

295

≈1100

注：隔离开关操作机构支架由电容器厂家提供并安装。

GW4-12DW/1250A-4隔离开关安装图	
35kVA3-D104-04	图2-6-4

第七节 照 明 部 分

照 明 部 分 图 集 清 册

图 序	图 号	图 名	图 序	图 号	图 名
图 2-7-1	35kVA3-D105-01	全站室外照明布置图	图 2-7-5	35kVA3-D105-05	暗装开关安装图
图 2-7-2	35kVA3-D105-02	主建筑物照明图	图 2-7-6	35kVA3-D105-06	暗装插座安装图
图 2-7-3	35kVA3-D105-03	交流部分电缆清册	图 2-7-7	35kVA3-D105-07	泛光灯室内外安装示意及支架加工图
图 2-7-4	35kVA3-D105-04	CXT（R）-2-6-4 插座箱图			

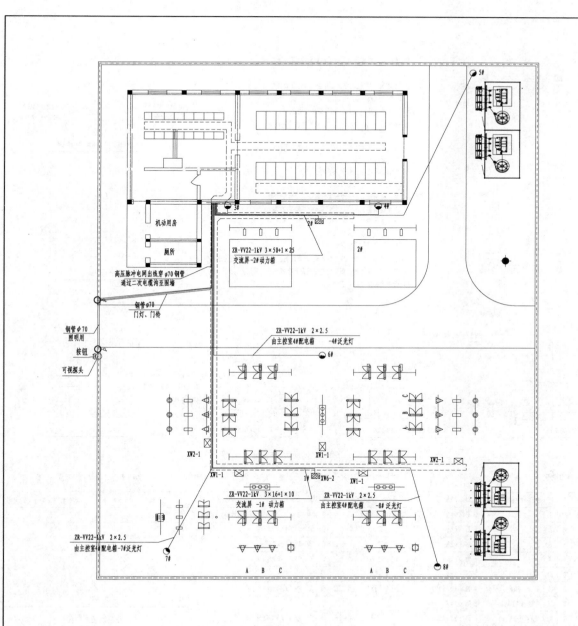

材料表

序号	名称	型号及规格	单位	数量	符号	备注
1	户外动力箱	X6-2	面	2	⊠	
2	户外泛光灯	9700、400W、220V	盏	6	◑	
3	节能灯	220V、15W	盏	2	○	
4	防水开关	250V、3A	个	2	◡	
5	可视门铃		个	1	⊔	
6	可视门铃按钮		个	1	⊔	

电缆走径

序号	名称	电缆型号	单位	数量	走径
1	1#户外动力箱电源	ZR-VV22-1kV 3×16+1×10	m	50	交流屏—1#户外动力箱
2	2#户外动力箱电源	ZR-VV22-1kV 3×25+1×16	m	20	交流屏—2#户外动力箱
3	户外泛光灯	ZR-VV22-1kV 2×2.5	m	170	主控室3#配电箱—户外泛光灯
4	电力电缆	ZR-VV22-1kV 2×2.5	m	35	主控室—门灯、门铃
5	电力电缆	ZR-VV22-1kV 2×4	m	25	主控室—电动大门
6	电缆护管	内径φ70钢管	m	120	用于室外泛光灯及水井电缆
7	电力电缆	ZR-VV22-0.6kV 2×4	m	35	脉冲电网电源—脉冲电网

全站室外照明布置图	
35kVA3-D105-01	图2-7-1

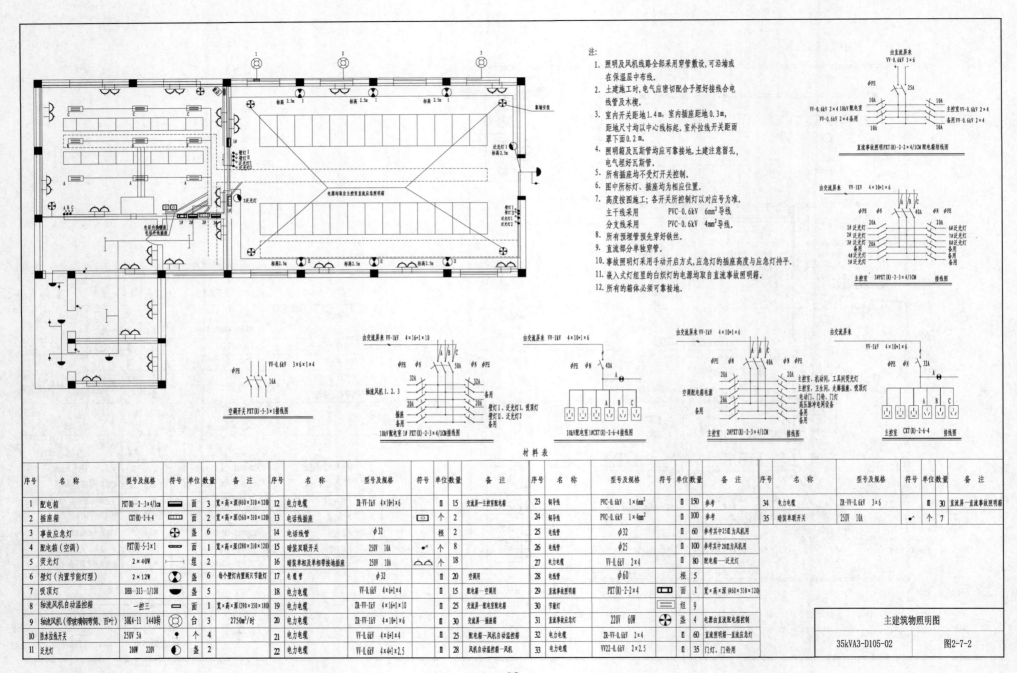

注:
1. 照明及风机线路全部采用穿管敷设,可沿墙或在保温层中布线.
2. 土建施工时,电气应密切配合予埋好接线合电线管及木楔.
3. 室内开关距地1.4m,室内插座距地0.3m,距地尺寸均以中心线标起.室外拉线开关距雨罩下面0.2m.
4. 照明箱及瓦斯管均应可靠接地,土建注意留孔,电气埋好瓦斯管.
5. 所有插座均不受灯开关控制.
6. 图中所标灯、插座均为相应位置.
7. 高度按图施工;各开关所控制灯以对应号为准.
   主干线采用 PVC-0.6kV 6mm²导线
   分支线采用 PVC-0.6kV 4mm²导线
8. 所有预埋管预先穿好铁丝.
9. 直流部分单独穿管.
10. 事故照明灯采用手动开启方式,应急灯的插座高度与应急灯持平.
11. 嵌入式灯组里的白炽灯的电源均取自直流事故照明箱.
12. 所有的箱体必须可靠接地.

材料表

序号	名 称	型号及规格	符号	单位	数量	备 注	序号	名 称	型号及规格	符号	单位	数量	备 注	序号	名 称	型号及规格	符号	单位	数量	备 注	序号	名 称	型号及规格	符号	单位	数量	备 注
1	配电箱	PXT(R)-2-3×4/1cm		面	3	宽×高×深(460×310×120)	12	电力电缆	ZR-VV-1kV 4×16+1×10		m	15	交流屏—主控室配电箱	23	铜导线	PVC-0.6kV 1×6mm²		m	150	参考	34	电力电缆	ZR-VV-0.6kV 3×6		m	30	直流屏—直流事故照明箱
2	插座箱	CXT(R)-2-6-4		面	2	宽×高×深(560×310×120)	13	电话线插座			个	2		24	铜导线	PVC-0.6kV 1×4mm²		m	100	参考	35	暗装单联开关	250V 10A		个	7	
3	事故应急灯			盏	6		14	电话线管	φ32		根	2		25	电线管	φ32		m	60	参考其中25m为风机用							
4	配电箱(空调)	PXT(R)-5-3×1		面	1	宽×高×深(280×310×120)	15	暗装双联开关	250V 10A		个	8		26	电线管	φ25		m	100	参考其中28m为风机用							
5	荧光灯	2×40W		组	2		16	暗装单相及单相零带接地插座	250V 10A		个	18		27	电力电缆	VV-0.6kV 2×4		m	80	配电箱—泛光灯							
6	壁灯(内置节能灯型)	2×12W		盏	6	每个壁灯内置两只节能灯	17	电缆管	φ32		m	20	空调用	28	电线管	φ60		根	5								
7	吸顶灯	DBB-313-1/100		盏	5		18	电力电缆	VV-0.6kV 4×(1+1)×4		m	15	配电箱—空调用	29	直流事故照明箱	PXT(R)-2-2×4		面	1	宽×高×深(460×310×120)							
8	轴流风机自动温控箱	一控三		面	1	宽×高×深(390×350×180)	19	电力电缆	ZR-VV-1kV 4×16+1×10		m	25	交流屏—配电室配电箱	30	节能灯			组	9								
9	轴流风机(带玻璃钢弯筒、百叶)	30K4-11 1440转		台	3	2750m³/时	20	电力电缆	ZR-VV-1kV 4×10+1×6		m	30	交流屏—插座箱	31	直流事故照明灯	220V 60W		盏	4	电源由直流配电箱控制							
10	防水拉线开关	250V 5A		个	4		21	电力电缆	VV-0.6kV 4×4+1×4		m	25	配电箱—风机自动温控箱	32	电力电缆	ZR-VV-0.6kV 2×4		m	60	直流照明箱—直流应急灯							
11	泛光灯	200W 220V		盏	2		22	电力电缆	VV-0.6kV 4×4+1×2.5		m	28	风机自动温控箱—风机	33	电力电缆	VV22-0.6kV 2×2.5		m	35	门灯、门铃用							

主建筑物照明图

35kVA3-D105-02　　图2-7-2

序号	安装单位名称	电缆编号	电缆编号及截面		备用芯数	电缆去向		电缆长度											
								ZR-VV22								ZR-VV			
								1kV						0.6kV		1kV		0.6kV	
						起点	终点	3×25+1×16	3×25+1×16	4×10+1×6	3×6+1×4	3×35+1×16	3×16+1×10	2×2.5	2×4	4×16×1×10	4×10+1×6		
国网通用设计 35kV A3 方案工程交流部分																			
1	10kV 站变		ZR-VV22-1kV	3×25+1×16		10kV 站变	交流屏	25											
2	35kV 站变		ZR-VV22-1kV	3×25+1×16		35kV 站变	交流屏	60											
3	配电室1#配电箱		ZR-VV-1kV	4×16+1×10		交流屏	配电室 1# 配电箱									20			
4	主控室1#配电箱		ZR-VV-1kV	4×16+1×10		交流屏	主控室 1# 配电箱									15			
5	主控室3#配电箱		ZR-VV-1kV	4×16+1×10		交流屏	主控室 3# 配电箱									14			
6	主变区户外动力箱		ZR-VV22-1kV	3×25+1×16		交流屏	主变区户外动力箱	35											
7	35kV 区户外动力箱		ZR-VV22-1kV	3×25+1×16		交流屏	35kV 区户外动力箱	55											
	合　计							175								49			

交流部分电缆清册

35kVA3-D105-03　　图2-7-3

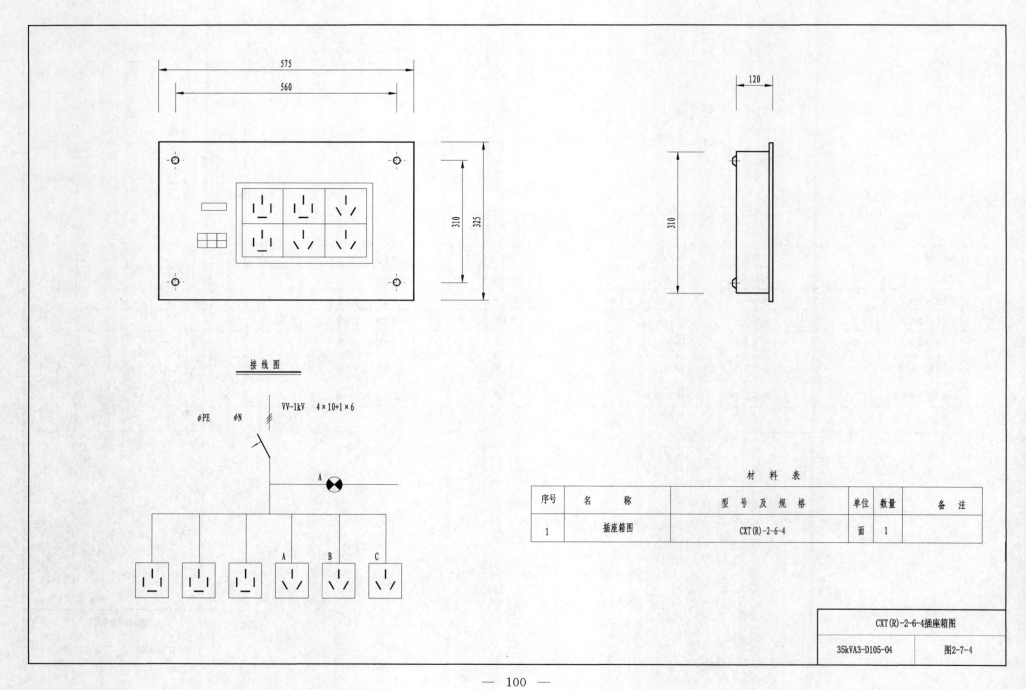

575

560

120

310 325

310

接线图

VV-1kV 4×10+1×6

φPE φN

A

A B C

材 料 表

序号	名 称	型 号 及 规 格	单位	数量	备 注
1	插座箱图	CXT(R)-2-6-4	面	1	

CXT(R)-2-6-4插座箱图

| 35kVA3-D105-04 | 图2-7-4 |

板把开关位置

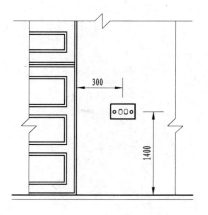

300

1400

暗装开关无设计位置及
高度时参照此图

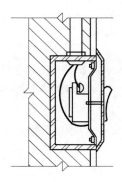

暗装开关安装图

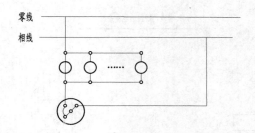

零线

相线

拉线开关安装图

注：

1. 开关应根据设计要求选择。

2. 接线盒配用S形塑料盒、T形铁制盒。

3. 根据习惯作法采用木制接线盒时,注意与开关板和圆木的配合。

4. 选用铁制接线盒配用钢管作电线管时注意接地。

5. 开关有设计位置及高度时应按设计施工,安装参照此图。

暗装开关安装图	
35kVA3-D105-05	图2-7-5

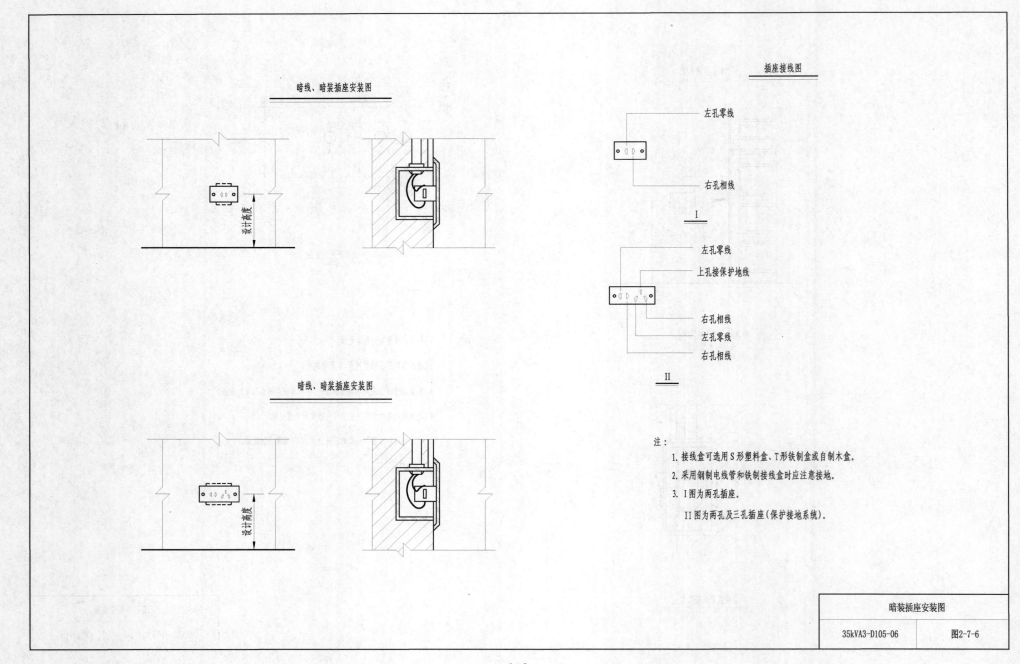

暗线、暗装插座安装图

插座接线图

左孔零线

右孔相线

Ⅰ

左孔零线

上孔接保护地线

右孔相线

左孔零线

右孔相线

Ⅱ

暗线、暗装插座安装图

注：

1. 接线盒可选用 S 形塑料盒、T 形铁制盒或自制木盒。

2. 采用钢制电线管和铁制接线盒时应注意接地。

3. Ⅰ图为两孔插座。

  Ⅱ图为两孔及三孔插座（保护接地系统）。

暗装插座安装图	
35kVA3-D105-06	图2-7-6

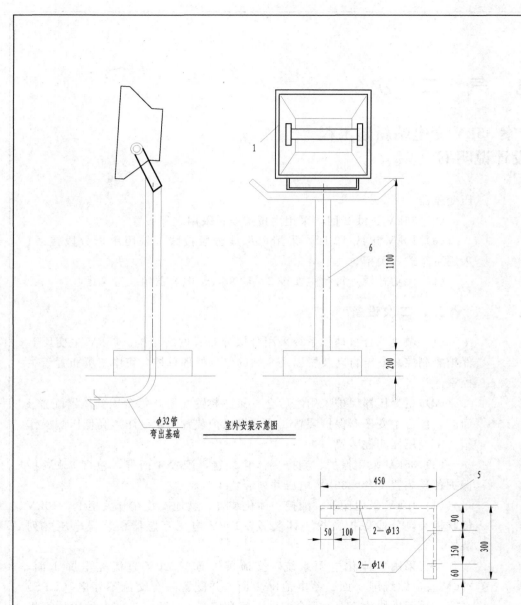

φ32管
弯出基础

室外安装示意图

室内泛光灯支架

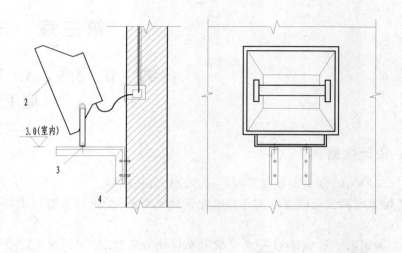

3.0(室内)

室内安装示意图

材料表

序号	名　　称	型　号　及　规　格	单位	数量	备　注
1	泛光灯	400W, 220V	盏	5	灯具电气一体化
2	泛光灯	150W, 220V	盏	2	灯具电气一体化
3	螺栓	M12×35	条	8	每条带一母二平一弹簧垫
4	膨胀螺栓	M12	条	16	
5	室内角钢支架	∠50×5, L=750	根	8	加工后镀锌
6	室外泛光灯支架		套	5	厂家配

泛光灯室内外安装示意及支架加工图	
35kVA3-D105-07	图2-7-7

第三章　电　气　二　次

第一节　35kV-A3 方案 35kV 变电站新建工程
施工设计说明书

一、设计依据

（1）《35kV-A3 变电站新建工程》初步设计审核纪要。

（2）国家电网公司输变电工程标准化设计（35kV 变电站分册，2011 年版）。

（3）《国家电网公司 2011 年新建变电站设计补充规定》（国家电网基建〔2011〕58 号）。

（4）《国家电网公司输变电工程全寿命周期设计建设指导意见》（国家电网基建〔2008〕1241 号）。

（5）《国家电网公司输变电工程施工图设计内容深度规定（变电站）》及编制说明（Q/GDW381.1—2009）。

（6）协调统一基建类和生产类标准差异条款（变电部分）的通知（办基建〔2008〕20 号）。

（7）输变电工程建设标准强制性条文。

（8）国家电网公司物资采购标准（2011 年 3 月 1 日版）。

（9）变电站设计建设相关的其他规程规范、反措、管理规定。

（10）35～110kV 变电所设计技术规程（GB 50060—92）。

（11）《协调统一基建类和生产类标准差异条款》（国家电网科〔2011〕12 号）。

二、工程规模

（1）主变压器容量 2×10MVA，电压等级为 35/10kV；采用有载调压变压器。

（2）35kV 进线 2 回，采用内桥接线；采用室外布置。

（3）10kV 出线 12 回，采用单母线分段接线，采用单母分段接线；采用手车式开关柜。

（4）无功补偿：每台主变按 2×1000kvar 电容器组装置考虑。

三、二次设备

（1）微机综合自动化系统采用分层分布式网络结构。35kV 主变压器保护、测控、安全自动装置以及全站的信息处理总控，集中组屏布置于主控室。

（2）主变压器保护采用主后合一保护装置配置。每台主变压器配置 1 面屏，包含主变压器保护装置、非电量保护装置、主变压器高低压侧操作箱、主变压器测控装置。

（3）35kV 采用保护、测控一体化装置，配置 1 面屏，包含 35kV 桥保护备投装置 1 台，35kV 电压并列装置 1 台。

（4）10kV 采用保护、测控一体化装置，就地安装在开关柜上，10kV 母联柜装设分段保护备投一体装置，10kV 电压互感器柜装设电压并列装置。

（5）采用一体化电源系统，交流屏 2 面、220V 直流充电屏 1 面、220V 直流馈线屏 1 面、蓄电池屏 1 面，并配置一套交流不停电（UPS）系统，采用模块化 N+1 冗余配置，每套容量 2kVA，为变电站内计算机监控系统等重要二次设备提供交流不停电电源。

（6）全站组一面计量屏，用于 35kV 进线计量。35kV 站变计量、10kV 站变计量装设在交流屏上。10kV 进出线计量装设在开关柜上。35kV 桥间隔、10kV 母联间隔不设计量点。

（7）为便于运行管理，保证变电站安全运行，在变电站内设置一套图像监视及安全警卫系统。配置原则如下：沿变电站围墙四周设置远红外线控测器，大门处、室外配电装置区均安装室外摄像头，二次设备室、10kV 配电室均安装室内摄像头。

（8）变电站内设置一套火灾自动报警系统，报警信号可传至集控中心或调度端。

四、综合自动化系统

1. 计算机监控系统

（1）变电站采用成熟先进的计算机监控系统，按无人值班设计。

（2）计算机监控系统采用分层分布式网络结构，具有远方控制功能。

（3）对变电站内所有设备进行实时监视和控制，电气模拟量采集采用交流采样，保护动作及装置报警等重要信号采用硬接点输入。

（4）具备防误闭锁功能，能完成站内防误操作闭锁。

（5）全站设一套单时钟 GPS 对时系统，实现站控层，间隔层及保护装置的时钟同步。

（6）具有与电力调度数据专网的接口，软、硬件配置能支持联网的网络通信技术以及通信规约的要求。

2. 继电保护和安全自动装置

（1）主变压器：配置主后合一保护测控装置。

1）主保护：

a. 无制动差流速断保护。

b. 差动保护采用比率制动原理，具有 TA 断线告警或闭锁功能，闭锁功能由控制字选择，制动侧可用控制字选择，跳主变两侧及桥开关。

2）高压侧后备保护：

a. 35kV 复合电压闭锁过电流保护：电流取自 35kV TA，电压取两侧电压，跳主变压器两侧及桥开关。

b. 过负荷保护：设三个定值，一段启动风扇，二段发信号，三段闭锁有载调压。

3）非电量保护：视一次设备情况接入。

a. 本体重瓦斯引入接点，发信号或跳主变压器两侧及桥开关。

b. 有载调压重瓦斯引入接点，发信号或跳主变压器两侧及桥开关。

c. 本体轻瓦斯引入接点，发告警信号。

d. 有载调压轻瓦斯引入接点，发信号。

e. 主变压器压力释放引入接点，发信号或跳主变压器两侧及桥开关。

f. 主变压器油温过高引入接点，发信号或跳主变压器两侧及桥开关。

g. 主变压器本体油位异常引入接点，发信号。

h. 主变压器调压油位异常引入接点，发信号。

i. 非电量保护引入接点均为强电 220V 开关量输入空接点。

4）其他技术要求：

a. 高压侧的复合电压取两侧电压并联，以保证灵敏度，并可采用连接片投退其中任何一侧复合电压。

b. 本保护直流工作电源为 220V，当工作电源消失，保护装置应闭锁跳闸出口，并发出报警信号。

c. 不同保护装置电源应分别经直流特性空开引入。

d. 保护装置应有足够的输出接点用于跳闸、远动、报警等回路，并留备用接点。

e. 装置的跳闸出口继电器应有自保持，并有监视手段，出口继电器应为强电 220V。

（2）10kV 配电装置保护配置。根据小电流接地系统线路保护的配置原则，10kV 线路配置：

1）三相三段式电流保护。

2）三相一次（或两次）自动重合闸：手动、远动掉闸不重合（重合闸次数应能选择）。具备重合后加速功能。

3）小电流接地选线。

4）过负荷报警。

5）零序2段过流保护（用于小电阻接地系统）。

6）采用完全星形接线，不设单独的零序TA，装置内部合成$3I_0$。

（3）并联无功补偿装置保护配置。电容器组保护按照《并联电容器装置设计规程》的要求进行设置。

1）三相式延时电流速断保护。

2）三相式过电流保护。

3）母线过电压保护。

4）TV断线闭锁的母线失压保护。

5）三次谐波过滤的零序电压保护开口三角电压。

（4）安全自动装置配置。

1）35kV备自投：由35kV桥保护备投一体装置实现。

2）35kV TV并列：由35kV电压并列装置实现。

3）10kV备自投：由10kV分段保护备投一体装置实现。

4）10kV TV并列：由10kV电压并列装置实现。

五、一体化电源系统

变电站站用电源系统采用交直流一体化设计，将站用直流、交流、UPS、通信电源一体化设计配置，建立电源系统监控平台，与自动化系统集成，实现电源系统统一智能监控，进而实现状态检修。取消通信48V蓄电池组及通信用充电设备，采用二套独立的接于变电站220V直流母线上的DC/DC模块，由220V变换为—48V，为通信设备提供电源。

采用一体化监控系统，用于监控站用交直流信息，实现站用电源的信息化、自动化，并可与变电站综合运行管理系统实时通信。

（1）直流系统采用3台10A高频开关电源模块，N+1备用。1组100Ah铅酸阀控蓄电池组，3面屏。

（2）站用电系统由2面交流低压配电柜组成。

（3）站内设1套交流不间断电源系统（UPS），容量2kVA。UPS不带蓄电池，由站内直流系统蓄电池供电。

（4）通信电源设置1套DC/DC转换模块，接于220V直流母线上。根据通信电源负荷大小，DC/DC转换模块容量配置为30A。

六、图纸卷册

本站电气二次施工图纸共分八册：

第一册：主控室布置、火灾报警及遥视系统

第二册：主变保护电气二次线

第三册：公共部分

第四册：10kV开关柜电气二次线

第五册：交、直流屏电气二次线

第六册：计量屏

第七册：通信部分

第八册：电缆清册

第二节 电气二次设备清册

序号	设备名称	型号及规格	单位	数量	备注	序号	设备名称	型号及规格	单位	数量	备注
1	计算机监控系统		套	1		6		10kV 电容计量表	块	2	安装在开关柜
		监控主机兼操作员站	套	1				站用变计量表	块	2	安装在交流屏
		远动工作站	套	1		7	通信屏		面	1	需与调度部门协商确定
		五防系统	套	1							
		网络设备及光纤	套	1		8	远动屏	数据网接入设备	面	1	
		GPS 对时系统	套	1		9	高频电源充电屏		面	1	
		UPS 系统（容量 2kVA）	套	1				220V 高频开关电源模块 10A	个	3	
2	主变压器保护测控屏		面	2				48V 通信电源模块	个	1	
		变压器保护装置	台	1		10	直流馈线屏		面	1	
		非电量保护装置	台	1				220V 直流馈线开关 32A	个	24	
		主变压器高、低压侧操作箱	台	1				48V 直流馈线开关 20A	个	6	
		主变压器测控装置	台	1				直流系统绝缘检测装置	套	1	
		打印机	台	1		11	蓄电池屏	2V，104 只，容量 100Ah	面	1	
3	35kV 保护测控屏		面	1		12	交流电源屏		面	2	
		35kV 桥保护备投一体装置	台	1				进线双电源自动转换开关	个	1	
		35kV 电压并列装置	台	1				交流馈线断路器 60A，4P	个	10	
4	公用测控屏		面	1				交流馈线断路器 30A，2P	个	30	
		35kV 公用测控装置	台	1				预留电能表表位	个	2	
		10kV 公用测控装置	台	1		13	10kV 分散安装设备		组	1	
5	变电站遥视屏	图像监视及安全警卫系统	面	1				10kV 线路保护装置	台	12	安装在开关柜
6	计量屏		面	1				10kV 分段备投装置	台	1	安装在开关柜
		变电站电能量采集终端	台	1				10kV 电容器保护装置	台	1	安装在开关柜
		35kV 进线计量表	块	2				10kV 电压并列装置	台	1	安装在开关柜
		主变低压侧计量表	块	2	安装在开关柜	14	火灾探测报警系统		套	1	
		10kV 出线计量表	块	12	安装在开关柜	15	控制电缆	ZR-KVVP22-0.5	m	4000	

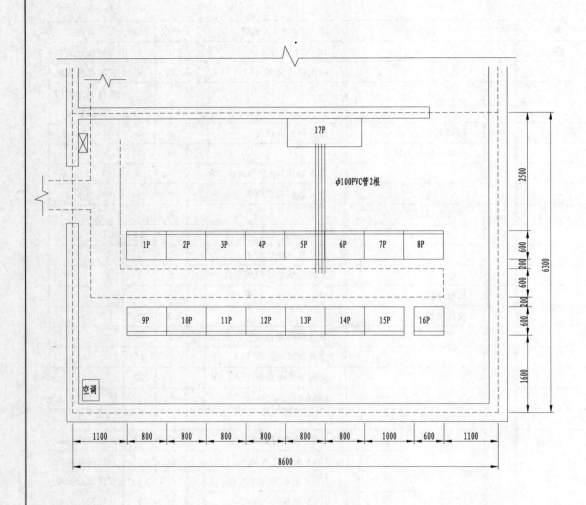

北

φ100PVC管2根

17P

2500

600
200
600

6300

200
600

1600

| 1P | 2P | 3P | 4P | 5P | 6P | 7P | 8P |

| 9P | 10P | 11P | 12P | 13P | 14P | 15P | 16P |

空调

| 1100 | 800 | 800 | 800 | 800 | 800 | 800 | 1000 | 600 | 1100 |

8600

序 号	名 称	型 式	数量	备 注
1P	备用位置	2260×800×600	1	
2P	1#变压器保护屏	2260×800×600	1	
3P	2#变压器保护屏	2260×800×600	1	
4P	35kV保护测控屏	2260×800×600	1	
5P	公用测控屏	2260×800×600	1	
6P	计量屏	2260×800×600	1	
7P	远动屏	2260×800×600	1	
8P	变电站遥视屏	2260×800×600	1	
9P	备用位置	2260×800×600	1	
10P	蓄电池柜	2260×800×600	1	
11P	直流馈线柜	2260×800×600	1	
12P	高频开关电源充电柜	2260×800×600	1	
13P	交流馈线屏	2260×800×600	1	
14P	交流进线屏	2260×800×600	1	
15P	监控屏	2260×800×600	1	
16P	通信屏	2260×600×600	1	
17P	微机五防、显示器及打印机		1	
⊠	火灾自动报警控制器		1	

主控室平面布置图	
35kVA3-D0201-01	图3-3-1

第二篇　10kV 变压器台架标准化施工图

第四章　河北省电力公司10kV变压器台架施工工艺说明

一、引言

（1）本说明以半分式12-12m变压器台架为例，对建设要求及工艺进行说明，对其他安装形式的台架，除根开距离、JP柜横担、变压器横担、熔断器横担高度固定不变外，其他如引线横担高度、PVC管支架安装位置、支架安装高度、设备线夹、低压进（出）线形式，以及保护、工作接地等，可根据具体情况适当调整。

（2）按照农网工程建设标准化的要求，为村内供电的10kV高压主干线路应实现绝缘化，为村内供电的综合台区应安装在村内负荷中心，通过增加变压器布点调整负荷分布，缩短低压供电半径，低压供电半径应小于500m。台区安装位置应避开车辆碰撞和易燃、易爆及严重污染场所，应悬挂警示牌、设备运行编号牌。

二、施工前准备工作

（1）根据10kV变压器台架标准化施工图中材料表进行工程施工物资领用及审核。

（2）对横担、绝缘子、连接引线、接地环等设备材料提前进行组装。

1）对连接引线进行分类截取，10kV主干线路至熔断器上接线端引线共3根每根为440cm，熔断器下接线端至变压器高压侧引线共3根每根为410cm，避雷器上引线共3根每根为62cm，避雷器间相互连接接地引线共2根每根为50cm，避雷器至接地极引出扁铁间接地引线1根410cm，变压器接地线1根为250cm，JP柜接地线1根为150cm，变压器中性点接地线1根为360cm，各连接引线截取后，根据用途压接好接线端子，要保

证接线端子压接质量。

2）绝缘子全部采用P-20T型针式绝缘子，根据需要对台区所用横担、绝缘子、避雷器、接地环等提前进行组装，降低高空作业安全风险，节省施工时间，提高工作效率。

三、变台电杆组立

1. 挖坑

用经纬仪找准地面基准，测量两杆坑的水平度，测量杆坑的深度2.2m。

2. 底盘安装

首先沿线路方向在两杆坑坑边中心处做3个方向桩，并用细线连接，在细线上标注距离为2.5m的2个黑色标记，在底盘中心用粉笔画一白点，将底盘放在坑内，调整底盘放置位置使线坠、细线黑色标记、白点在一条直线上，确定两杆之间距离为2.5m。

3. 立杆

在底盘上以白点为圆心、电杆底部为半径画圆，组立电杆时使电杆底部与所画圆圈重合，保证电杆位置的准确度，吊车组立电杆时，当电杆底部与底盘所画圆圈重合，电杆基本正直后，对电杆进行回填土，每50cm一层进行夯实，夯实两层后，用吊车对电杆倾斜度进行调整至正直。

4. 安装卡盘

卡盘上平面距离地面50cm，用半圆抱箍将卡盘与电杆固定，深度允许偏差为±50mm。

5. 电杆校正

利用经纬仪在以电杆为原点的 90°角两条直线上，分别进行观察测量，对电杆进行微调，保证电杆中心点与中心桩之间的横向位移不应大于 50mm。根开为 2.5m，偏移不应超过±30mm。

6. 填土夯实

电杆校正后，进行回填土并夯实，每 50cm 进行夯实一次，松软土质的基坑回填土时，采用增加夯实次数的加固措施。回填土后的电杆基坑应设置防沉土层，培土高度超出地面 30cm。

四、接地体安装

1. 接地体安装要求

接地体采用∠50×5×2500 的角钢，在电杆外侧挖 60cm 深的沟，将接地体打入地下，两接地体之间距离为 5m，用－40×4×5000 扁钢连接，地平面以下连接处全部采用焊接，并做好防腐处理。

2. 接线方式

（1）综合配变全部采用 TT 接地方式，从正面看（高压熔断器与变压器低压出线柱头侧）避雷器单独沿变台左侧电杆内侧接地，变压器外壳、中性点、JP 柜外壳沿变台右侧电杆内侧接地。

（2）避雷器下端应采用绝缘线将三相连接在一起，接地引线沿避雷器横担和电杆内侧敷设。变压器外壳接地引线沿变压器托担敷设，变压器中性线沿变压器散热片外侧垂直向下顺变压器托担敷设。JP 柜接地引线沿 JP 柜托担敷设。接地引下线在适当位置处宜采用钢包带固定。

（3）接地扁钢采用－40×4×2400 扁钢，扁钢露出地面约 1.8m，用黄（10cm）绿（10cm）相间的相色漆（带）进行喷刷（粘贴），接地引下线采用 JKLYJ—50 绝缘线，与接地扁钢连接采用 DTL—50 接线端子。

3. 接地电阻

接地装置施工完毕后须进行接地电阻的测量，变压器容量在 100kVA 以下的，其接地电阻应不大于 10Ω；100kVA 及以上的，接地电阻不应大于 4Ω。

五、变压器台架横担安装

1. 引线横担

引线横担采用∠63×6×3000 角钢，横担中心水平面距 12m 杆杆顶约 190cm，横担校平后使用 U 形抱箍进行固定。水平倾斜不大于横担长度的 1/100。

2. 高压熔断器横担

熔断器横担采用∠63×6×3000 角钢，横担中心对地距离 6.8m，偏差－20～＋20mm，横担校平后使用螺丝进行固定并安装熔断器连板，熔断器连板采用－80×8×450 扁钢。水平倾斜不大于横担长度的 1/100。

3. 避雷器横担

避雷器横担采用∠63×6×3000 角钢，横担中心水平面距地面 5.5m，横担校平后使用 U 形抱箍进行固定。水平倾斜不大于横担长度的 1/100。

4. 变压器托担

变压器托担采用[12×3000 槽钢，托担中心水平面距地面 3.0m，偏差 0～＋100mm，安装时搭在托担抱箍上，托担校平后使用螺丝固定。水平倾斜不大于托担长度的 1/100。

5. JP 柜托担

JP 柜托担采用[8×3000 槽钢，托担中心水平面距地面 1.9m，－20～0mm，安装时搭在托担抱箍上，托担校平后用螺丝固定。水平倾斜不大于托担长度的 1/100。

六、变台引线及设备安装

1.10kV 线路干线至高压熔断器上接线端引线

首线将引线压好接线端子后与熔断器上接线端连接固定，然后使用绝缘绑线将引线分别在引线横担绝缘子和熔断器横担上装绝缘子上进行固定，最后引线使用 T 形线夹或在线路导线上缠绕一圈后使用双并沟线夹进行连接。引线连接应顺直无碎弯，工艺美观，熔断器上口至熔断器上装绝缘子的引线应有一定弧度，并保证三相弧度一致。

2. 熔断器下接线端至变压器高压侧接线柱引线

熔断器选用型号为 HRW12-12/200 熔断器。

熔断器下接线端应使用铜铝接线端子与引线连接，然后在熔断器横担侧装绝缘子上将引线绑扎回头，绑好后侧装绝缘子中心位置至熔断器下接线端引线长度约为 90cm。熔断器引线在避雷横担绝缘子上用绑线固定后引至变压器高压侧，使用设备线夹进行固定，并加装绝缘护罩。

高压熔断器与变压器低压出线柱头安装在同侧，此面作为变台的正面。

3. 接地环

接地环距熔断器横担侧支瓶中心 35cm 处安装。

4. 避雷器引线

避雷器选用型号为 HY5WS-17/50 避雷器。

避雷器各相间距离应不小于 0.5m，下侧采用 JKLYJ-50 绝缘线连接在一起，再与接地体相连接。在高压引线上距接地环约 70cm 处安装穿刺线夹，然后使用长度约为 62cm 的引线与避雷器连接，避雷器侧使用铜铝接线端子连接，连接好后加装绝缘护罩。

5. 配电变压器

变压器选用型号为 S11 及以上配电变压器，变压器放在安装好的变压器托担上，使用变压器固定横担对变压器进行固定。

变压器低压出线柱头与高压熔断器安装在同侧，此面作为变台的正面。

6.JP 柜安装

JP 柜须选用通过国家 3C 认证的产品，主进断路器应具有 30kA 短路分断能力，能够根据变压器容量或实际负荷调整过载保护值，具备自动重合功能，抗干扰能力强，漏电动作电流为 50～500mA 可调，还应具备断相保护功能。负荷开关、主进断路器等主要电器元件应选用著名优质品牌产品。柜体材质须选用不小于 1.5mm 的 304 不锈钢板（国标 0Cr18Ni9/SUS304），要求喷塑（灰）。

JP 柜采用托担形式安装，放在安装好的 JP 柜托担上，使用 JP 柜固定横担对 JP 柜进行固定。

七、变压器低压侧引线安装

变压器低压侧引线采用 BV 布电线，采用穿 PVC-C 型电缆保护管（以下简称 PVC 管）形式安装，使用 2 套固定横担和 PVC 管抱箍进行固定。PVC 管转弯处采用 45°弯头，变压器低压接线柱处加装一个 45°弯头并留有滴水弯。变压器低压侧引线进入 JP 柜内用铜接线端子进行固定。

八、低压出线安装

低压出线分为低压电缆入地和低压上返高低压同杆架设两种形式。

低压电缆入地安装时，利用 JP 柜下方出线孔，低压出线管采用 $\phi100$ 的钢管。

低压上返高低压同杆架设安装时，利用 JP 柜侧方出线孔，低压出线管采用 $\phi100$ 的 PVC 管。安装在变压器托担、避雷器横担、高压熔断器横担、高压引线横担预留的 PVC 管抱箍固定孔上，在转弯处采用 45°弯头，出线口处加装一个 45°弯头并留有滴水弯，低压出线与低压线路采用 JBL-1 双并沟线夹进行连接。

九、试验调试

台架设备安装完成后要对部分设备进行试验，变压器要进行空载试验、负载试验、交流耐压试验、绝缘电阻、变比试验、短路电压和直流电阻试验。

避雷器要进行绝缘电阻、泄露值试验。

熔断器要进行绝缘试验。

十、标志牌安装

（1）警告标志牌、运行标志牌、防撞警示线依据《国家电网公司安全设施标准 第 2 部分：电力线路》（Q/GDW 434.2—2010）要求进行制图，制图参数见下面具体规定。

（2）变压器台架应安装在"禁止攀登，高压危险"警告标志牌，尺寸统一为300mm×240mm。安装在变压器托担上，位于变压器正面左侧。警示牌上沿与变压器槽钢上沿对齐，并用钢包带固定在槽钢上。

（3）变压器台架应安装变压器运行标志牌，尺寸统一为320mm×260mm，白底，红色黑体字。安装在变压器托担上，位于变压器正面右侧。运行标志牌上沿与变压器槽钢上沿对齐，并用钢包带固定在槽钢上。

（4）变压器台架应安装电杆杆号标志牌，尺寸统一为320mm×260mm，白底，红色黑体字。杆号杆志牌下沿与变压器槽钢上沿对齐，并用钢包带固定在电杆上。

（5）变压器台架电杆下部应涂刷（粘贴）黄（20cm）黑（20cm）相间、带荧光防撞警示线，警示线顶部一格书写"高压危险，禁止攀登"（字体为红色黑体），警示线在电杆埋深标识上沿（或距离地面50cm处）向上围满一周涂刷（粘贴），其高度不小于1.2m。

十一、其他

（1）安装工艺要求做到"横平竖直"，即横担安装要做到横平，全部引下线安装要竖直，凡是带有弧度的引线三相要保持一致。

（2）螺栓穿向应与U形螺丝穿向保持一致，并遵循以下原则，垂直方向由下向上，水平方向由内向外，面向受电侧由左向右。JP柜、变压器、避雷器、熔断器、高压引线横担紧固螺栓，抱箍紧固螺栓，接地体与电缆接线端子紧固螺栓须按"两平（平垫）—弹（弹垫）双螺母"配备，

其他可按"—平（平垫）—弹（弹垫）—螺母"配备。

（3）螺栓紧好后，螺杆丝扣露出的长度，单螺母不应少于2个螺距，双螺母可与螺母相平。同一水平面上丝扣露出的长度应基本一致。

（4）配电变压器低压侧引线选择。

变压器容量（kVA）	引线型号	变压器容量（kVA）	引线型号
50	BV-35	200	BV-95
100	BV-50	250	BV-150
160	BV-70	315	BV-185
400	BV-240		

（5）变压器台架各部分引线参考长度：

熔断器下口	距	侧支瓶中心	90cm
侧支瓶中心	距	接地环	35cm
接地环	距	避雷器穿刺线夹	70cm
避雷器穿刺线夹	距	变压器高压侧	215cm
熔断器下口	距	接地环	125cm
	距	避雷器	195cm
	距	变压器高压侧	410cm
避雷器引线	长		62cm

第五章 标准化施工图

第一节 半分式 10-10m

半分式 10-10m 图集清册

图序	图 号	图 名	图序	图 号	图 名
图 5-1-1	10-ZA-1-B10-01	（半分式 10-10m）组装图	图 5-1-11	10-ZA-1-B10-11	变压器固定横担加工图
图 5-1-2	10-ZA-1-B10-02	熔断器横担组装图	图 5-1-12	10-ZA-1-B10-12	低压综合配电箱固定横担加工图
图 5-1-3	10-ZA-1-B10-03	避雷器横担组装图	图 5-1-13	10-ZA-1-B10-13	低压进线电缆固定支架加工图
图 5-1-4	10-ZA-1-B10-04	变压器横担组装图	图 5-1-14	10-ZA-1-B10-14	低压出线电缆抱箍加工图
图 5-1-5	10-ZA-1-B10-05	低压综合配电箱横担组装图	图 5-1-15	10-ZA-1-B10-15	U 形抱箍加工图
图 5-1-6	10-ZA-1-B10-06	熔断器横担加工图	图 5-1-16	10-ZA-1-B10-16	变压器及低压综合配电箱横担抱箍加工图
图 5-1-7	10-ZA-1-B10-07	熔断器连板加工图	图 5-1-17	10-ZA-1-B10-17	卡盘 U 形抱箍加工图
图 5-1-8	10-ZA-1-B10-08	避雷器横担加工图	图 5-1-18	10-ZA-1-B10-18	接地体加工图一
图 5-1-9	10-ZA-1-B10-09	变压器横担加工图	图 5-1-19	10-ZA-1-B10-19	接地体加工图二
图 5-1-10	10-ZA-1-B10-10	低压综合配电箱横担加工图			

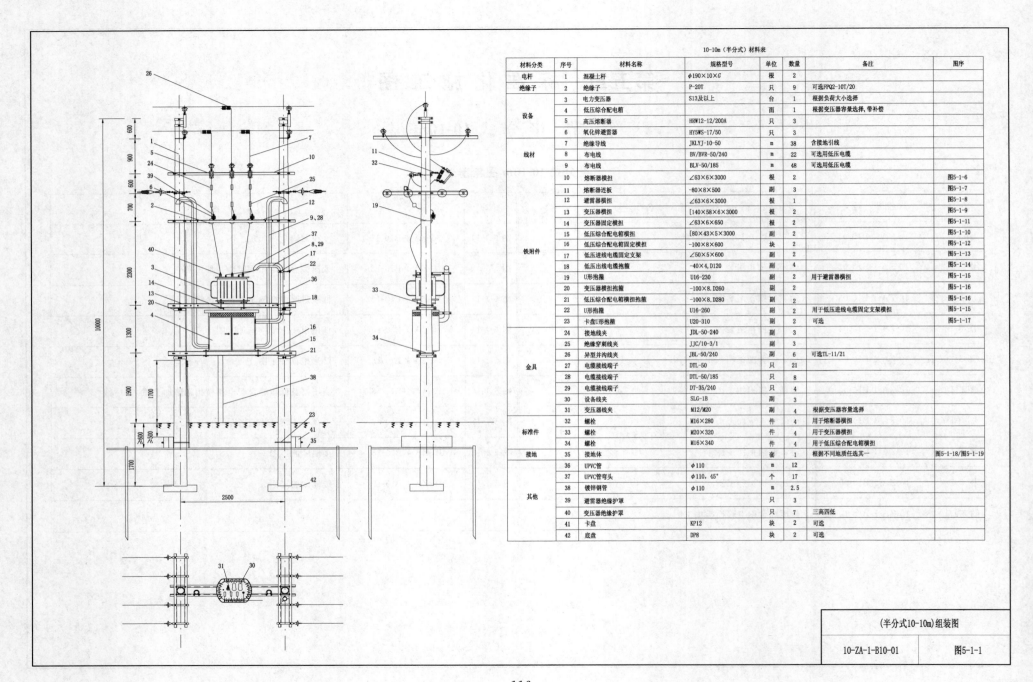

10-10m（半分式）材料表

材料分类	序号	材料名称	规格型号	单位	数量	备注	图序
电杆	1	混凝土杆	φ190×10×G	根	2		
绝缘子	2	绝缘子	P-20T	只	9	可选FPQ2-10T/20	
设备	3	电力变压器	S13及以上	台	1	根据负荷大小选择	
	4	低压综合配电箱		面	1	根据变压器容量选择,带补偿	
	5	高压熔断器	HRW12-12/200A	只	3		
	6	氧化锌避雷器	HY5WS-17/50	只	3		
线材	7	绝缘导线	JKLYJ-10-50	m	38	含接地引线	
	8	布线线	BV/BVR-50/240	m	22	可选用低压电缆	
	9	布线线	BLV-50/185	m	48	可选用低压电缆	
铁附件	10	熔断器横担	∠63×6×3000	根	2		图5-1-6
	11	熔断器连板	-80×8×500	副	3		图5-1-7
	12	避雷器横担	∠63×6×3000	根	1		图5-1-8
	13	变压器横担	[140×58×6×3000	根	2		图5-1-9
	14	变压器固定横担	∠63×6×650	根	2		图5-1-11
	15	低压综合配电箱横担	[80×43×5×3000	副	2		图5-1-10
	16	低压综合配电箱固定横担	-100×8×600	块	2		图5-1-12
	17	低压进线电缆固定支架	∠50×5×600	副	2		图5-1-13
	18	低压出线电缆抱箍	-40×4,D120	副	4		图5-1-14
	19	U形抱箍	U16-230	副	2	用于避雷器横担	图5-1-15
	20	变压器横担抱箍	-100×8,D260	副	2		图5-1-16
	21	低压综合配电箱横担抱箍	-100×8,D280	副	2		图5-1-16
	22	U形抱箍	U16-260	副	2	用于低压进线电缆固定支架横担	图5-1-15
	23	卡盘U形抱箍	U20-310	副	2	可选	图5-1-17
金具	24	接地线夹	JDL-50-240	副	3		
	25	绝缘穿刺线夹	JJC/10-3/1	副	3		
	26	异型并沟线夹	JBL-50/240	副	6	可选TL-11/21	
	27	电缆接线端子	DTL-50	只	21		
	28	电缆接线端子	DTL-50/185	只	8		
	29	电缆接线端子	DT-35/240	只	4		
	30	设备线夹	SLG-1B	副	3		
	31	变压器线夹	M12/M20	副	4	根据变压器容量选择	
标准件	32	螺栓	M16×280	件	4	用于熔断器横担	
	33	螺栓	M20×320	件	4	用于变压器横担	
	34	螺栓	M16×340	件	4	用于低压综合配电箱横担	
接地	35	接地体		套	1	根据不同地质任选其一	图5-1-18/图5-1-19
其他	36	UPVC管	φ110	m	12		
	37	UPVC管弯头	φ110,45°	个	17		
	38	镀锌钢管	φ110	m	2.5		
	39	避雷器绝缘护罩		只	3		
	40	变压器绝缘护罩		只	7	三高四低	
	41	卡盘	KP12	块	2	可选	
	42	底盘	DP8	块	2	可选	

（半分式10-10m）组装图	
10-ZA-1-B10-01	图5-1-1

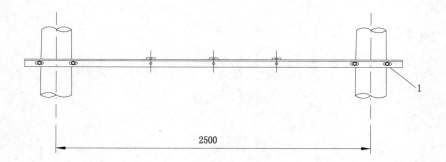

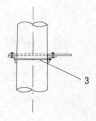

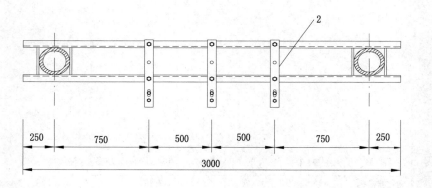

材 料 表

序号	名 称	规 格	单位	数量	重量（kg）	备 注
1	熔断器横担	∠63×6×3000	根	2	34.32	
2	熔断器连板	−80×8×500	副	3	8.61	
3	螺栓	M16×280	件	4	2.40	二平一弹、双螺母

熔断器横担组装图	
10-ZA-1-B10-02	图5-1-2

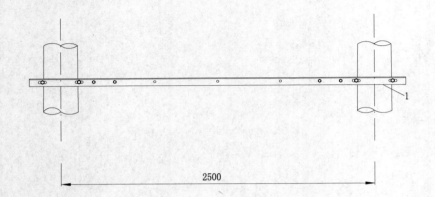

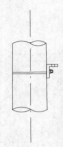

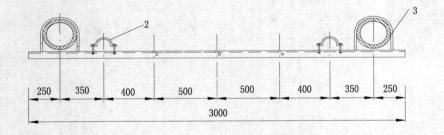

2500

250 350 400 500 500 400 350 250

3000

材 料 表

序号	名　称	规　格	单位	数量	重量（kg）	备　注
1	避雷器横担	∠63×6×3000	根	1	17.16	
2	低压出线 电缆抱箍	−40×4，D120	副	2	1.38	
3	U形抱箍	U16-230	副	2	2.66	

避雷器横担组装图

10-ZA-1-B10-03	图5-1-3

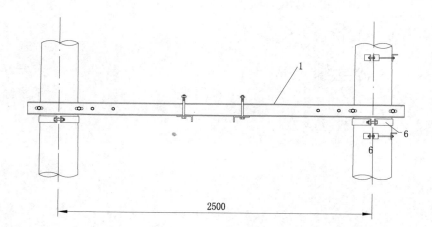

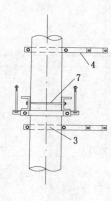

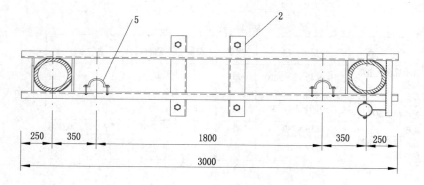

2500

3000

| 250 | 350 | 1800 | 350 | 250 |

材 料 表

序号	名　称	规　格	单位	数量	重量(kg)	备　注
1	变压器横担	[140×58×6×3000	根	2	87.22	
2	变压器固定横担	∠63×6×650	根	2	7.44	
3	U形抱箍	U16-260	副	2	2.90	
4	低压进线电缆固定支架	∠50×5×600	副	2	7.36	
5	低压出线电缆抱箍	−40×4,D120	副	2	1.38	
6	变压器横担抱箍	−100×8,D260	副	2	21.04	
7	螺栓	M20×320	件	4	4.52	二平一弹、双螺母

变压器横担组装图

10-ZA-1-B10-04	图5-1-4

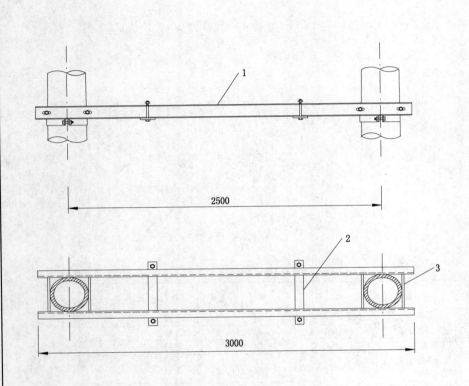

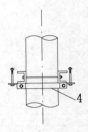

2500

3000

材 料 表

序号	名 称	规 格	单位	数量	重量(kg)	备 注
1	低压综合配电箱横担	[80×43×5×3000	根	2	48.28	
2	低压综合配电箱固定横担	−100×8×600	根	2	7.54	
3	螺栓	M16×340	件	4	2.76	二平一弹、双螺母
4	低压综合配电箱横担抱箍	−100×8,D280	副	2	21.82	

低压综合配电箱横担组装图	
10-ZA-1-B10-05	图5-1-5

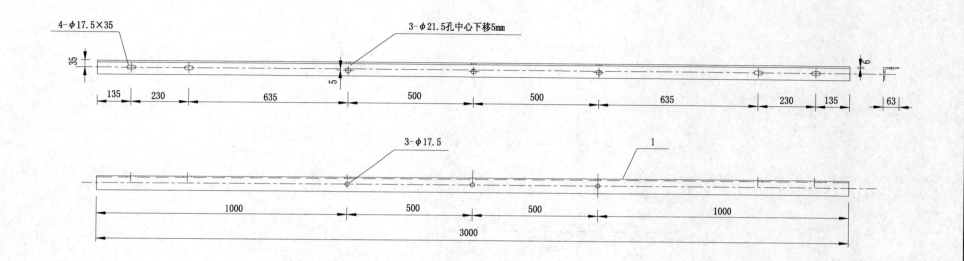

4-φ17.5×35

3-φ21.5孔中心下移5mm

135 | 230 | 635 | 500 | 500 | 635 | 230 | 135 | 63

3-φ17.5

1

1000 | 500 | 500 | 1000

3000

材 料 表

序号	名 称	规 格	单位	数量	重量(kg)	备 注
1	角钢	∠63×6×3000	根	1	17.16	

注:
1. 产品制造和检验应符合DL/T 646—2006要求,焊接牢固,无虚焊。
2. 尺寸精确,材料Q235须热镀锌,且符合GB 2694—2010标准。

熔断器横担加工图	
10-ZA-1-B10-06	图5-1-6

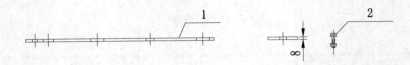

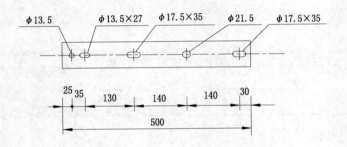

$\phi 13.5$ $\phi 13.5 \times 27$ $\phi 17.5 \times 35$ $\phi 21.5$ $\phi 17.5 \times 35$

25 35 130 140 140 30

500

材料表

序号	名 称	规 格	单位	数量	重量(kg)	备 注
1	扁钢	$-80 \times 8 \times 500$	块	1	2.51	
2	螺栓	M16×50	件	2	0.36	二平一弹、单螺母

注:
1. 产品制造和检验应符合DL/T 646—2006要求,焊接牢固,无虚焊。
2. 尺寸精确,材料Q235须热镀锌,且符合GB 2694—2010标准。

熔断器连板加工图	
10-ZA-1-B10-07	图5-1-7

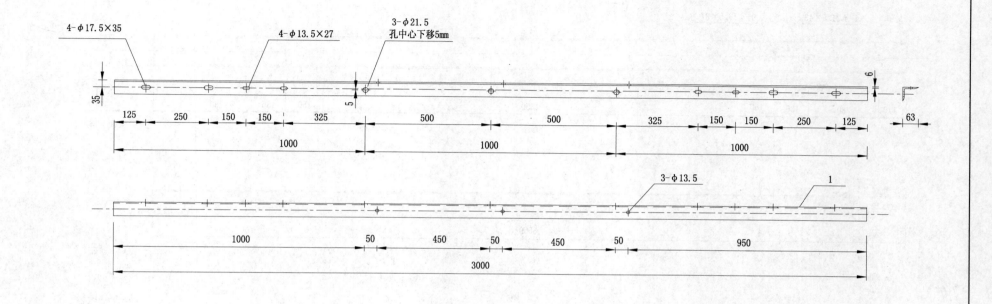

材 料 表

序号	名 称	规 格	单位	数量	重量(kg)	备 注
1	角钢	∠63×6×3000	根	1	17.16	

注:
 1. 产品制造和检验应符合DL/T 646—2006要求, 焊接牢固, 无虚焊。
 2. 尺寸精确, 材料Q235须热镀锌, 且符合GB 2694—2010标准。

避雷器横担加工图	
10-ZA-1-B10-08	图5-1-8

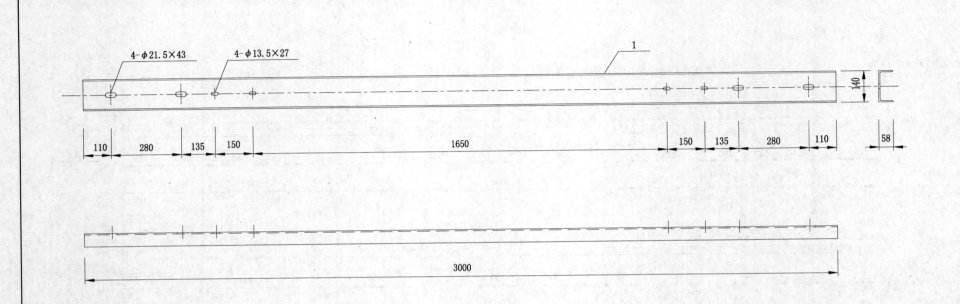

4-φ21.5×43 4-φ13.5×27 1

140

110 280 135 150 1650 150 135 280 110 58

3000

材 料 表

序号	名 称	规 格	单位	数量	重量(kg)	备 注
1	槽钢	[140×58×6×3000	根	1	43.61	

注:
1. 产品制造和检验应符合DL/T 646—2006要求,焊接牢固,无虚焊。
2. 尺寸精确,材料Q235须热镀锌,且符合GB 2694—2010标准。

变压器横担加工图	
10-ZA-1-B10-09	图5-1-9

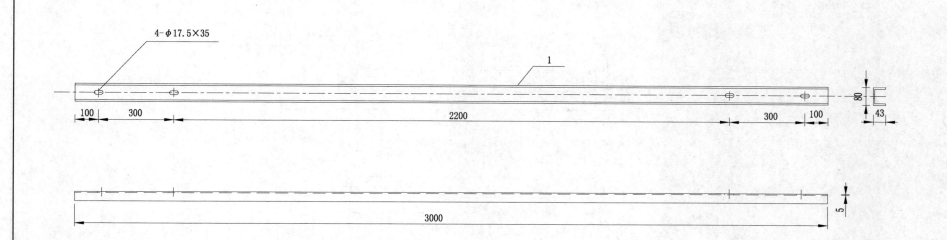

4-φ17.5×35

1

100　300　2200　300　100

80

43

3000

5

材　料　表

序号	名　称	规　格	单位	数量	重量(kg)	备　注
1	槽钢	[80×43×5×3000	根	1	24.14	

注:
1. 产品制造和检验应符合DL/T 646—2006要求, 焊接牢固, 无虚焊。
2. 尺寸精确,材料Q235须热镀锌,且符合GB 2694—2010标准。

低压综合配电箱横担加工图	
10-ZA-1-B10-10	图5-1-10

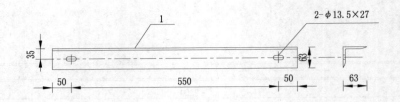

2-φ13.5×27

1

35

63

50　　　550　　　50

63

6

650

材 料 表

序号	名　称	规　格	单位	数量	重量（kg）	备　注
1	角钢	∠63×6×650	根	1	3.72	

注：
1. 产品制造和检验应符合DL/T 646—2006要求，焊接牢固，无虚焊。
2. 尺寸精确，材料Q235须热镀锌，且符合GB 2694—2010标准。

变压器固定横担加工图	
10-ZA-1-B10-11	图5-1-11

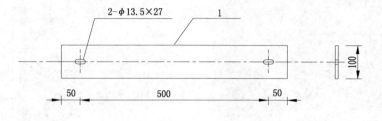

2-φ13.5×27　1

50　500　50

100

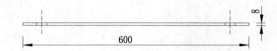

600

8

材　料　表

序号	名　称	规　格	单位	数量	重量(kg)	备　注
1	扁钢	−100×8×600	块	1	3.77	

注:
1. 产品制造和检验应符合DL/T 646—2006要求,焊接牢固,无虚焊。
2. 尺寸精确,材料Q235须热镀锌,且符合GB 2694—2010标准。

	低压综合配电箱固定横担加工图
10-ZA-1-B10-12	图5-1-12

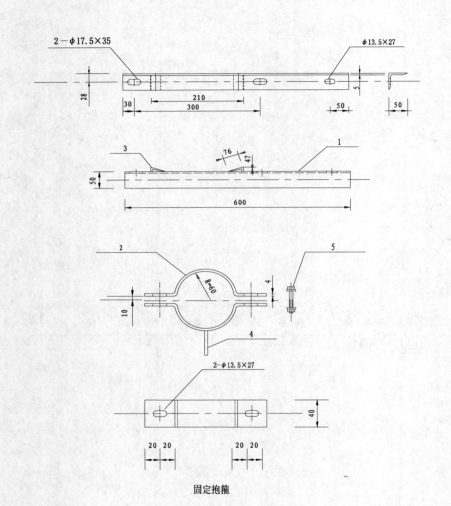

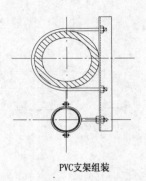

PVC支架组装

固定抱箍

材料表

序号	名称	规格	单位	数量	重量(kg)	备注
1	角钢	∠50×5×600	根	1	2.26	
2	扁钢	−40×4×310	块	2	0.78	
3	扁钢	−40×4×125	块	2	0.32	
4	螺栓	M12×100	件	1	0.14	二平一弹、单螺母
5	螺栓	M12×50	件	2	0.18	

注:
1. 产品制造和检验应符合DL/T 646—2006要求,焊接牢固,无虚焊。
2. 尺寸精确,材料Q235须热镀锌,且符合GB 2694—2010标准。

低压进线电缆固定支架加工图	
10-ZA-1-B10-13	图5-1-13

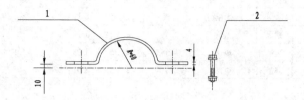

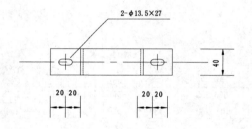

2-φ13.5×27

$$\boxed{\text{材 料 表}}$$

序号	名　称	规　格	单位	数量	重量(kg)	备　注
1	扁钢	—40×4×310	块	1	0.39	
2	螺栓	M12×120	件	2	0.30	二平一弹、单螺母

注:
1. 产品制造和检验应符合DL/T 646—2006要求,焊接牢固,无虚焊。
2. 尺寸精确,材料Q235须热镀锌,且符合GB 2694—2010标准。

低压出线电缆抱箍加工图	
10-ZA-1-B10-14	图5-1-14

材 料 表

序号	名 称	规 格	单位	数量	重量（kg）	备 注
1	圆钢	$\Phi16×L$	根	1	1.17	U16-230
2	螺母	AM16	个	4	0.12	
3	平垫	$\Phi16$	个	2	0.03	1.33kg
4	弹垫	$\Phi16$	个	2	0.01	

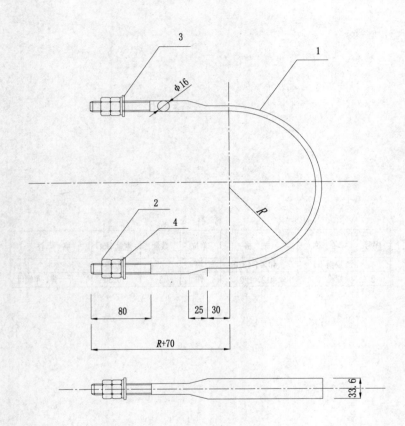

选 型 表

型 号	R (mm)	L (mm)	单位	数量	总重量 (kg)
U16-230	115	744	副	1	1.33
U16-260	130	820	副	1	1.45

注:
1. 产品制造和检验应符合DL/T 646—2006要求,焊接牢固,无虚焊。
2. 尺寸精确,材料Q235须热镀锌,且符合GB 2694—2010标准。

U形抱箍加工图	
10-ZA-1-B10-15	图5-1-15

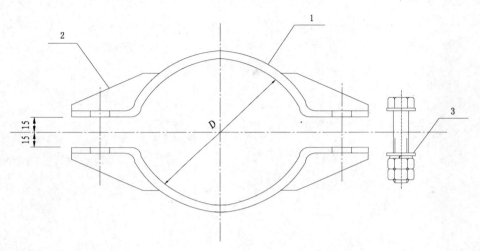

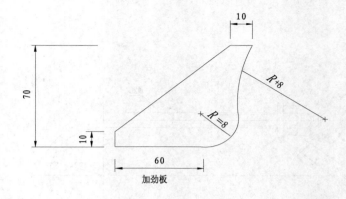

10

70

10

60

加劲板

$R=8$

$R=8$

2-Φ21.5

100

40 40   40 40

选 型 表

抱箍型号	D (mm)	L (mm)	单位	数量	总重量 (kg)
—100×8 D260	260	550	副	1	10.52
—100×8 D280	280	582	副	1	10.91

材 料 表

序号	名　称	规　格	单位	数量	重量(kg)	备　注
1	扁钢	—100×8×L	块	2	6.92	—100×8,D260
2	扁钢	—70×8×140	块	4	2.48	10.52kg
3	螺栓	M20×100	件	2	1.12	

注:
1. 产品制造和检验应符合DL/T 646—2006要求, 焊接牢固, 无虚焊。
2. 尺寸精确, 材料Q235须热镀锌, 且符合GB 2694—2010标准。
3. 螺栓按二平一弹、双螺母配置。

变压器及低压综合配电箱横担抱箍加工图	
10-ZA-1-B10-16	图5-1-16

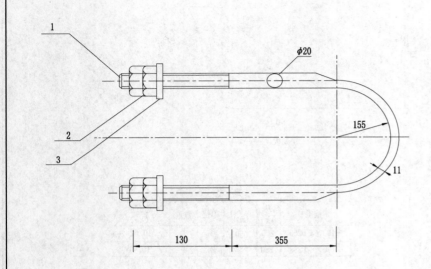

Φ20

155

11

130   355

44

材 料 表

序号	名　称	规　格	单位	数量	质量（kg）	备　注
1	圆钢	Φ20×1457	根	1	4.35	U20-310
2	螺母	AM20	个	4	0.32	4.86kg
3	方垫	−5×50² Φ21.5	个	2	0.19	

注：
1. 产品制造和检验应符合DL/T 646—2006要求，焊接牢固，无虚焊。
2. 尺寸精确，材料Q235须热镀锌，且符合GB 2694—2010标准。

卡盘U形抱箍加工图	
10-ZA-1-B10-17	图5-1-17

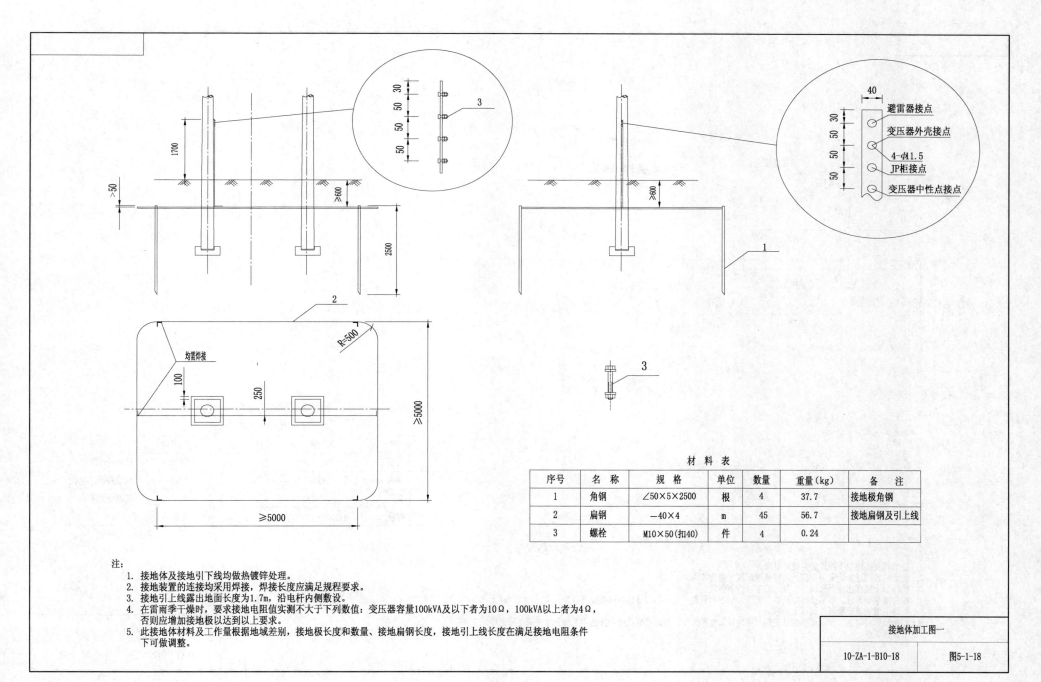

材 料 表

序号	名 称	规 格	单位	数量	重量（kg）	备 注
1	角钢	∠50×5×2500	根	4	37.7	接地极角钢
2	扁钢	—40×4	m	45	56.7	接地扁钢及引上线
3	螺栓	M10×50(扣40)	件	4	0.24	

注：
1. 接地体及接地引下线均做热镀锌处理。
2. 接地装置的连接均采用焊接，焊接长度应满足规程要求。
3. 接地引上线露出地面长度为1.7m，沿电杆内侧敷设。
4. 在雷雨季干燥时，要求接地电阻值实测不大于下列数值：变压器容量100kVA及以下者为10Ω，100kVA以上者为4Ω，
   否则应增加接地极以达到以上要求。
5. 此接地体材料及工作量根据地域差别，接地极长度和数量、接地扁钢长度，接地引上线长度在满足接地电阻条件
   下可做调整。

	接地体加工图一
10-ZA-1-B10-18	图5-1-18

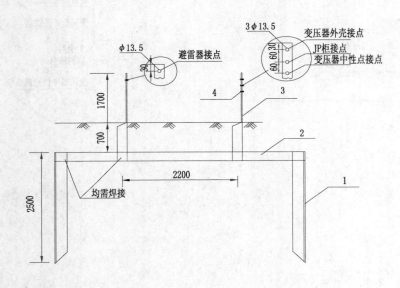

φ13.5　避雷器接点

3φ13.5　变压器外壳接点
JP柜接点
变压器中性点接点

1700

700

2500

2200

均需焊接

1

2

3

4

4

材　料　表

序号	名　称	规　格	单位	数量	重量（kg）	备　注
1	角钢	∠50×5×2500	根	2	18.85	接地极角钢
2	扁钢	－40×4	m	5	6.28	接地扁钢
3	扁钢	－40×4	m	5.2	6.53	接地引上线
4	螺栓	M10×50(扣40)	件	4	0.24	

注:
1. 接地体及接地引下线均做热镀锌处理。
2. 接地装置的连接均采用焊接，焊接长度应满足规程要求。
3. 接地引上线露出地面长度为1.7m，沿电杆内侧敷设。
4. 在雷雨季干燥时，要求接地电阻值实测不大于下列数值：变压器容量100kVA及以下者为10Ω，100kVA以上者为4Ω，
   否则应增加接地极以达到以上要求。
5. 此接地体材料及工作量根据地域差别，接地极长度和数量、接地扁钢长度，接地引上线长度在满足接地电阻条件
   下可做调整。

	接地体加工图二
10-ZA-1-B10-19	图5-1-19

第二节 半分式 12-12m

半分式 12-12m 图集清册

图序	图 号	图 名	图序	图 号	图 名
图 5-2-1	10-ZA-1-B12-01	半分式（12-12m）组装图	图 5-2-12	10-ZA-1-B12-12	低压综合配电箱横担加工图
图 5-2-2	10-ZA-1-B12-02	引线横担组装图	图 5-2-13	10-ZA-1-B12-13	变压器固定横担加工图
图 5-2-3	10-ZA-1-B12-03	熔断器横担组装图	图 5-2-14	10-ZA-1-B12-14	低压综合配电箱固定横担加工图
图 5-2-4	10-ZA-1-B12-04	避雷器横担组装图	图 5-2-15	10-ZA-1-B12-15	低压进线电缆固定支架加工图
图 5-2-5	10-ZA-1-B12-05	变压器横担组装图	图 5-2-16	10-ZA-1-B12-16	低压出线电缆抱箍加工图
图 5-2-6	10-ZA-1-B12-06	低压综合配电箱横担组装图	图 5-2-17	10-ZA-1-B12-17	U 形抱箍加工图
图 5-2-7	10-ZA-1-B12-07	引线横担加工图	图 5-2-18	10-ZA-1-B12-18	变压器及低压综合配电箱横担抱箍加工图
图 5-2-8	10-ZA-1-B12-08	熔断器横担加工图	图 5-2-19	10-ZA-1-B12-19	卡盘 U 形抱箍加工图
图 5-2-9	10-ZA-1-B12-09	熔断器连板加工图	图 5-2-20	10-ZA-1-B12-20	接地体加工图一
图 5-2-10	10-ZA-1-B12-10	避雷器横担加工图	图 5-2-21	10-ZA-1-B12-21	接地体加工图二
图 5-2-11	10-ZA-1-B12-11	变压器横担加工图			

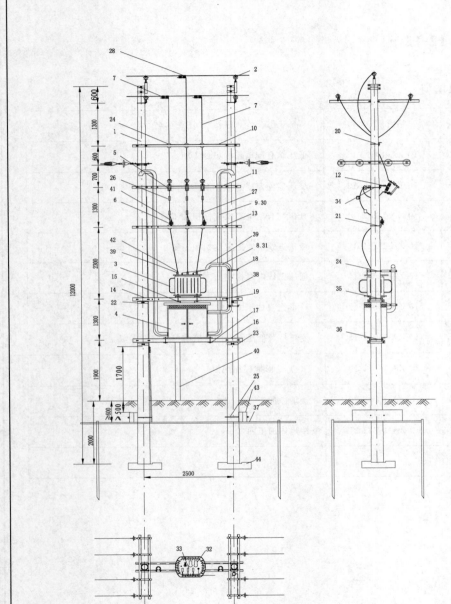

材料分类	序号	材料名称	规格型号	单位	数量	备 注	图序
电杆	1	混凝土杆	φ190×12×G	根	2		
绝缘子	2	绝缘子	P-20T	只	12	可选FPQ2-10T/20	
	3	电力变压器	S13及以上	台	1	根据负荷大小选择	
设备	4	低压综合配电箱		面	1	根据变压器容量选择,带补偿	
	5	高压熔断器	HRW12-12/200A	只	3		
	6	氧化锌避雷器	HY5WS-17/50	只	3		
线材	7	绝缘导线	JKLYJ-10-50	m	42	含接地引线	
	8	布电线	BV/BVR-50/240	m	22	可选低压电缆	
	9	布电线	BLV-50/185	m	56	可选低压电缆	
铁附件	10	引线横担	∠63×6×3000	根	1		图5-2-7
	11	熔断器横担	∠63×6×3000	根	2		图5-2-8
	12	熔断器连板	-80×8×500	副	3		图5-2-9
	13	避雷器横担	∠63×6×3000	根	1		图5-2-10
	14	变压器横担	[140×58×6×3000	根	2		图5-2-11
	15	变压器固定横担	∠63×6×650	块	2		图5-2-13
	16	低压综合配电箱横担	[80×43×5×3000	根	2		图5-2-12
	17	低压综合配电箱固定横担	-100×8×600	块	2		图5-2-14
	18	低压进线电缆固定支架	∠50×5×600	副	1		图5-2-15
	19	低压出线电缆抱箍	-40×4,D120	副	6		图5-2-16
	20	U形抱箍	U16-210	副	2	用于引线横担	图5-2-17
	21	U形抱箍	U16-250	副	2	用于避雷器横担	图5-2-17
	22	变压器横担抱箍	-100×8,D280	副	2		图5-2-18
	23	低压综合配电箱横担抱箍	-100×8,D300	副	2		图5-2-18
	24	U形抱箍	U16-290	副	2	用于低压进线电缆固定支架横担	图5-2-17
	25	卡盘U形抱箍	U20-340	副	2	可选	图5-2-19
金具	26	接地线夹	JDL-50-240	副	3		
	27	绝缘穿刺线夹	JJC/10-3/1	副	3		
	28	异型并沟线夹	JBL-50/240	副	6	可选TL-11/21	
	29	电缆接线端子	DTL-50	只	21		
	30	电缆接线端子	DTL-50/185	只	8		
	31	电缆接线端子	DT-35/240	只	4		
	32	设备线夹	SLG-1B	副	3		
	33	变压器线夹	M12/M20	副	4	根据变压器容量选择	
标准件	34	螺栓	M16×280	件	4	用于熔断器横担	
	35	螺栓	M20×350	件	4	用于变压器横担	
	36	螺栓	M16×350	件	4	用于低压综合配电箱横担	
接地	37	接地体		套	1	根据不同地质任选其一	图5-2-20/图5-2-21
其他	38	UPVC管	φ110	m	15		
	39	UPVC管弯头	φ110,45°	个	17		
	40	镀锌钢管	φ110	m	2.5		
	41	避雷器绝缘护罩		只	3		
	42	变压器绝缘护罩		只	7	三高四低	
	43	卡盘	KP12	块	2	可选	
	44	底盘	DP8	块	2	可选	

12-12m(半分式)材料表

半分式(12-12m)组装图

| 10-ZA-1-B12-01 | 图5-2-1 |

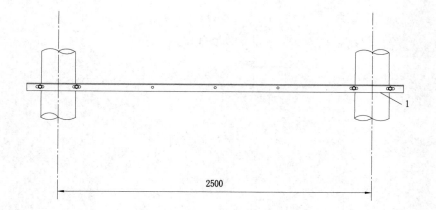

2500

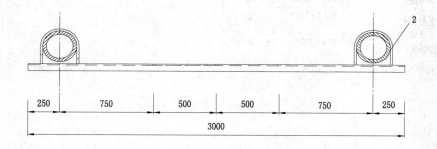

| 250 | 750 | 500 | 500 | 750 | 250 |

3000

材 料 表

序号	名　称	规　格	单位	数量	重量（kg）	备　注
1	引线横担	∠63×6×3000	根	1	17.16	
2	U形抱箍	U16-210	副	2	2.48	

引线横担组装图

10-ZA-1-B12-02 | 图5-2-2

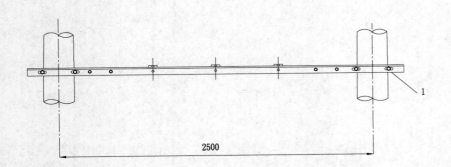

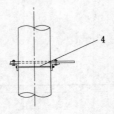

2500

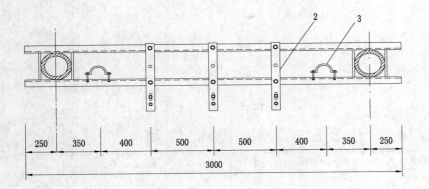

| 250 | 350 | 400 | 500 | 500 | 400 | 350 | 250 |

3000

材 料 表

序号	名 称	规 格	单位	数量	重量(kg)	备 注
1	熔断器横担	∠63×6×3000	根	2	34.32	
2	熔断器连板	−80×8×500	副	3	8.61	
3	低压出线 电缆抱箍	−40×4,D120	副	2	1.38	
4	螺栓	M16×280	件	4	2.40	二平一弹、双螺母

熔断器横担组装图	
10-ZA-1-B12-03	图5-2-3

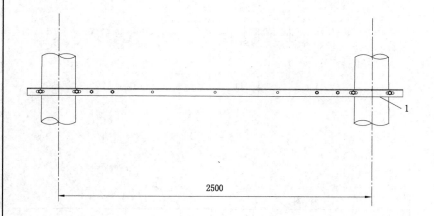

2500

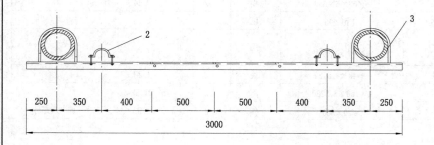

| 250 | 350 | 400 | 500 | 500 | 400 | 350 | 250 |

3000

材 料 表

序号	名 称	规 格	单位	数量	重量(kg)	备 注
1	避雷器横担	∠63×6×3000	根	1	17.16	
2	低压出线 电缆抱箍	−40×4, D120	副	2	1.38	
3	U形抱箍	U16-250	副	2	2.82	

避雷器横担组装图	
10-ZA-1-B12-04	图5-2-4

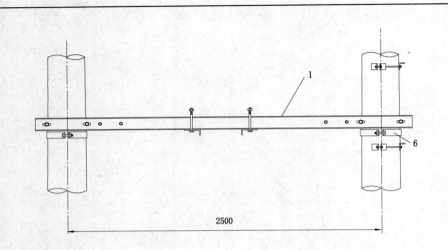

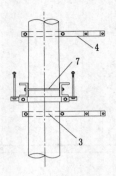

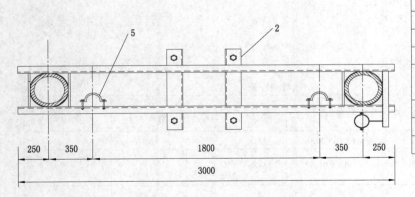

材 料 表

序号	名　　称	规　格	单位	数量	重量(kg)	备　注
1	变压器横担	[140×58×6×3000	根	2	87.22	
2	变压器固定横担	∠63×6×650	根	2	7.44	
3	U形抱箍	U16-290	副	2	3.16	
4	低压进线电缆 固定支架	∠50×5×600	副	2	7.36	
5	低压出线电缆抱箍	−40×4,D120	块	2	1.38	
6	变压器横担抱箍	−100×8,D280	副	2	21.82	
7	螺栓	M20×350	件	4	4.92	二平一弹、双螺母

变压器横担组装图	
10-ZA-1-B12-05	图5-2-5

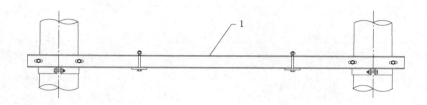

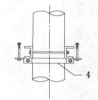

2500

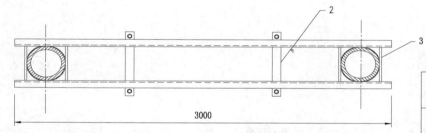

3000

材　料　表

序号	名　　称	规　格	单位	数量	重量（kg）	备　　注
1	低压综合配电箱横担	[80×43×5×3000	根	2	48.28	
2	低压综合配电箱固定横担	−100×8×600	根	2	7.54	
3	螺栓	M16×350	件	4	2.84	二平一弹、双螺母
4	低压综合配电箱横担抱箍	−100×8，D300	副	2	22.62	

低压综合配电箱横担组装图		
10-ZA-1-B12-06	图5-2-6

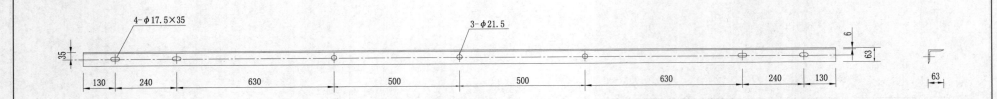

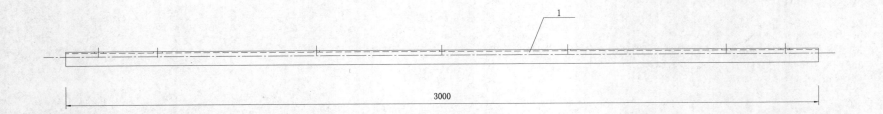

材 料 表

序号	名 称	规 格	单位	数量	重量(kg)	备 注
1	角钢	∠63×6×3000	根	1	17.16	

注:
1. 产品制造和检验应符合DL/T 646—2006要求, 焊接牢固, 无虚焊。
2. 尺寸精确, 材料Q235须热镀锌, 且符合GB 2694—2010标准。

引线横担加工图	
10-ZA-1-B12-07	图5-2-7

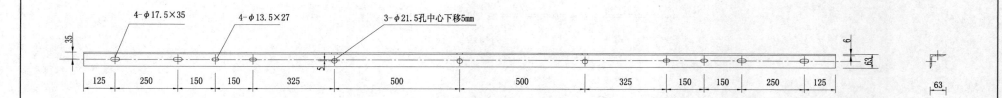

4-φ17.5×35   4-φ13.5×27   3-φ21.5孔中心下移5mm

35   6   63   63

125 250 150 150 325 500 500 325 150 150 250 125

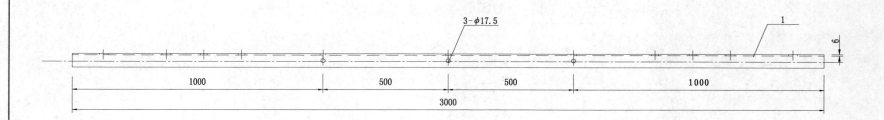

3-φ17.5   1

6

1000   500   500   1000

3000

材 料 表

序号	名 称	规 格	单位	数量	重量(kg)	备 注
1	角钢	∠63×6×3000	根	1	17.16	

注:
1. 产品制造和检验应符合DL/T 646—2006要求,焊接牢固,无虚焊。
2. 尺寸精确,材料Q235须热镀锌,且符合GB 2694—2010标准。

熔断器横担加工图	
10-ZA-1-B12-08	图5-2-8

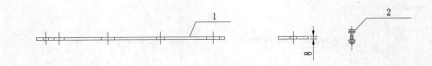

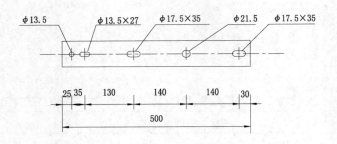

φ13.5 　φ13.5×27 　φ17.5×35 　φ21.5 　φ17.5×35

25 35 　130 　140 　140 　30

500

材　料　表

序号	名　称	规　格	单位	数量	重量（kg）	备　注
1	扁钢	—80×8×500	块	1	2.51	
2	螺栓	M16×50	件	2	0.36	二平一弹、单螺母

注:
　1. 产品制造和检验应符合DL/T 646—2006要求，焊接牢固，无虚焊。
　2. 尺寸精确，材料Q235须热镀锌，且符合GB 2694—2010标准。

熔断器连板加工图	
10-ZA-1-B12-09	图5-2-9

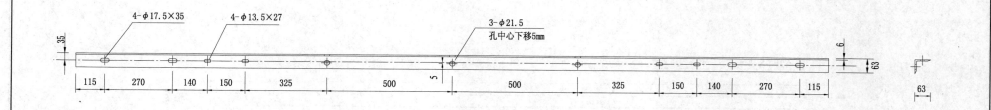

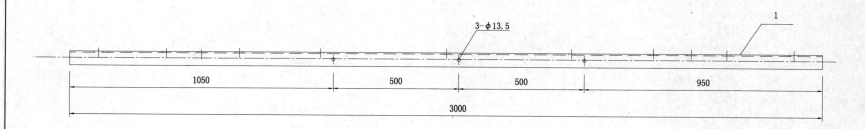

4-φ17.5×35 4-φ13.5×27 3-φ21.5 孔中心下移5mm

3-φ13.5

35

115 | 270 | 140 | 150 | 325 | 500 | 5 | 500 | 325 | 150 | 140 | 270 | 115

6 63 63

1

1050 | 500 | 500 | 950

3000

材料表

序号	名 称	规 格	单位	数量	重量(kg)	备 注
1	角钢	∠63×6×3000	根	1	17.16	

注:
1. 产品制造和检验应符合DL/T 646—2006要求, 焊接牢固, 无虚焊。
2. 尺寸精确, 材料Q235须热镀锌, 且符合GB 2694—2010标准。

避雷器横担加工图	
10-ZA-1-B12-10	图5-2-10

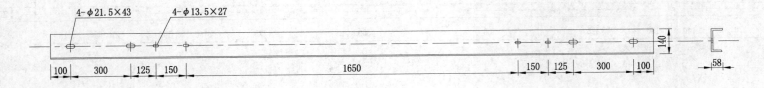

4-φ21.5×43　　4-φ13.5×27

100　300　125　150　　　　　　　1650　　　　　　150　125　300　100

140

58

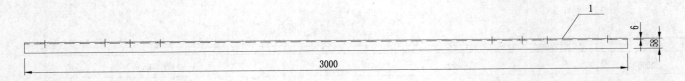

1

6

58

3000

材 料 表

序号	名 称	规 格	单位	数量	重量（kg）	备 注
1	槽 钢	[140×58×6×3000	根	1	43.61	

注：
1. 产品制造和检验应符合DL/T 646—2006要求，焊接牢固，无虚焊。
2. 尺寸精确，材料Q235须热镀锌，且符合GB 2694—2010标准。

变压器横担加工图	
10-ZA-1-B12-11	图5-2-11

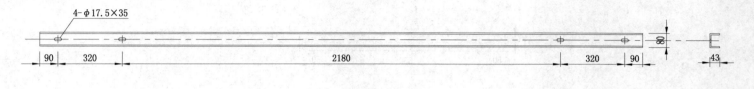

4-φ17.5×35

90　320　　　2180　　　320　90

80

43

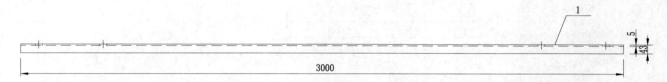

1

5

43

3000

材料表

序号	名　称	规　格	单位	数量	重量（kg）	备　注
1	槽　钢	[80×43×5×3000	根	1	24.14	

注：
1. 产品制造和检验应符合DL/T 646—2006要求，焊接牢固，无虚焊。
2. 尺寸精确，材料Q235须热镀锌，且符合GB 2694—2010标准。

低压综合配电箱横担加工图	
10-ZA-1-B12-12	图5-2-12

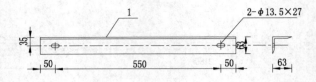

材 料 表

序号	名　称	规　格	单位	数量	重量（kg）	备　注
1	角　钢	∠63×6×650	根	1	3.72	

注:
 1. 产品制造和检验应符合DL/T 646—2006要求,焊接牢固,无虚焊。
 2. 尺寸精确,材料Q235须热镀锌,且符合GB 2694—2010标准。

变压器固定横担加工图	
10-ZA-1-B12-13	图5-2-13

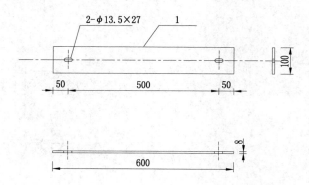

2-φ13.5×27

1

100

50   500   50

8

600

材 料 表

序号	名　称	规　格	单位	数量	重量（kg）	备　注
1	扁　钢	-100×8×600	块	1	3.77	

注：
1. 产品制造和检验应符合DL/T 646—2006要求，焊接牢固，无虚焊。
2. 尺寸精确，材料Q235须热镀锌，且符合GB 2694—2010标准。

低压综合配电箱固定横担加工图	
10-ZA-1-B12-14	图5-2-14

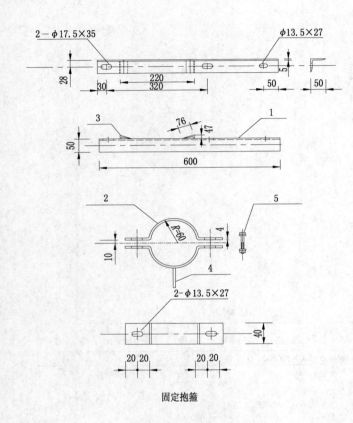

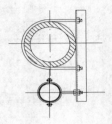

固定抱箍

PVC支架组装

序号	名 称	规 格	单位	数量	重量（kg）	备 注
1	角 钢	∠50×5×600	根	1	2.26	
2	扁 钢	-40×4×310	块	2	0.78	
3	扁 钢	-40×4×125	块	2	0.32	
4	螺 栓	M12×100	件	1	0.14	二平一弹、单螺母
5	螺 栓	M12×50	件	2	0.18	

注:
1. 产品制造和检验应符合DL/T 646—2006要求,焊接牢固,无虚焊。
2. 尺寸精确,材料Q235须热镀锌,且符合GB 2694—2010标准。

低压进线电缆固定支架加工图	
10-ZA-1-B12-15	图5-2-15

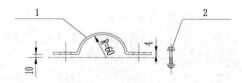

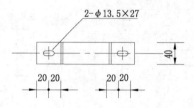

2-φ13.5×27

材 料 表

序号	名 称	规 格	单位	数量	重量（kg）	备 注
1	扁 钢	-40×4×310	块	1	0.39	
2	螺 栓	M12×120	件	2	0.30	二平一弹、单螺母

注:
1. 产品制造和检验应符合DL/T 646—2006要求,焊接牢固,无虚焊。
2. 尺寸精确,材料Q235须热镀锌,且符合GB 2694—2010标准。

低压出线电缆抱箍加工图	
10-ZA-1-B12-16	图5-2-16

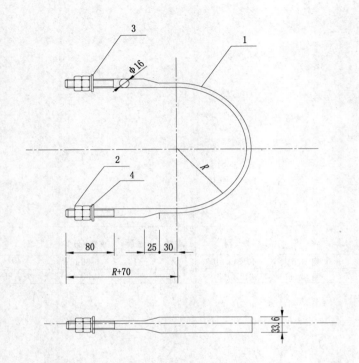

材 料 表

序号	名称	规 格	单位	数量	重量（kg）	备注
1	圆钢	$\Phi16\times L$	根	1	1.08	
2	螺母	AM16	个	4	0.12	U16-210
3	平垫	$\Phi16$	个	2	0.03	1.24kg
4	弹垫	$\Phi16$	个	2	0.01	

选 型 表

型 号	R (mm)	L (mm)	单位	数量	总重量 (kg)
U16-210	110	693	副	1	1.24
U16-250	125	794	副	1	1.41
U16-290	145	898	副	1	1.58

注:
1. 产品制造和检验应符合DL/T 646—2006要求,焊接牢固,无虚焊。
2. 尺寸精确,材料Q235须热镀锌,且符合GB 2694—2010标准。

U形抱箍加工图	
10-ZA-1-B12-17	图5-2-17

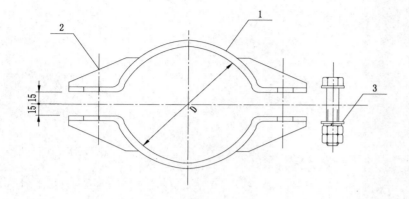

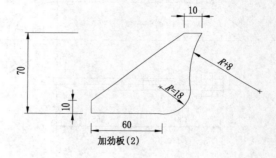

加劲板（2）

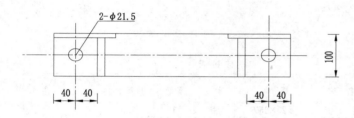

2-φ21.5

选 型 表

抱箍型号	D (mm)	L (mm)	单位	数量	总重量 (kg)
-100×8,D280	280	582	副	1	10.91
-100×8,D300	300	614	副	1	11.32

材 料 表

序号	名 称	规 格	单位	数量	重量（kg）	备 注
1	扁 钢	-100×8×L	块	2	7.31	-100×8,D280 10.91kg
2	扁 钢	-70×8×140	块	4	2.48	
3	螺 栓	M20×100	件	2	1.12	

注:
1. 产品制造和检验应符合DL/T 646—2006要求,焊接牢固,无虚焊。
2. 尺寸精确,材料Q235须热镀锌,且符合GB 2694—2010标准。
3. 螺栓按二平一弹双螺母配置。

变压器及低压综合配电箱横担抱箍加工图	
10-ZA-1-B12-18	图5-2-18

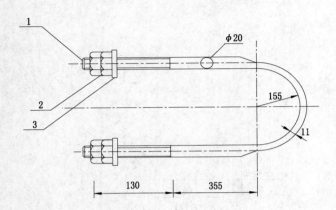

φ20

155

11

130   355

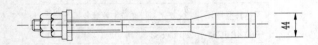

44

材料表

序号	名 称	规 格	单位	数量	质量（kg）	备 注
1	圆 钢	φ20×1508	根	1	3.72	U20-340 4.23kg
2	螺 母	AM20	个	4	0.32	
3	方 垫	-5×50², φ21.5	个	2	0.19	

注:
1. 产品制造和检验应符合DL/T 646—2006要求,焊接牢固,无虚焊。
2. 尺寸精确,材料Q235须热镀锌,且符合GB 2694—2010标准。

卡盘U形抱箍加工图	
10-ZA-1-B12-19	图5-2-19

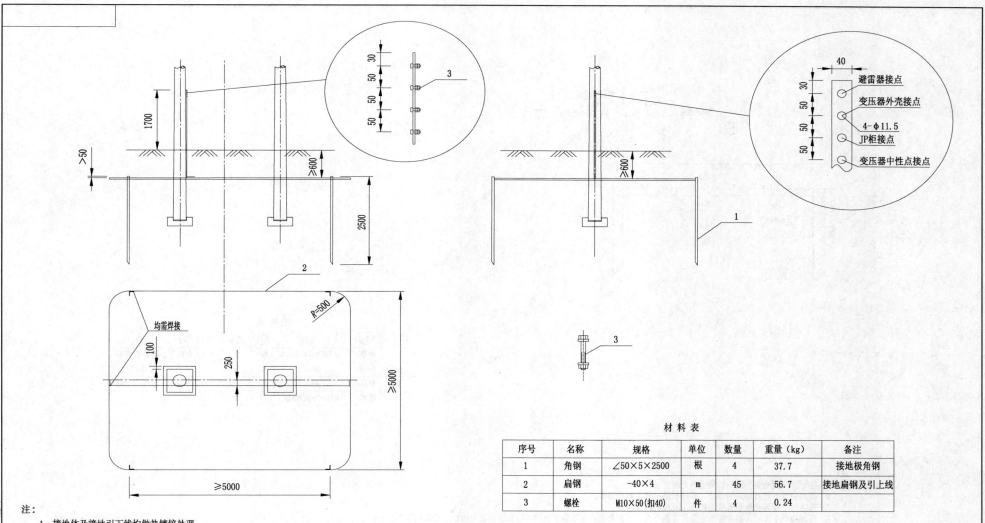

变压器接点
变压器外壳接点
4-φ11.5
JP柜接点
变压器中性点接点

均需焊接

材 料 表

序号	名称	规格	单位	数量	重量（kg）	备注
1	角钢	∠50×5×2500	根	4	37.7	接地极角钢
2	扁钢	-40×4	m	45	56.7	接地扁钢及引上线
3	螺栓	M10×50(扣40)	件	4	0.24	

注:
1. 接地体及接地引下线均做热镀锌处理。
2. 接地装置的连接均采用焊接，焊接长度应满足规程要求。
3. 接地引上线露出地面长度为1.7m，沿电杆内侧敷设。
4. 在雷雨季干燥时，要求接地电阻值实测不大于下列数值：变压器容量100kVA及以下者为10Ω，100kVA以上者为4Ω，
   否则应增加接地极以达到以上要求。
5. 此接地体材料及工作量根据地域差别，接地极长度和数量、接地扁钢长度，接地引上线长度在满足接地电阻条件
   下可做调整。

接地体加工图一	
10-ZA-1-B12-20	图5-2-20

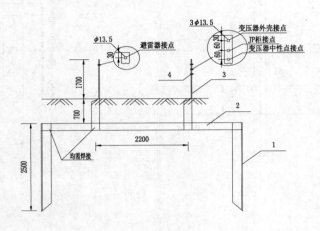

材 料 表

序号	名称	规格	单位	数量	重量（kg）	备注
1	角钢	∠50×5×2500	根	2	18.85	接地极角钢
2	扁钢	-40×4	m	5	6.28	接地扁钢
3	扁钢	-40×4	m	5.2	6.53	接地引上线
4	螺栓	M10×50(扣40)	件	4	0.24	

注：
1. 接地体及接地引下线均做热镀锌处理。
2. 接地装置的连接均采用焊接，焊接长度应满足规程要求。
3. 接地引上线露出地面长度为1.7m，沿电杆内侧敷设。
4. 在雷雨季干燥时，要求接地电阻值实测不大于下列数值：变压器容量100kVA及以下者为10Ω，100kVA以上者为4Ω，
   否则应增加接地极以达到以上要求。
5. 此接地体材料及工作量根据地域差别，接地极长度和数量、接地扁钢长度，接地引上线长度在满足接地电阻条件
   下可做调整。

接地体加工图二	
10-ZA-1-B12-21	图5-2-21

第三节　半分式 15-15m

半分式 15-15m 图集清册

图序	图号	图名	图序	图号	图名
图 5-3-1	10-ZA-1-B15-01	半分式（15-15m）组装图	图 5-3-12	10-ZA-1-B15-12	低压综合配电箱横担加工图
图 5-3-2	10-ZA-1-B15-02	引线横担组装图	图 5-3-13	10-ZA-1-B15-13	变压器固定横担加工图
图 5-3-3	10-ZA-1-B15-03	熔断器横担组装图	图 5-3-14	10-ZA-1-B15-14	低压综合配电箱固定横担加工图
图 5-3-4	10-ZA-1-B15-04	避雷器横担组装图	图 5-3-15	10-ZA-1-B15-15	低压进线电缆固定支架加工图
图 5-3-5	10-ZA-1-B15-05	变压器横担组装图	图 5-3-16	10-ZA-1-B15-16	低压出线电缆抱箍加工图
图 5-3-6	10-ZA-1-B15-06	低压综合配电箱横担组装图	图 5-3-17	10-ZA-1-B15-17	U 形抱箍加工图
图 5-3-7	10-ZA-1-B15-07	引线横担加工图	图 5-3-18	10-ZA-1-B15-18	变压器及低压综合配电箱横担抱箍加工图
图 5-3-8	10-ZA-1-B15-08	熔断器横担加工图	图 5-3-19	10-ZA-1-B15-19	卡盘 U 形抱箍加工图
图 5-3-9	10-ZA-1-B15-09	熔断器连板加工图	图 5-3-20	10-ZA-1-B15-20	接地体加工图一
图 5-3-10	10-ZA-1-B15-10	避雷器横担加工图	图 5-3-21	10-ZA-1-B15-21	接地体加工图二
图 5-3-11	10-ZA-1-B15-11	变压器横担加工图			

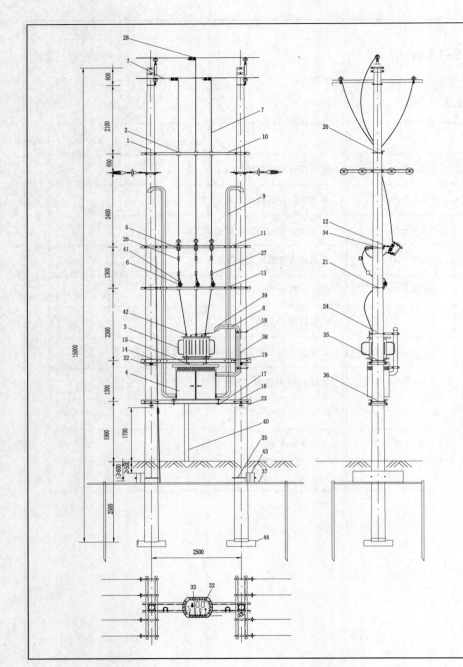

15-15m（半分式）材料表

材料分类	序号	材料名称	规格型号	单位	数量	备注	图号
电杆	1	混凝土杆	φ190×15×G	根	2		
绝缘子	2	绝缘子	P-20T	只	12	可选FPQ2-10T/20	
设备	3	电力变压器	S13及以上	台	1	根据负荷大小选择	
	4	低压综合配电箱		面	1	根据变压器容量选择，带补偿	
	5	高压熔断器	HRW12-12/200A	只	3		
	6	氧化锌避雷器	HY5WS-17/50	只	3		
线材	7	绝缘导线	JKLYJ-10-50	m	50	含接地引线	
	8	布电线	BV/BVR-50/240	m	22	可选用低压电缆	
	9	布电线	BLV-50/185	m	72	可选用低压电缆	
铁附件	10	引线横担	∠63×6×3000	根	1		图5-3-7
	11	熔断器横担	∠63×6×3000	根	2		图5-3-8
	12	熔断器连板	-80×8×550	副	3		图5-3-9
	13	避雷器横担	∠63×6×3000	根	1		图5-3-10
	14	变压器横担	[140×58×6×3000	根	2		图5-3-11
	15	变压器固定横担	∠63×6×650	块	2		图5-3-13
	16	低压综合配电箱横担	[80×43×5×3000	根	2		图5-3-12
	17	低压综合配电箱固定横担	-100×8×600	块	2		图5-3-14
	18	低压进电电缆固定支架	∠50×5×600	副	2		图5-3-15
	19	低压出线电缆抱箍	-40×4, D120	副	6		图5-3-16
	20	U形抱箍	U16-230	副	2	用于引线横担	图5-3-17
	21	U形抱箍	U16-300	副	2	用于避雷器横担	图5-3-17
	22	变压器横担抱箍	-100×8 D320	副	2		图5-3-18
	23	低压综合配电箱横担抱箍	-100×8 D340	副	2		图5-3-18
	24	U形抱箍	U16-320	副	2	用于低压进线电缆固定支架横担	图5-3-17
	25	卡盘U形抱箍	U20-370	副	2	可选	图5-3-19
金具	26	接地线夹	JDL-50-240	副	3		
	27	绝缘穿刺线夹	JJC/10-3/1	只	3		
	28	异型并沟线夹	JBL-50/240	副	6	可选TL-11/21	
	29	电缆接线端子	DTL-50	只	21		
	30	电缆接线端子	DT-35/240	只	4		
	31	电缆接线端子	DTL-50/185	只	8		
	32	设备线夹	SLG-1B	副	3		
	33	变压器线夹	M12/M20	副	3	根据变压器容量选择	
标准件	34	螺栓	M16×320	件	4	用于熔断器横担	
	35	螺栓	M20×380	件	4	用于变压器横担	
	36	螺栓	M16×390	件	4	用于低压综合配电箱横担	
接地	37	接地体		套	1	根据不同地质任选其一	图5-3-20/图5-3-21
其他	38	UPVC管	φ110	m	18		
	39	UPVC管弯头	φ110, 45°	个	17		
	40	镀锌钢管	φ110	m	2.5		
	41	避雷器绝缘护罩		只	3		
	42	变压器绝缘护罩		只	7	三高四低	
	43	卡盘	KP12	块	2	可选	
	44	底盘	DP8	块	2	可选	

半分式(15-15m)组装图

10-ZA-1-B15-01	图5-3-1

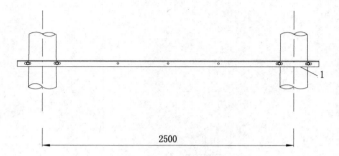

2500

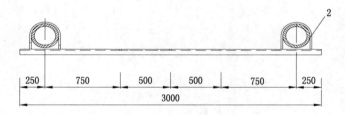

| 250 | 750 | 500 | 500 | 750 | 250 |

3000

材 料 表

序号	名　称	规　格	单位	数量	重量（kg）	备　注
1	引线横担	∠63×6×3000	根	1	17.16	
2	U形抱箍	U16-230	副	2	2.66	

引线横担组装图	
10-ZA-1-B15-02	图5-3-2

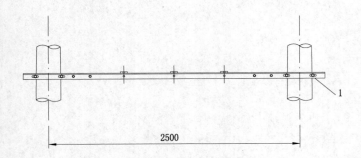

2500

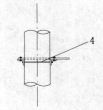

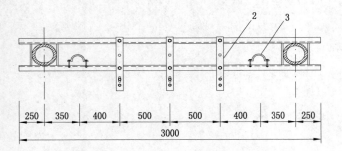

| 250 | 350 | 400 | 500 | 500 | 400 | 350 | 250 |

3000

材 料 表

序号	名　称	规　格	单位	数量	重量（kg）	备　注
1	熔断器横担	∠63×6×3000	根	2	34.32	
2	熔断器连板	-80×8×550	根	3	9.36	
3	低压出线 电缆抱箍	-40×4,D120	副	2	1.38	
4	螺栓	M16×320	件	4	2.64	二平一弹、双螺母

熔断器横担组装图		
10-ZA-1-B15-03		图5-3-3

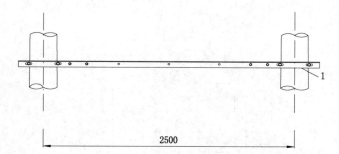

2500

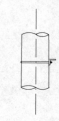

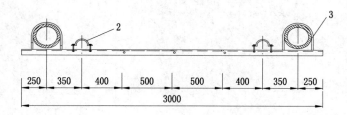

| 250 | 350 | 400 | 500 | 500 | 400 | 350 | 250 |

3000

材 料 表

序号	名 称	规 格	单位	数量	重量（kg）	备 注
1	避雷器横担	∠63×6×3000	根	1	17.16	
2	低压出线 电缆抱箍	-40×4,D120	副	2	1.38	
3	U形抱箍	U16-300	副	2	3.24	

避雷器横担组装图	
10-ZA-1-B15-04	图5-3-4

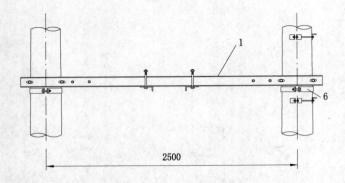

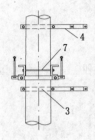

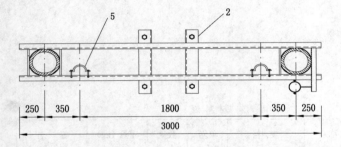

| 250 | 350 | 1800 | 350 | 250 |

3000

材 料 表

序号	名　称	规　格	单位	数量	重量（kg）	备　注
1	变压器横担	[140×58×6×3000	根	2	87.22	
2	变压器固定横担	∠63×6×650	根	2	7.46	
3	U形抱箍	U16-320	副	2	3.38	
4	低压进线电缆固定支架	∠50×5×600	副	2	7.36	
5	低压出线电缆抱箍	-40×4,D120	块	2	1.38	
6	变压器横担抱箍	-100×8,D320	副	2	23.40	
7	螺栓	M20×380	件	4	4.52	二平一弹、双螺母

变压器横担组装图	
10-ZA-1-B15-05	图5-3-5

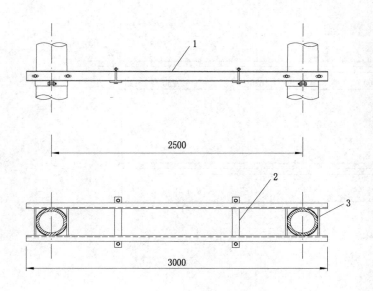

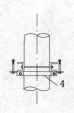

2500

3000

材 料 表

序号	名　称	规　格	单位	数量	重量（kg）	备　注
1	低压综合配电箱横担	[80×43×5×3000	根	2	48.28	
2	低压综合配电箱固定横担	-100×8×600	根	2	7.54	
3	螺栓	M16×390	件	4	3.16	二平一弹、双螺母
4	低压综合配电箱横担抱箍	-100×8　D340	副	2	24.10	

低压综合配电箱横担组装图	
10-ZA-1-B15-06	图5-3-6

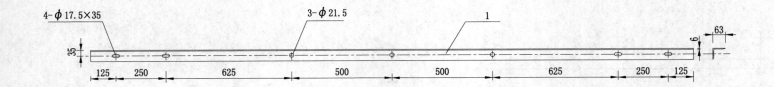

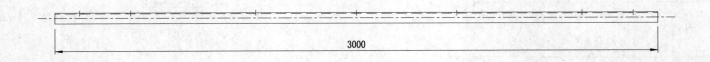

材 料 表

序号	名 称	规 格	单位	数量	重量（kg）	备 注
1	角钢	∠63×6×3000	根	1	17.16	

注：
1. 产品制造和检验应符合DL/T 646—2006要求，焊接牢固，无虚焊。
2. 尺寸精确，材料Q235须热镀锌，且符合GB 2694—2010标准。

引线横担加工图	
10-ZA-1-B15-07	图5-3-7

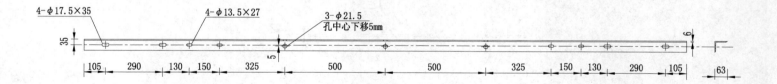

4-φ17.5×35　　4-φ13.5×27　　3-φ21.5
孔中心下移5mm

35

5

6

105　290　130　150　325　500　500　325　150　130　290　105　63

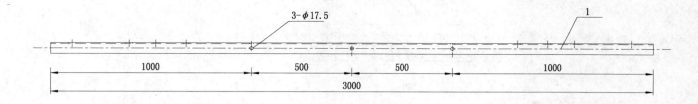

3-φ17.5

1

1000　500　500　1000

3000

材 料 表

序号	名　称	规　格	单位	数量	重量（kg）	备　注
1	角钢	∠63×6×3000	根	1	17.16	

注：
1. 产品制造和检验应符合DL/T 646—2006要求，焊接牢固，无虚焊。
2. 尺寸精确，材料Q235须热镀锌，且符合GB 2694—2010标准。

熔断器横担加工图	
10-ZA-1-B15-08	图5-3-8

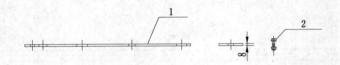

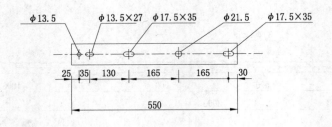

$\phi 13.5$ $\phi 13.5 \times 27$ $\phi 17.5 \times 35$ $\phi 21.5$ $\phi 17.5 \times 35$

25 | 35 | 130 | 165 | 165 | 30

550

材 料 表

序号	名　称	规　格	单位	数量	重量（kg）	备　注
1	扁钢	−80×8×550	块	1	2.76	
2	螺栓	M16×50	件	2	0.36	二平一弹、单螺母

注:
1. 产品制造和检验应符合DL/T 646—2006要求,焊接牢固,无虚焊。
2. 尺寸精确,材料Q235须热镀锌,且符合GB 2694—2010标准。

熔断器连板加工图	
10-ZA-1-B15-09	图5-3-9

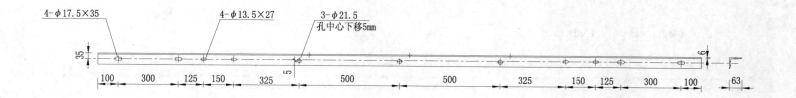

4-φ17.5×35　　　4-φ13.5×27　　　3-φ21.5
孔中心下移5mm

35　　　6

100　300　125　150　325　500　500　325　150　125　300　100　63

5

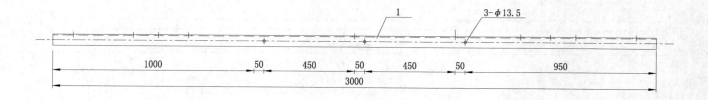

1　　　3-φ13.5

1000　50　450　50　450　50　950
3000

材 料 表

序号	名　称	规　程	单位	数量	重量（kg）	备　注
1	角钢	∠63×6×3000	根	1	17.16	

注：
1. 产品制造和检验应符合DL/T 646—2006要求，焊接牢固，无虚焊。
2. 尺寸精确，材料Q235须热镀锌，且符合GB 2694—2010标准。

避雷器横担加工图		
10-ZA-1-B15-10	图5-3-10	

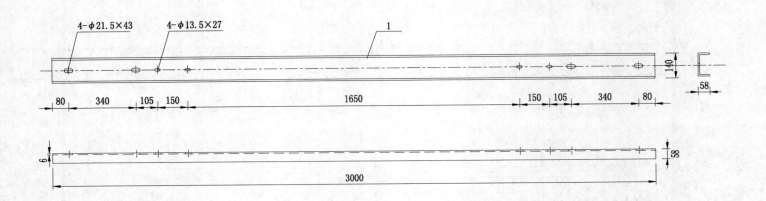

4-φ21.5×43　4-φ13.5×27

80　340　105　150　1650　150　105　340　80

3000

140

58

6

58

材 料 表

序号	名　称	规　格	单位	数量	重量（kg）	备　注
1	槽钢	[140×58×6×3000	根	1	43.61	

注:
1. 产品制造和检验应符合DL/T 646—2006要求,焊接牢固,无虚焊。
2. 尺寸精确,材料Q235须热镀锌,且符合GB 2694—2010标准。

变压器横担加工图	
10-ZA-1-B15-11	图5-3-11

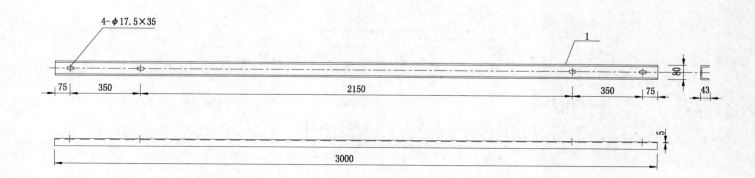

4-φ17.5×35

1

75 350 2150 350 75 43 80 5 3000

材 料 表

序号	名 称	规 格	单位	数量	重量（kg）	备 注
1	槽钢	[80×43×5×3000	根	1	24.14	

注：
1. 产品制造和检验应符合DL/T 646—2006要求,焊接牢固,无虚焊。
2. 尺寸精确,材料Q235须热镀锌,且符合GB 2694—2010标准。

低压综合配电箱横担加工图	
10-ZA-1-B15-12	图5-3-12

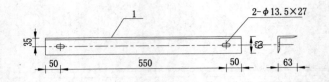

材　料　表

序号	名　称	规　格	单位	数量	重量（kg）	备　注
1	角钢	∠63×6×650	根	1	3.72	

注：
　　1. 产品制造和检验应符合DL/T 646—2006要求,焊接牢固,无虚焊。
　　2. 尺寸精确,材料Q235须热镀锌,且符合GB 2694—2010标准。

变压器固定横担加工图	
10-ZA-1-B15-13	图5-3-13

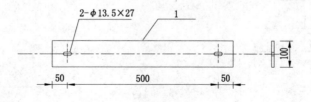

2-φ13.5×27   1

100

50   500   50

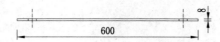

8

600

材 料 表

序号	名　称	规　格	单位	数量	重量（kg）	备　注
1	扁钢	-100×8×600	块	1	3.77	

注：
1. 产品制造和检验应符合DL/T 646—2006要求，焊接牢固，无虚焊。
2. 尺寸精确，材料Q235须热镀锌，且符合GB 2694—2010标准。

低压综合配电箱固定横担加工图	
10-ZA-1-B15-14	图5-3-14

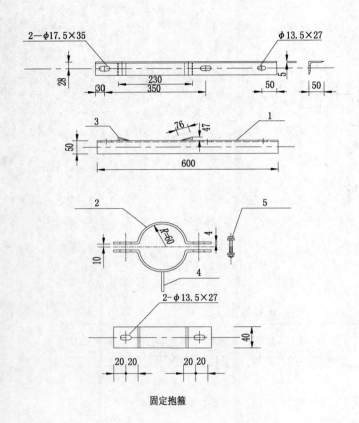

固定抱箍

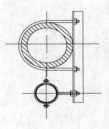

PVC支架组装

材 料 表

序号	名 称	规 格	单位	数量	重量（kg）	备 注
1	角钢	∠50×5×600	根	1	2.26	
2	扁钢	-40×4×310	块	2	0.78	
3	扁钢	-40×4×125	块	2	0.32	
4	螺栓	M12×100	件	1	0.14	二平一弹、单螺母
5	螺栓	M12×50	件	2	0.18	

注:
1. 产品制造和检验应符合DL/T 646—2006要求,焊接牢固,无虚焊。
2. 尺寸精确,材料Q235须热镀锌,且符合GB 2694—2010标准。

低压进线电缆固定支架加工图	
10-ZA-1-B15-15	图5-3-15

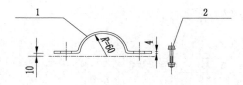

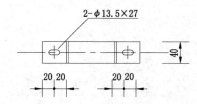

材 料 表

序号	名　称	规　格	单位	数量	重量（kg）	备　注
1	扁钢	−40×4×310	块	1	0.39	
2	螺栓	M12×120	件	2	0.30	二平一弹、单螺母

注：
1. 产品制造和检验应符合DL/T 646—2006要求，焊接牢固，无虚焊。
2. 尺寸精确，材料Q235须热镀锌，且符合GB 2694—2010标准。

低压出线电缆抱箍加工图	
10-ZA-1-B15-16	图5-3-16

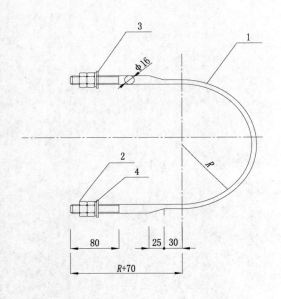

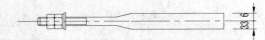

材 料 表

序号	名称	规 格	单位	数量	重量（kg）	备注
1	圆钢	Φ16×L	根	1	1.17	U16-230
2	螺母	AM16	个	4	0.12	
3	平垫	Φ16	个	2	0.03	1.33kg
4	弹垫	Φ16	个	2	0.01	

选 型 表

型 号	R (mm)	L (mm)	单位	数量	总重量 (kg)
U16-230	115	744	副	1	1.33
U16-300	150	923	副	1	1.62
U16-320	160	975	副	1	1.70

注:
1. 产品制造和检验应符合DL/T 646—2006要求,焊接牢固,无虚焊。
2. 尺寸精确,材料Q235须热镀锌,且符合GB 2694—2010标准。

U形抱箍加工图	
10-ZA-1-B15-17	图5-3-17

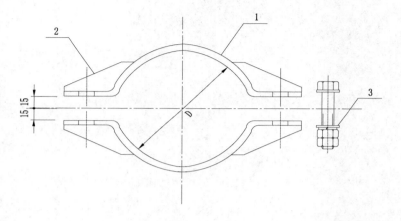

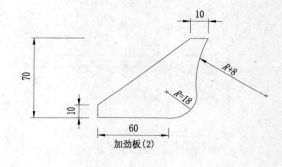

加劲板(2)

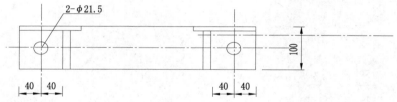

选 型 表

抱箍型号	D (mm)	L (mm)	单位	数量	总重量 (kg)
-100×8，D320	320	645	副	1	11.70
-100×8，D340	340	676	副	1	12.10

材 料 表

序号	名 称	规 格	单位	数量	重量（kg）	备 注
1	扁钢	-100×8×L	块	2	8.10	-100×8 D320 11.70kg
2	扁钢	-70×8×140	块	4	2.48	
3	螺栓	M20×100	件	2	1.12	

注:
1. 产品制造和检验应符合DL/T 646—2006要求,焊接牢固,无虚焊。
2. 尺寸精确,材料Q235须热镀锌,且符合GB 2694—2010标准。
3. 螺栓按二平一弹双螺母配置。

变压器及低压综合配电箱横担抱箍加工图	
10-ZA-1-B15-18	图5-3-18

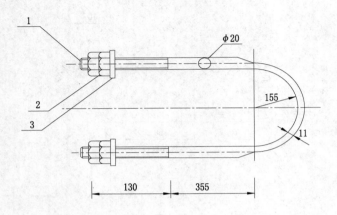

ϕ 20

155

11

130   355

44

材料表

序号	名 称	规 格	单位	数量	质量（kg）	备 注
1	圆钢	ϕ20×1611	根	1	3.97	U20-370
2	螺母	AM20	个	4	0.32	4.48kg
·3	方垫	−5×50²，ϕ21.5	个	2	0.19	

注:
1. 产品制造和检验应符合DL/T 646—2006要求，焊接牢固，无虚焊。
2. 尺寸精确，材料Q235须热镀锌，且符合GB 2694—2010标准。

卡盘U形抱箍加工图	
10-ZA-1-B15-19	图5-3-19

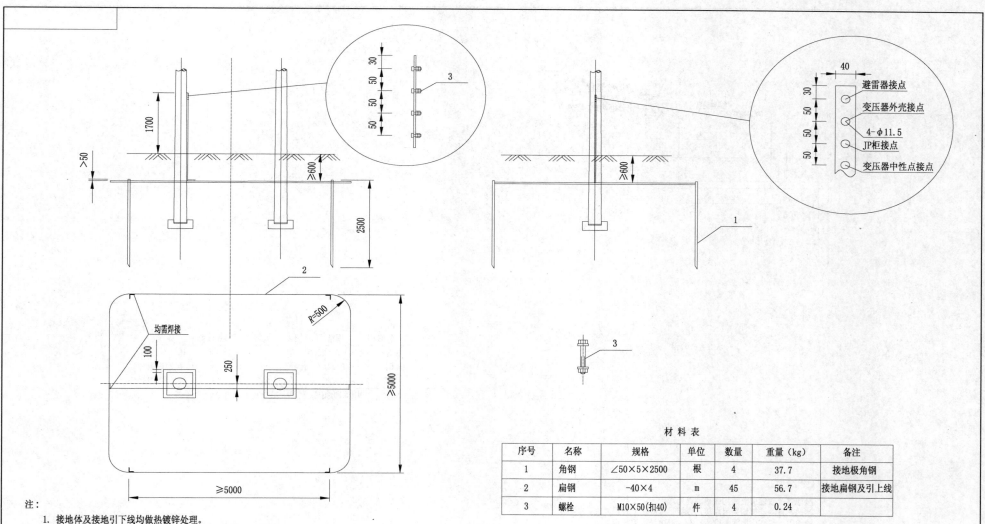

材料表

序号	名称	规格	单位	数量	重量（kg）	备注
1	角钢	∠50×5×2500	根	4	37.7	接地极角钢
2	扁钢	-40×4	m	45	56.7	接地扁钢及引上线
3	螺栓	M10×50(扣40)	件	4	0.24	

注：
1. 接地体及接地引下线均做热镀锌处理。
2. 接地装置的连接均采用焊接，焊接长度应满足规程要求。
3. 接地引上线露出地面长度为1.7m，沿电杆内侧敷设。
4. 在雷雨季干燥时，要求接地电阻值实测不大于下列数值：变压器容量100kVA及以下者为10Ω，100kVA以上者为4Ω，
   否则应增加接地极以达到以上要求。
5. 此接地体材料及工作量根据地域差别，接地极长度和数量、接地扁铁长度，接地引上线长度在满足接地电阻条件
   下可做调整。

接地体加工图一	
10-ZA-1-B15-20	图5-3-20

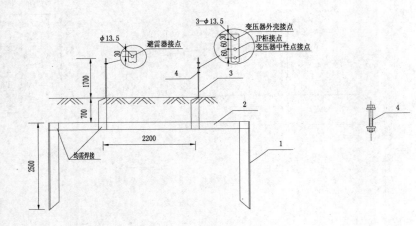

材　料　表

序号	名称	规格	单位	数量	重量（kg）	备注
1	角钢	∠50×5×2500	根	2	18.85	接地极角钢
2	扁钢	-40×4	m	5	6.28	接地扁钢
3	扁钢	-40×4	m	5.2	6.53	接地引上线
4	螺栓	M10×50(扣40)	件	4	0.24	

注:
1. 接地体及接地引下线均做热镀锌处理。
2. 接地装置的连接均采用焊接，焊接长度应满足规程要求。
3. 接地引上线露出地面长度为1.7m，沿电杆内侧敷设。
4. 在雷雨季干燥时，要求接地电阻值实测不大于下列数值：变压器容量100kVA及以下者为10Ω，100kVA以上者为4Ω，
　 否则应增加接地极以达到以上要求。
5. 此接地体材料及工作量根据地域差别，接地极长度和数量、接地扁钢长度，接地引上线长度在满足接地电阻条件
　 下可做调整。

接地体加工图二	
10-ZA-1-B15-21	图5-3-21

第四节　全 分 式 10-10m

全分式 10-10m 图集清册

图序	图　号	图　　名	图序	图　号	图　　名
图 5-4-1	10-ZA-1-Q10-01	全分式（10-10m）组装图	图 5-4-13	10-ZA-1-Q10-13	避雷器横担加工图
图 5-4-2	10-ZA-1-Q10-02	隔离开关横担组装图	图 5-4-14	10-ZA-1-Q10-14	变压器横担加工图
图 5-4-3	10-ZA-1-Q10-03	引线横担组装图	图 5-4-15	10-ZA-1-Q10-15	低压综合配电箱横担加工图
图 5-4-4	10-ZA-1-Q10-04	熔断器横担组装图	图 5-4-16	10-ZA-1-Q10-16	变压器固定横担加工图
图 5-4-5	10-ZA-1-Q10-05	避雷器横担组装图	图 5-4-17	10-ZA-1-Q10-17	低压综合配电箱固定横担加工图
图 5-4-6	10-ZA-1-Q10-06	变压器横担组装图	图 5-4-18	10-ZA-1-Q10-18	低压进线电缆固定支架加工图
图 5-4-7	10-ZA-1-Q10-07	低压综合配电箱横担组装图	图 5-4-19	10-ZA-1-Q10-19	低压出线电缆抱箍加工图
图 5-4-8	10-ZA-1-Q10-08	隔离开关横担加工图	图 5-4-20	10-ZA-1-Q10-20	U 形抱箍加工图
图 5-4-9	10-ZA-1-Q10-09	隔离开关固定横担加工图	图 5-4-21	10-ZA-1-Q10-21	变压器及低压综合配电箱横担抱箍加工图
图 5-4-10	10-ZA-1-Q10-10	引线横担加工图	图 5-4-22	10-ZA-1-Q10-22	卡盘 U 形抱箍加工图
图 5-4-11	10-ZA-1-Q10-11	熔断器横担加工图	图 5-4-23	10-ZA-1-Q10-23	接地体加工图一
图 5-4-12	10-ZA-1-Q10-12	熔断器连板加工图	图 5-4-24	10-ZA-1-Q10-24	接地体加工图二

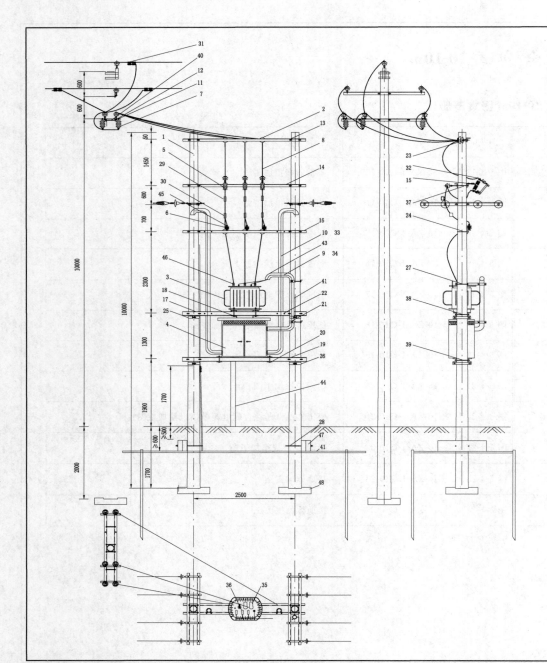

10-10m（全分式）材料表

材料分类	序号	材料名称	规格型号	单位	数量	备注	图号
电杆	1	混凝土杆	φ190×10×G	根	2		
绝缘子	2	绝缘子	P-20T	只	18	可选FPQ2-10T/20	
设备	3	电力变压器	S13及以上	台	1	根据负荷大小选择	
	4	低压综合配电箱		面	1	根据变压器容量选择,带补偿	
	5	高压熔断器	HRW12-12/200A	只	3		
	6	氧化锌避雷器	HY5WS-17/50	只	3		
	7	隔离开关	HGW9-630A	台	3		
线材	8	绝缘导线	JKLYJ-10-50	m	40	含接地引线	
	9	布电线	BV/BVR-50/240	m	22	可选用低压电缆	
	10	布电线	BLV-50/185	m	48	可选用低压电缆	
铁附件	11	隔离开关横担	∠63×6×2100	根	2		图5-4-8
	12	隔离开关固定横担	∠50×5×500	根	3		图5-4-9
	13	引线横担	∠63×6×3000	根	1		图5-4-10
	14	熔断器横担	∠63×6×3000	根	2		图5-4-11
	15	熔断器连板	-80×8×500	副	3		图5-4-12
	16	避雷器横担	∠63×6×3000	根	1		图5-4-13
	17	变压器横担	[140×58×6×3000	根	2		图5-4-14
	18	变压器固定横担	∠63×6×650	根	2		图5-4-16
	19	低压综合配电箱横担	[80×43×5×3000	根	2		图5-4-15
	20	低压综合配电箱固定横担	-100×8×600	副	2		图5-4-17
	21	低压进线电缆固定支架	∠50×5×600	副	2		图5-4-18
	22	低压出线电缆抱箍	-40×4,D120	副	4		图5-4-19
	23	U形抱箍	U16-190	副	2	用于引线横担	图5-4-20
	24	U形抱箍	U16-230	副	2	用于避雷器横担	图5-4-20
	25	变压器横担抱箍	-100×8,D260	副	2		图5-4-21
	26	低压综合配电箱横担抱箍	-100×8,D280	副	2		图5-4-21
	27	U形抱箍	U16-260	副	2	用于固定支架横担	图5-4-20
	28	卡盘U形抱箍	U20-310	副	2	可选	图5-4-22
	29	接地线夹	JDL-50-240	副	3		
金具	30	绝缘穿刺线夹	JJC/10-3/1	副	3		
	31	异型并沟线夹	JBL-50/240	副	6	可选TL-11/21	
	32	电缆接线端子	DTL-50	只	21		
	33	电缆接线端子	DTL-50/185	只	8		
	34	电缆接线端子	DT-35/240	只	4		
	35	设备线夹	SLG-1B	副	3		
	36	变压器线夹	M12/M20	副	4	根据变压器容量选择	
标准件	37	螺栓	M16×280	件	4	用于隔离开关横担	
	38	螺栓	M20×320	件	4	用于变压器横担	
	39	螺栓	M16×340	件	4	用于低压综合电箱横担	
	40	螺栓	M16×280	件	4	用于熔断器横担	
接地	41	接地体		套	1	根据不同地质任选其一	图5-4-23/图5-4-24
其他	42	UPVC管	φ110	m	12		
	43	UPVC管弯头	φ110, 45°	个	17		
	44	镀锌钢管	φ110	m	2.5		
	45	避雷器绝缘护罩		只	3		
	46	变压器绝缘护罩		只	7	三高四低	
	47	卡盘	KP12	块	2	可选	
	48	底盘	DP8	块	2	可选	

全分式(10-10m)组装图

10-ZA-1-Q10-01	图5-4-1

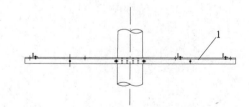

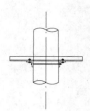

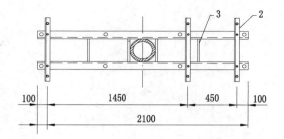

| 100 | 1450 | 450 | 100 |

2100

材 料 表

序号	名　称	规　格	单位	数量	重量（kg）	备　注
1	隔离开关横担	∠63×6×2100	根	2	25.26	
2	隔离开关固定横担	∠50×5×500	副	3	6.27	
3	螺栓	M16×280	件	4	2.40	二平一弹、双螺母

隔离开关横担组装图	
10-ZA-1-Q10-02	图5-4-2

— 181 —

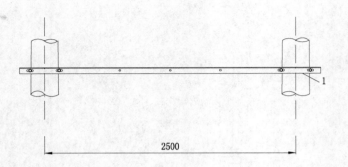

2500

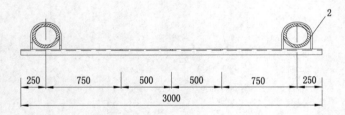

| 250 | 750 | 500 | 500 | 750 | 250 |

3000

材 料 表

序号	名　称	规　格	单位	数量	重量（kg）	备　注
1	引线横担	∠63×6×3000	根	1	17.16	
2	U形抱箍	U16-190	副	2	2.34	

引线横担组装图

| 10-ZA-1-Q10-03 | 图5-4-3 |

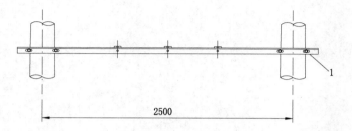

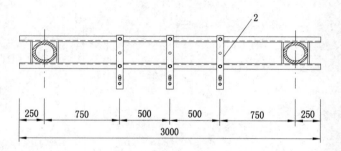

材 料 表

序号	名 称	规 格	单位	数量	重量（kg）	备 注
1	熔断器横担	∠63×6×3000	根	2	34.32	
2	熔断器连板	−80×8×500	副	3	8.61	
3	螺栓	M16×280	件	4	2.40	二平一弹、双螺母

熔断器横担组装图	
10-ZA-1-Q10-04	图5-4-4

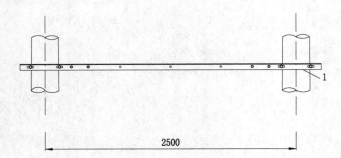

2500

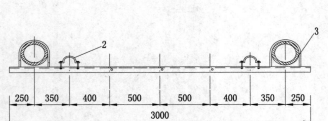

| 250 | 350 | 400 | 500 | 500 | 400 | 350 | 250 |

3000

材 料 表

序号	名　称	规　格	单位	数量	重量（kg）	备　注
1	避雷器横担	∠63×6×3000	根	1	17.16	
2	低压出线电缆抱箍	-40×4,D120	副	2	1.38	
3	U形抱箍	U16-230	副	2	2.66	

避雷器横担组装图	
10-ZA-1-Q10-05	图5-4-5

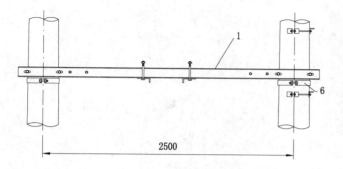

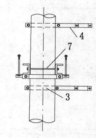

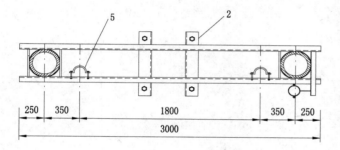

材 料 表

序号	名　称	规　格	单位	数量	重量（kg）	备　注
1	变压器横担	[140×58×6×3000	根	2	87.22	
2	变压器固定横担	∠63×6×650	根	2	7.44	
3	U形抱箍	U16-260	副	2	2.90	
4	低压进线电缆固定支架	∠50×5×600	副	2	7.36	
5	低压出线电缆抱箍	-40×4, D120	副	2	1.38	
6	变压器横担抱箍	-100×8, D260	副	2	21.04	
7	螺栓	M20×320	件	4	4.52	二平一弹、双螺母

变压器横担组装图

10-ZA-1-Q10-06	图5-4-6

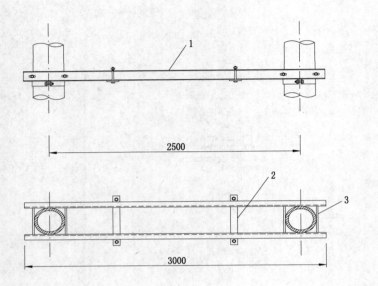

2500

3000

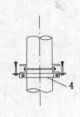

材 料 表

序号	名 称	规 格	单位	数量	重量（kg）	备 注
1	低压综合配电箱横担	[80×43×5×3000	根	2	48.28	
2	低压综合配电箱固定横担	-100×8×600	根	2	7.54	
3	螺栓	M16×340	件	4	2.76	二平一弹、双螺母
4	低压综合配电箱横担抱箍	-100×8,D280	副	2	21.82	

低压综合配电箱横担组装图		
10-ZA-1-Q10-07	图5-4-7	

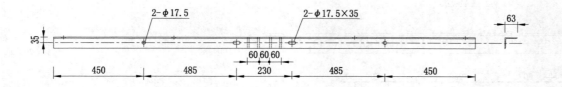

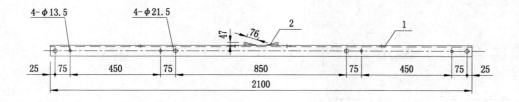

材 料 表

序号	名 称	规 格	单位	数量	重量（kg）	备 注
1	角钢	∠63×6×2100	根	1	12.01	
2	固定M铁	-60×5×125	块	2	0.62	

注：
1. 产品制造和检验应符合DL/T 646—2006要求,焊接牢固,无虚焊。
2. 尺寸精确,材料Q235须热镀锌,且符合GB 2694—2010标准。

隔离开关横担加工图	
10-ZA-1-Q10-08	图5-4-8

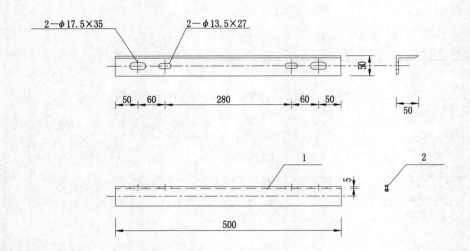

2—φ17.5×35 2—φ13.5×27

50 | 60 | 280 | 60 | 50

50

500

材 料 表

序号	名　称	规　格	单位	数量	重　量（kg）	备　注
1	角钢	∠50×5×500	根	1	1.89	
2	螺栓	M12×40	件	2	0.20	

注:
1. 产品制造和检验应符合DL/T 646—2006要求,焊接牢固,无虚焊。
2. 尺寸精确,材料Q235须热镀锌,且符合GB 2694—2010标准。

	隔离开关固定横担加工图
10-ZA-1-Q10-09	图5-4-9

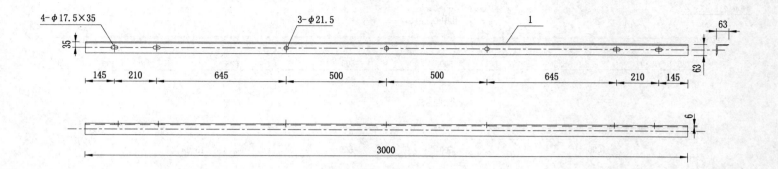

4−φ17.5×35   3−φ21.5   1

35

63
63

145 210   645   500   500   645   210 145

6

3000

材 料 表

序号	名 称	规 格	单位	数量	重量（kg）	备 注
1	角钢	∠63×6×3000	根	1	17.16	

注:
1. 产品制造和检验应符合DL/T 646—2006要求,焊接牢固,无虚焊。
2. 尺寸精确,材料Q235须热镀锌,且符合GB 2694—2010标准。

引线横担加工图	
10-ZA-1-Q10-10	图5-4-10

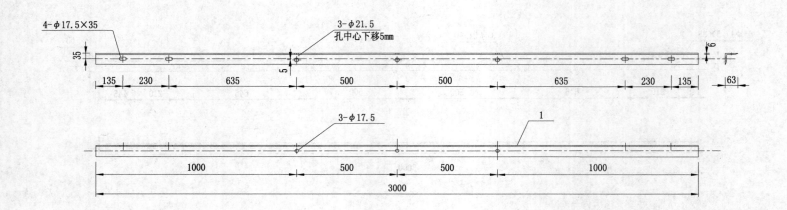

材 料 表

序号	名　称	规　格	单位	数量	重量（kg）	备　注
1	角钢	∠63×6×3000	根	1	17.16	

注:
1. 产品制造和检验应符合DL/T 646—2006要求,焊接牢固,无虚焊。
2. 尺寸精确,材料Q235须热镀锌,且符合GB 2694—2010标准。

熔断器横担加工图	
10-ZA-1-Q10-11	图5-4-11

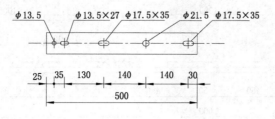

φ13.5　φ13.5×27　φ17.5×35　φ21.5　φ17.5×35

25　35　130　140　140　30

500

材 料 表

序号	名　称	规　格	单位	数量	重量（kg）	备　注
1	扁钢	-80×8×500	块	1	2.51	
2	螺栓	M16×50	件	2	0.36	二平一弹、单螺母

注：
1. 产品制造和检验应符合DL/T 646—2006要求，焊接牢固，无虚焊。
2. 尺寸精确，材料Q235须热镀锌，且符合GB 2694—2010标准。

熔断器连板加工图	
10-ZA-1-Q10-12	图5-4-12

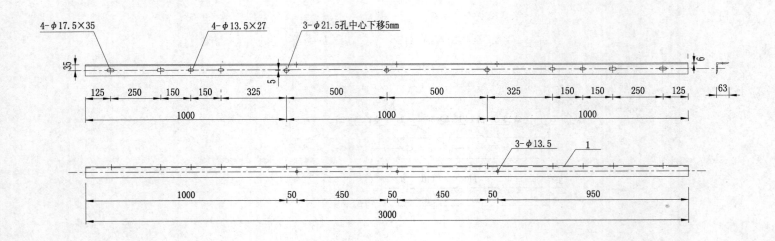

4-φ17.5×35　　　4-φ13.5×27　　3-φ21.5孔中心下移5mm

35

5

6

125 | 250 | 150 | 150 | 325 | 500 | 500 | 325 | 150 | 150 | 250 | 125

63

1000　　　　　1000　　　　　1000

3-φ13.5　　1

1000 | 50 | 450 | 50 | 450 | 50 | 950

3000

材 料 表

序号	名　称	规　格	单位	数量	重量（kg）	备　注
1	角钢	∠63×6×3000	根	1	17.16	

注:
1. 产品制造和检验应符合DL/T 646—2006要求,焊接牢固,无虚焊。
2. 尺寸精确,材料Q235须热镀锌,且符合GB 2694—2010标准。

避雷器横担加工图	
10-ZA-1-Q10-13	图5-4-13

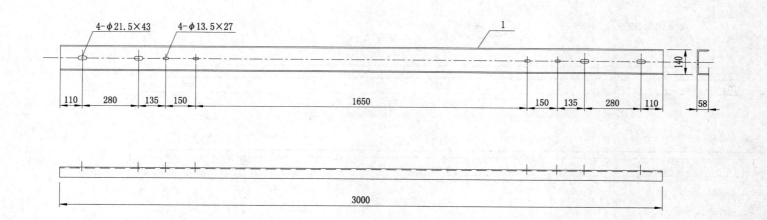

4-φ21.5×43　　4-φ13.5×27

110　280　135　150　　　　　　1650　　　　　　150　135　280　110

140

58

3000

材 料 表

序号	名　称	规　格	单位	数量	重量（kg）	备　注
1	槽钢	[140×58×6×3000	根	1	43.61	

注：
1. 产品制造和检验应符合DL/T 646—2006要求，焊接牢固，无虚焊。
2. 尺寸精确，材料Q235须热镀锌，且符合GB 2694—2010标准。

变压器横担加工图	
10-ZA-1-Q10-14	图5-4-14

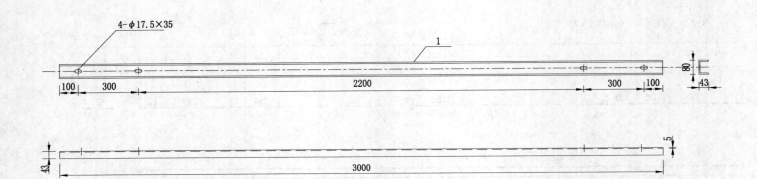

4-φ17.5×35

1

100 300 2200 300 100 43

80

43 3000 5

材料表

序号	名 称	规 格	单位	数量	重量(kg)	备 注
1	槽钢	[80×43×5×3000	根	1	24.14	

注:
1. 产品制造和检验应符合DL/T 646—2006要求,焊接牢固,无虚焊。
2. 尺寸精确,材料Q235须热镀锌,且符合GB 2694—2010标准。

低压综合配电箱横担加工图	
10-ZA-1-Q10-15	图5-4-15

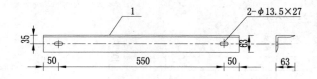

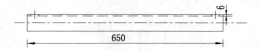

材 料 表

序号	名 称	规 格	单位	数量	重量（kg）	备 注
1	角钢	∠63×6×650	根	1	3.72	

注：
1. 产品制造和检验应符合DL/T 646—2006要求，焊接牢固，无虚焊。
2. 尺寸精确，材料Q235须热镀锌，且符合GB 2694—2010标准。

变压器固定横担加工图	
10-ZA-1-Q10-16	图5-4-16

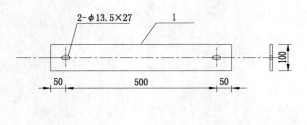

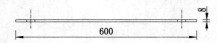

材 料 表

序号	名　称	规　格	单位	数量	重量（kg）	备　注
1	扁钢	-100×8×600	块	1	3.77	

注：
1. 产品制造和检验应符合DL/T 646—2006要求，焊接牢固，无虚焊。
2. 尺寸精确，材料Q235须热镀锌，且符合GB 2694—2010标准。

低压综合配电箱固定横担加工图	
10-ZA-1-Q10-17	图5-4-17

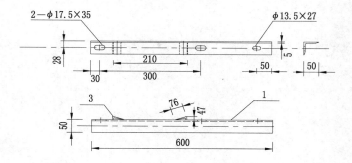

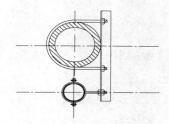

PVC支架组装

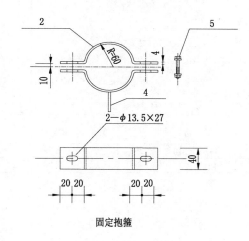

固定抱箍

材料表

序号	名　称	规　格	单位	数量	重量（kg）	备　注
1	角钢	∠50×5×600	根	1	2.26	
2	扁钢	-40×4×310	块	2	0.78	
3	扁钢	-40×4×125	块	2	0.32	
4	螺栓	M12×100	件	1	0.14	二平一弹、单螺母
5	螺栓	M12×50	件	2	0.18	

注：
1. 产品制造和检验应符合DL/T 646—2006要求，焊接牢固，无虚焊。
2. 尺寸精确，材料Q235须热镀锌，且符合GB 2694—2010标准。

低压进线电缆固定支架加工图	
10-ZA-1-Q10-18	图5-4-18

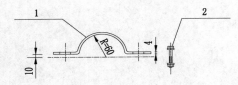

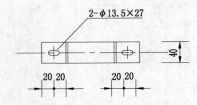

材 料 表

序号	名 称	规 格	单位	数量	重量（kg）	备 注
1	扁钢	-40×4×310	块	1	0.39	
2	螺栓	M12×120	件	2	0.30	二平一弹、单螺母

注:
1. 产品制造和检验应符合DL/T 646—2006要求,焊接牢固,无虚焊。
2. 尺寸精确,材料Q235须热镀锌,且符合GB 2694—2010标准。

低压出线电缆抱箍加工图	
10-ZA-1-Q10-19	图5-4-19

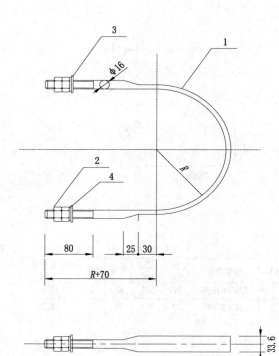

材料表

序号	名称	规　格	单位	数量	重量（kg）	备注
1	圆钢	Φ16×L	根	1	1.01	
2	螺母	AM16	个	4	0.12	U16-190
3	平垫	φ16	个	2	0.03	1.17kg
4	弹垫	φ16	个	2	0.01	

选 型 表

型　号	R (mm)	L (mm)	单位	数量	总重量 (kg)
U16-190	95	640	副	1	1.17
U16-230	115	744	副	1	1.33
U16-260	130	820	副	1	1.45

注:
1. 产品制造和检验应符合DL/T 646—2006要求,焊接牢固,无虚焊。
2. 尺寸精确,材料Q235须热镀锌,且符合GB 2694—2010标准。

U形抱箍加工图	
10-ZA-1-Q10-20	图5-4-20

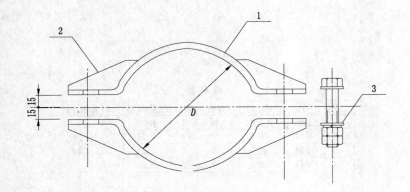

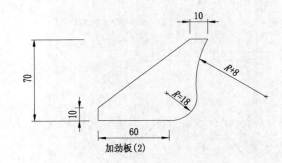

加劲板(2)

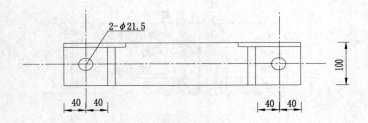

2-φ21.5

选型表

序号	抱箍型号	D (mm)	L (mm)	单位	数量	总重量 (kg)
1	-100×8,D260	260	550	副	1	10.52
2	-100×8,D280	280	582	副	1	10.91

材 料 表

序号	名　称	规　格	单位	数量	重量(kg)	备　注
1	扁钢	-100×8×L	块	2	6.92	-100×8,D260
2	扁钢	-70×8×140	块	4	2.48	10.52kg
3	螺栓	M20×100	件	2	1.12	

注:
1. 产品制造和检验应符合DL/T 646—2006要求,焊接牢固,无虚焊。
2. 尺寸精确,材料Q235须热镀锌,且符合GB 2694—2010标准。
3. 螺栓按二平一弹双螺母配置。

变压器及低压综合配电箱横担抱箍加工图	
10-ZA-1-Q10-21	图5-4-21

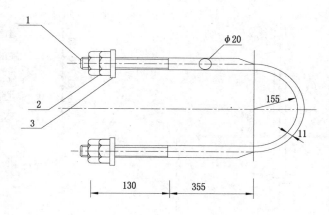

$\phi 20$

1

2

3

155

11

130

355

44

材 料 表

序号	名 称	规 格	单位	数量	质量（kg）	备 注
1	圆钢	$\phi 20 \times 1457$	根	1	4.35	U20-310
2	螺母	AM20	个	4	0.32	4.86kg
3	方垫	-5×50^2 $\phi 21.5$	个	2	0.19	

注:
1. 产品制造和检验应符合DL/T 646—2006要求, 焊接牢固, 无虚焊。
2. 尺寸精确, 材料Q235须热镀锌, 且符合GB 2694—2010标准。

卡盘U形抱箍加工图	
10-ZA-1-Q10-22	图5-4-22

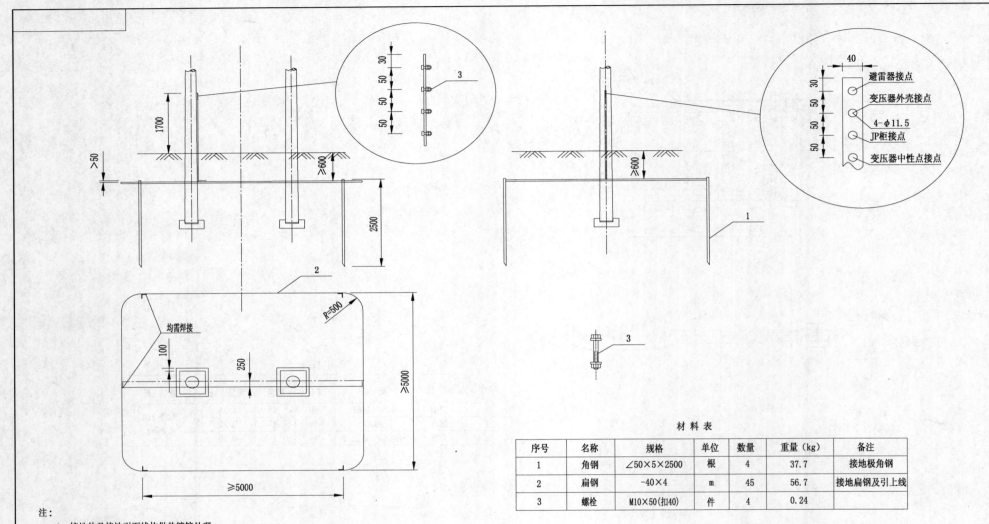

材 料 表

序号	名称	规格	单位	数量	重量（kg）	备注
1	角钢	∠50×5×2500	根	4	37.7	接地极角钢
2	扁钢	-40×4	m	45	56.7	接地扁钢及引上线
3	螺栓	M10×50(扣40)	件	4	0.24	

注：
1. 接地体及接地引下线均做热镀锌处理。
2. 接地装置的连接均采用焊接，焊接长度应满足规程要求。
3. 接地引上线露出地面长度为1.7m，沿电杆内侧敷设。
4. 在雷雨季干燥时，要求接地电阻值实测不大于下列数值：变压器容量100kVA及以下者为10Ω，100kVA以上者为4Ω，
   否则应增加接地极以达到以上要求。
5. 此接地体材料及工作量根据地域差别，接地极长度和数量、接地扁钢长度，接地引上线长度在满足接地电阻条件
   下可做调整。

接地体加工图一	
10-ZA-1-Q10-23	图5-4-23

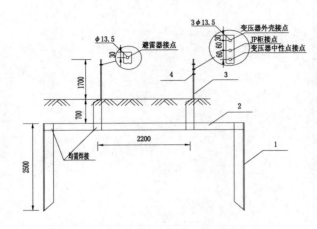

材　料　表						
序号	名称	规格	单位	数量	重量（kg）	备注
1	角钢	∠50×5×2500	根	2	18.85	接地极角钢
2	扁钢	-40×4	m	5	6.28	接地扁钢
3	扁钢	-40×4	m	5.2	6.53	接地引上线
4	螺栓	M10×50(扣40)	件	4	0.24	

注：
1. 接地体及接地引下线均做热镀锌处理。
2. 接地装置的连接均采用焊接，焊接长度应满足规程要求。
3. 接地引上线露出地面长度为1.7m，沿电杆内侧敷设。
4. 在雷雨季干燥时，要求接地电阻值实测不大于下列数值：变压器容量100kVA及以下者为10Ω，100kVA以上者为4Ω，
   否则应增加接地极以达到以上要求。
5. 此接地体材料及工作量根据地域差别，接地极长度和数量、接地扁铁长度，接地引上线长度在满足接地电阻条件
   下可做调整。

接地体加工图二	
10-ZA-1-Q10-24	图5-4-24

第三篇　10kV 及以下线路标准化施工图

第六章　农网配电线路设计规范要求

一、农网 10kV 主（分支）线路设计要求

（一）导线及档距选择

10kV 配电网主干线路导线截面积应参考供电区域饱和负荷值，按经济电流密度选取，并考虑负荷增长需求。县城电网主干线截面一般不小于 120mm²，乡村电网主干线一般不小于 95mm²。平原地区野外线路档距宜为 60～80m，进村和高低压架设档距不大于 50m，城镇线路档距宜为 50～60m，耐张段长度不大于 1km。山区根据实际情况具体考虑。

出线走廊拥挤、线树矛盾突出、城镇宜采用 JKLGYJ 系列交联架空绝缘导线。

线路与铁路、高速公路交叉处应采用电缆钻越，电缆应采用交联聚乙烯电缆，电缆型号应与裸导线相配合，符合电流载荷要求。

（二）导线排列方式选择

10kV 线路的排列方式根据河北地区地势条件及气象条件，宜采用水平、垂直、三角形共三种方式，本设计考虑单回、双回架设。

1. 单回
单回架空线采用三角形和水平排列两种方式。

2. 双回
双回架空线采用左右对称的双三角形、双垂直排列两种布置方式。

（三）杆塔的选择

10kV 配电网线路杆塔主干线路应采用 12m 及以上杆塔，设计强度安全系数不应小于 1.8，并满足 DL/T 499 对交叉跨越距离的要求。城镇、村庄路边应考虑运行安全，宜采用非预应力水泥电杆。

为提高线路抵御自然灾害的能力，10kV 主干线路耐张杆、转角杆、终端杆宜采用钢管杆。

（四）横担

1. 横担型式
水泥电杆的横担采用角钢组合结构，钢管杆的横担使用箱形固定横担。直线杆采用单横担，对于重要的交叉跨越和直线转角杆采用双横担。45°及以下的转角杆用单排横担，大于 45°的转角杆用双排横担。

2. 横担规格的确定原则
本着安全、经济，方便加工和施工的原则，直线横担按档距和导线型号分类，耐张横担按档距予以分类。

（五）10kV 绝缘子及金具的选择及导线防雷

支柱绝缘子宜采用 P—20T 型针式绝缘子，悬式绝缘子宜采用 XP—10 瓷质绝缘子。高污染区可以考虑选用硅橡胶绝缘子。金具的规格、型号、质量应符合设计要求，金具表面应光洁，无裂纹、毛刺、飞边、砂眼等缺陷，热镀锌，镀锌良好，镀锌层无剥落，锈蚀现象。线路在适当位置应加装防雷击措施。

（六）基础型式的选择

1. 水泥电杆

水泥电杆采用直埋型式，电杆埋设深度为杆长的1/6。根据当地土质及杆塔组装形式选用底盘、卡盘。

2. 钢管杆基础型式

根据地形情况钢管杆基础选用浇注式、灌注式或钢桩等基础型式。

二、10kV高压架空线路进村设计要求

（一）10kV导线排列方式

10kV高压进村线路的导线排列方式采用水平、三角形布置。因其绝大部数为主线路的分支线所以只考虑单回、高低压同杆架设。

（二）导线线间距离

依据DL/T 5220—2005《10kV及以下架空配电线路设计技术规程》和DL/T 601—1996《架空绝缘配电线路设计技术规程》的有关规定，配电线路导线的线间距离，应结合地区运行经验确定。如无可靠资料，导线的线间距离不应小于下表所列数值。

配电线路导线最小线间距离　　　　　　　单位：m

线路电压 ＼ 档距	40及以下	50	60	70	80	90	100
1～10kV	0.6（0.4）	0.65（0.5）	0.7	0.75	0.85	0.9	1.0
1kV及以下	0.3（0.3）	0.4（0.4）	0.45	—	—	—	—

注　（）内为绝缘导线数值。1kV以下配电线路靠近电杆两侧导线间水平距离不应小于0.5m。

（三）杆塔选型

高压进村线路宜选择12m或15m的宜选用非预应力锥形水泥杆，特殊地形选用钢杆。

（四）横担选型

高压过村线路属于分支线路，导线考虑JKLGYJ—70以下导线。高低压同杆架设的低压线路也考虑为JKLGYJ—70以下导线。高低压横担均选择∠63×6的镀锌角钢。

三、低压线路设计要求

（一）概述

本典型设计包括单独架设的低压主干线路的导线截面的选择、线路档距的选择、杆型及横担的选择布置、预应力杆及非预应力杆的选择、绝缘子的选择等。

（二）导线的选择

低压主干线路导线截面参考供电区域的饱和负荷值，按经济电流密度选取。城镇低压主干线路导线截面不宜小于120mm²，乡村低压主干线路导线截面不宜小于50mm²。

各地区按当地实际条件宜确定2～3种导线型号。

在县城、集镇和人口密集地区、穿越林区低压线路应采用绝缘导线；其他地区可采用裸导线。

（三）线路档距的选择

低压主干线路档距城镇不应大于50m，乡村空旷地带不应大于60m。

（四）杆型及横担的选择布置

1. 低压线路的杆型选择

低压线路的杆型不宜过多，包括以下杆型：直线杆、直线转角杆、转角耐张杆及终端杆。

2. 导线的排列

低压线路的导线宜采用水平排列；在狭窄的胡同等地带可采用两排横

担的方型布置。

3. 横担与导线的选型配合

（1）导线截面 120mm² 及以下、转角在 15°及以上或导线截面 150mm² 及以上、转角在 8°及以上应采用耐张杆。

（2）线路 45°以下转角，应采用单层横担布置方式；线路 45°及以上转角，应采用双层横担布置方式。

（3）导线截面与横担角钢配合如下表所示。

导线截面（mm²）	水平排列	
	直线	耐张
50～70	∠63×6×2000	∠75×8×2000
95～120	∠75×8×2000	∠80×8×2000

（五）电杆的选择

1. 低压主干线路应优先选用水泥电杆，电杆高度宜选择 10m、12m，在城镇地区及跨越林区等宜选用 12m 及以上电杆。

2. 低压主干线路的耐张、转角的杆型应采用非预应力电杆；直线杆型一般采用预应力电杆，在城镇及交通发达的乡村道路旁宜选用非预应力电杆。

（六）绝缘子及金具的选择

1. 直线杆选用 P—6 型支柱绝缘子，耐张杆绝缘子采用一片悬式绝缘子。

2. 线夹类型按导线匹配：绝缘导线采用 ZFN 型绝缘导线耐张线夹；裸导线采用 NLD 型耐张线夹。

第七章 标准化施工图

第一节 0.4kV 杆型

0.4kV 杆型图集清册

图序	图 号	图 名	图序	图 号	图 名
图 7-1-1	0.4-X-ZD-12-70	0.4kV-4D 终端杆型组装图	图 7-1-4	0.4-X-ZJ-12-70	0.4kV-4ZJ 直线转角杆
图 7-1-2	0.4-X-ZN-12-70	0.4kV-4ND 直线耐张杆	图 7-1-5	0.4-X-NJ-12-70	0.4kV-45°～90°转角杆型组装图
图 7-1-3	0.4-X-ZX-12-70	0.4kV-4ZD 直线杆			

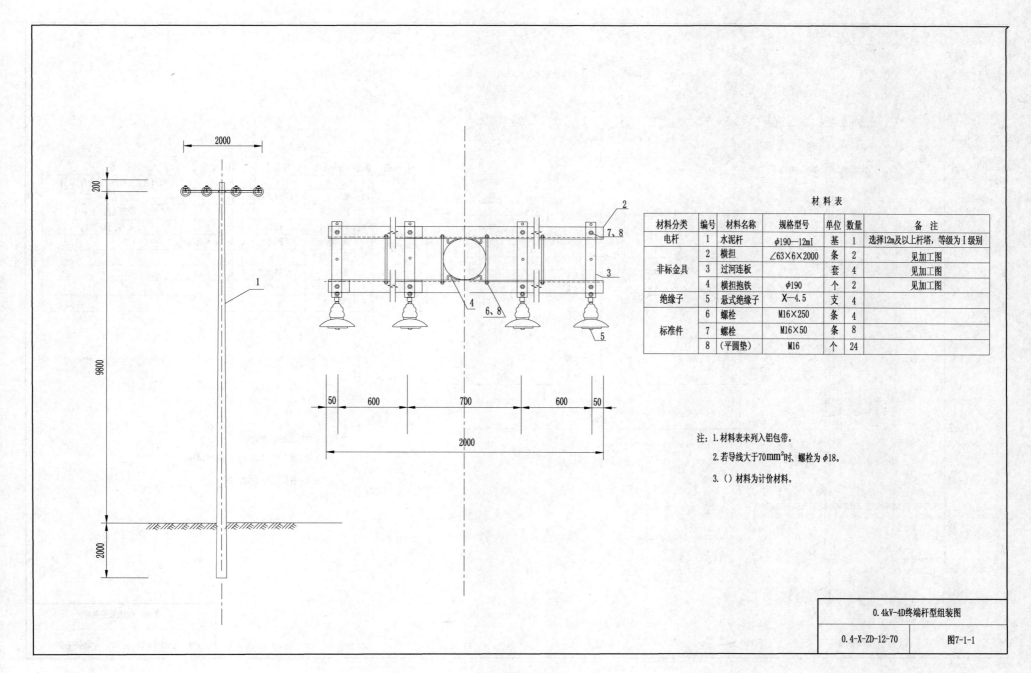

材 料 表

材料分类	编号	材料名称	规格型号	单位	数量	备 注
电杆	1	水泥杆	φ190—12mI	基	1	选择12m及以上杆塔，等级为I级别
非标金具	2	横担	∠63×6×2000	条	2	见加工图
	3	过河连板		套	4	见加工图
	4	横担抱铁	φ190	个	2	见加工图
绝缘子	5	悬式绝缘子	X—4.5	支	4	
标准件	6	螺栓	M16×250	条	4	
	7	螺栓	M16×50	条	8	
	8	（平圆垫）	M16	个	24	

注：1.材料表未列入铝包带。

2.若导线大于70mm²时、螺栓为φ18。

3.（）材料为计价材料。

0.4kV-4D终端杆型组装图	
0.4-X-ZD-12-70	图7-1-1

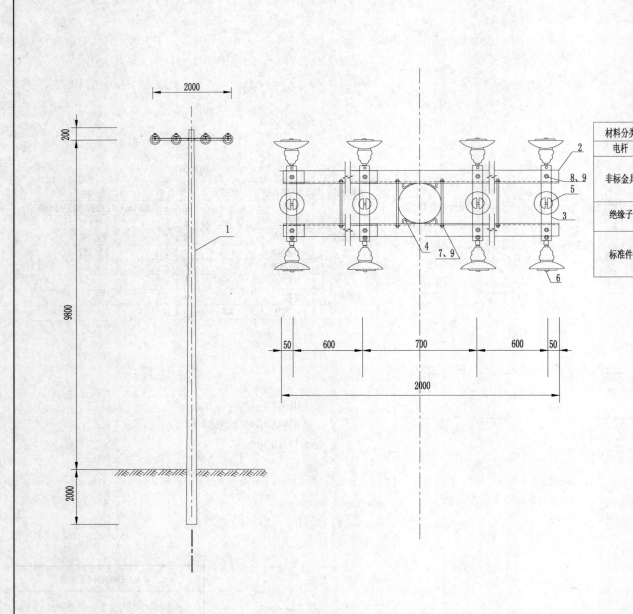

材 料 表

材料分类	编号	材料名称	规格型号	单位	数量	备 注
电杆	1	水泥杆	φ190—12mI	基		选择12m及以上杆塔，等级为I级别
非标金具	2	横担	∠63×6×2000	条	2	见加工图
	3	过河连板		套	4	见加工图
	4	横担抱铁	φ190	个	2	见加工图
绝缘子	5	针式绝缘子	P—6	支	4	
	6	悬式绝缘子	X—4.5	支	8	
标准件	7	螺栓	M16×250	条	4	
	8	螺栓	M16×50	条	8	
	9	（平圆垫）	M16	个	24	

注: 1. 材料表未列入铝包带。

2. 若导线大于70mm² 时，螺栓为φ18。

3.（ ）材料为计价材料。

0.4kV-4ND直线耐张杆	
0.4-X-ZN-12-70	图7-1-2

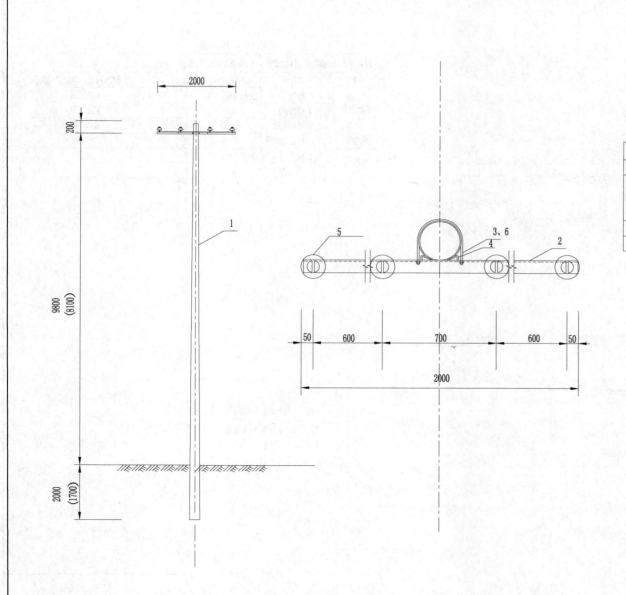

材料表

材料分类	编号	材料名称	规格型号	单位	数量	备 注
电杆	1	水泥杆	φ190—12mI	基	1	选择12m(10m)杆塔等级为I级别
非标金具	2	横担	∠63×6×2000	条	1	见加工图
	3	U形抱箍	φ16—190	套	1	见加工图
	4	横担抱铁	φ190	个	1	见加工图
绝缘子	5	针式绝缘子	P—6	支	4	
标准件	6	(平圆垫)	M16	个	2	

注：1. 材料表未列入铝包带。

2. 若导线大于70mm² 时U形抱箍为 φ18*。

3.（）材料为计价材料。

0.4kV-4ZD直线杆	
0.4-X-ZX-12-70	图7-1-3

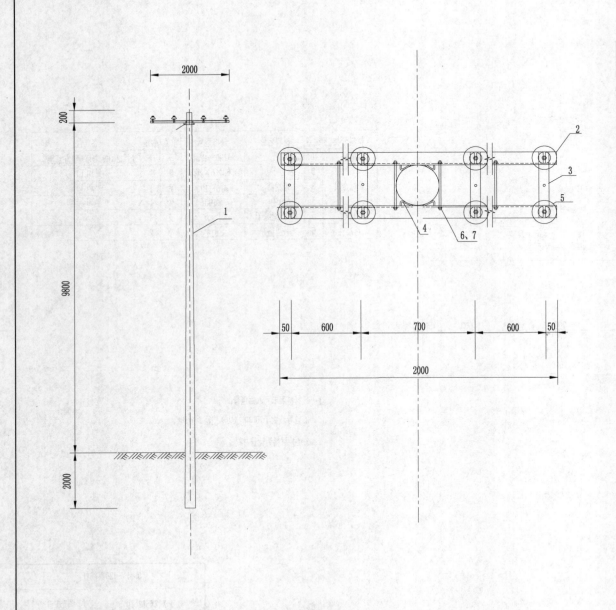

材　料　表

材料分类	编号	材料名称	规格型号	单位	数量	备　注
电杆	1	水泥杆	φ190—12mI	基	1	选择12m杆塔，等级为I级别
非标金具	2	横担	∠63×6×2000	条	2	见加工图
	3	横担连板		套	4	见加工图
	4	横担抱铁	φ190	个	2	见加工图
绝缘子	5	针式绝缘子	P—6	支	8	
标准件	6	螺栓	M16×250	条	4	
	7	（平圆垫）	M16	个	12	

注：1. 材料表未列入铝包带。

2.（）材料为计价材料。

0.4kV-4ZJ直线转角杆	
0.4-X-ZJ-12-70	图7-1-4

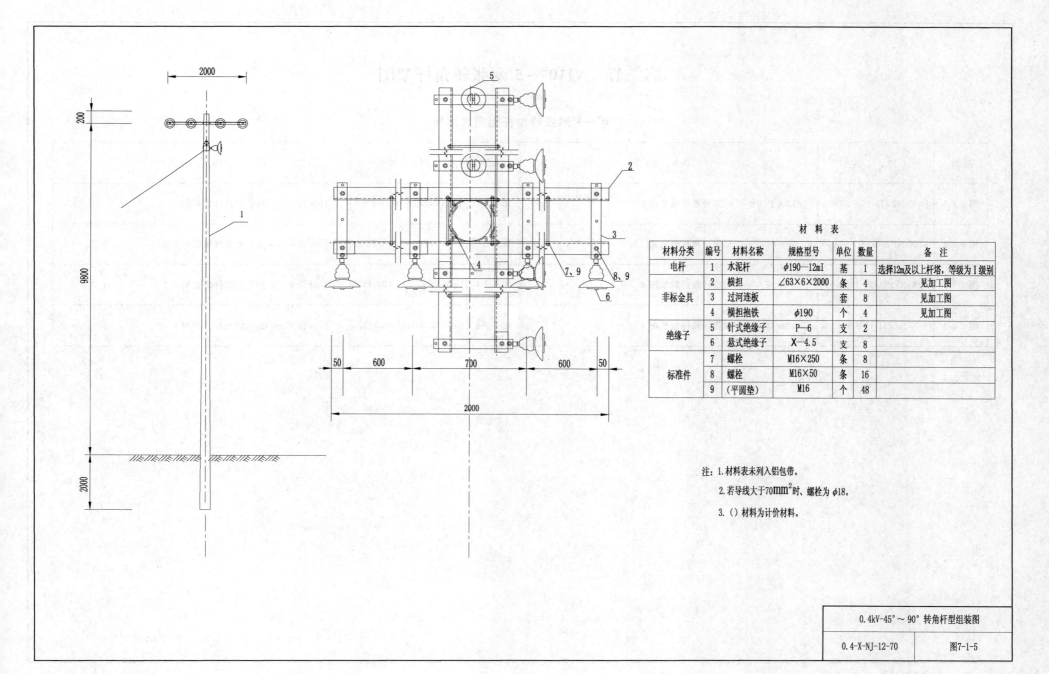

材 料 表

材料分类	编号	材料名称	规格型号	单位	数量	备 注
电杆	1	水泥杆	φ190—12mI	基	1	选择12m及以上杆塔，等级为I级别
非标金具	2	横担	∠63×6×2000	条	4	见加工图
	3	过河连板		套	8	见加工图
	4	横担抱铁	φ190	个	4	见加工图
绝缘子	5	针式绝缘子	P—6	支	2	
	6	悬式绝缘子	X—4.5	支	8	
标准件	7	螺栓	M16×250	条	8	
	8	螺栓	M16×50	条	16	
	9	（平圆垫）	M16	个	48	

注：1. 材料表未列入铝包带。

2. 若导线大于70mm² 时、螺栓为 φ18。

3.（ ）材料为计价材料。

0.4kV-45°～90° 转角杆型组装图	
0.4-X-NJ-12-70	图7-1-5

第二节 NJ10°~5°耐张转角杆型图

0°~5°耐张转角杆型图集清册

图序	图 号	图 名	图序	图 号	图 名
图 7-2-1	10-X-NZZJ1-12-70-1900	12m杆0°~5°耐张转角杆组装图1	图 7-2-5	10-X-NZZJ1-15-70-1900	15m杆0°~5°耐张转角杆组装图1
图 7-2-2	10-X-NZZJ1-12-70-2100	12m杆0°~5°耐张转角杆组装图2	图 7-2-6	10-X-NZZJ1-15-70-2100	15m杆0°~5°耐张转角杆组装图2
图 7-2-3	10-X-NZZJ1-12-120-1900	12m杆0°~5°耐张转角杆组装图3	图 7-2-7	10-X-NZZJ1-15-120-1900	15m杆0°~5°耐张转角杆组装图3
图 7-2-4	10-X-NZZJ1-12-120-2100	12m杆0°~5°耐张转角杆组装图4	图 7-2-8	10-X-NZZJ1-15-120-2100	15m杆0°~5°耐张转角杆组装图4

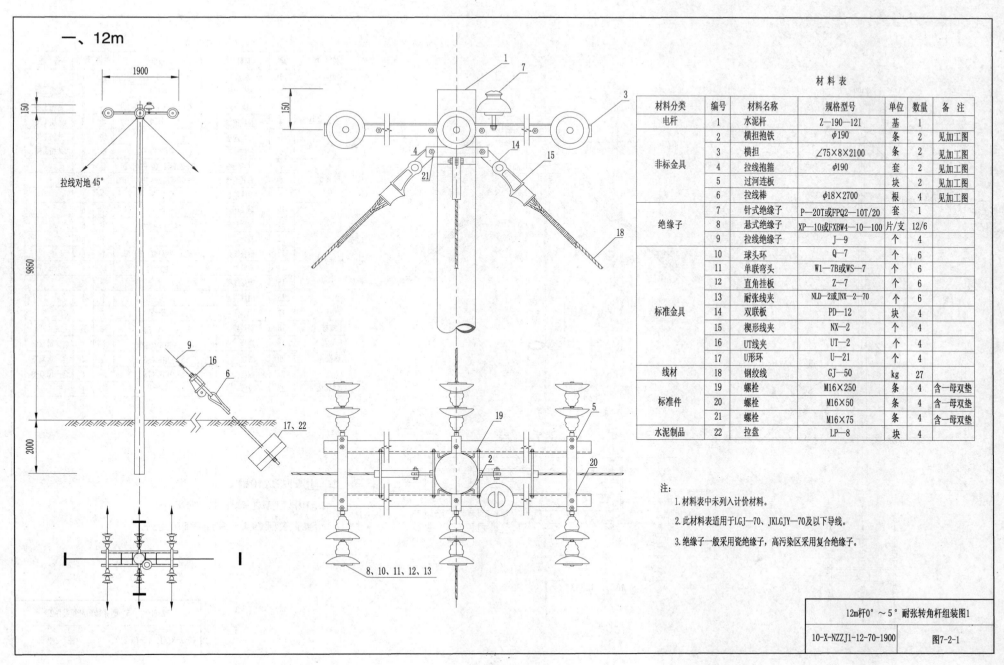

一、12m

材料表

材料分类	编号	材料名称	规格型号	单位	数量	备注
电杆	1	水泥杆	Z—190—12I	基	1	
非标金具	2	横担抱铁	φ190	条	2	见加工图
	3	横担	∠75×8×2100	条	2	见加工图
	4	拉线抱箍	φ190	套	2	见加工图
	5	过河连板		块	2	见加工图
	6	拉线棒	φ18×2700	根	4	见加工图
绝缘子	7	针式绝缘子	P—20T或FPQ2—10T/20	套	1	
	8	悬式绝缘子	XP—10或FXBW4—10—100	片/支	12/6	
	9	拉线绝缘子	J—9	个	4	
标准金具	10	球头环	Q—7	个	6	
	11	单联弯头	W1—7B或WS—7	个	6	
	12	直角挂板	Z—7	个	6	
	13	耐张线夹	NLD—2或JNX—2—70	个	6	
	14	双联板	PD—12	块	4	
	15	楔形线夹	NX—2	个	4	
	16	UT线夹	UT—2	个	4	
	17	U形环	U—21	个	4	
线材	18	钢绞线	GJ—50	kg	27	
标准件	19	螺栓	M16×250	条	4	含一母双垫
	20	螺栓	M16×50	条	4	含一母双垫
	21	螺栓	M16×75	条	4	含一母双垫
水泥制品	22	拉盘	LP—8	块	4	

注:

1.材料表中未列入计价材料。

2.此材料表适用于LGJ—70、JKLGJY—70及以下导线。

3.绝缘子一般采用瓷绝缘子,高污染区采用复合绝缘子。

12m杆0°～5°耐张转角杆组装图1	
10-X-NZZJ1-12-70-1900	图7-2-1

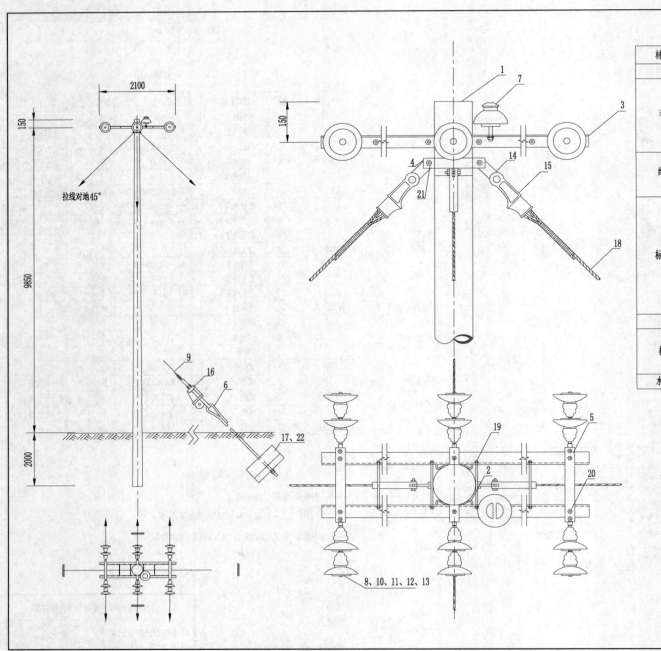

材料表

材料分类	编号	材料名称	规格型号	单位	数量	备注
电杆	1	水泥杆	Z—190—12I	基	1	
非标金具	2	横担抱铁	φ190	条	2	见加工图
	3	横担	∠75×8×1900	条	2	见加工图
	4	拉线抱箍	φ190	套	2	见加工图
	5	过河连板		块	2	见加工图
	6	拉线棒	φ18×2700	根	4	见加工图
绝缘子	7	针式绝缘子	P—20T或FPQ2—10T/20	套	1	
	8	悬式绝缘子	XP—10或FXBW4—10—100	片/支	12/6	
	9	拉线绝缘子	J—9	个	4	
标准金具	10	球头环	Q—7	个	6	
	11	单联弯头	W1—7B或WS—7	个	6	
	12	直角挂板	Z—7	个	6	
	13	耐张线夹	NLD—2或JNX—2—70	个	6	
	14	双联板	PD—12	块	4	
	15	楔形线夹	NX—2	个	4	
	16	UT线夹	UT—2	个	4	
	17	U形环	U—21	个	4	
线材	18	钢绞线	GJ—50	kg	27	
标准件	19	螺栓	M16×250	条	4	含一母双垫
	20	螺栓	M16×50	条	4	含一母双垫
	21	螺栓	M16×75	条	4	含一母双垫
水泥制品	22	拉盘	LP—8	块	4	

注: 1. 材料表中未列入计价材料。

2. 此材料表适用于LGJ—70、JKLGJY—70及以下导线。

3. 绝缘子一般采用瓷绝缘子, 高污染区采用复合绝缘子。

12m杆0°～5°耐张转角杆组装图2

| 10-X-NZZJ1-12-70-2100 | 图7-2-2 |

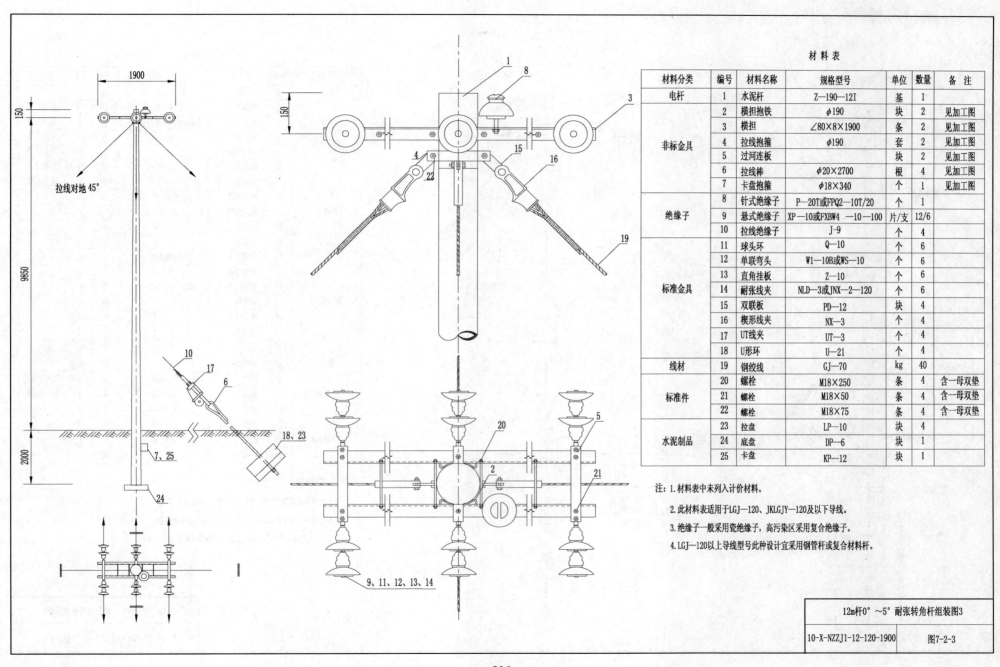

材 料 表

材料分类	编号	材料名称	规格型号	单位	数量	备 注
电杆	1	水泥杆	Z—190—12I	基	1	
非标金具	2	横担抱铁	φ190	块	2	见加工图
	3	横担	∠80×8×1900	条	2	见加工图
	4	拉线抱箍	φ190	套	2	见加工图
	5	过河连板		块	2	见加工图
	6	拉线棒	φ20×2700	根	4	见加工图
	7	卡盘抱箍	φ18×340	个	1	见加工图
绝缘子	8	针式绝缘子	P—20T或FPQ2—10T/20	个	1	
	9	悬式绝缘子	XP—10或FXBW4—10—100	片/支	12/6	
	10	拉线绝缘子	J-9	个	4	
标准金具	11	球头环	Q—10	个	6	
	12	单联弯头	W1—10B或WS—10	个	6	
	13	直角挂板	Z—10	个	6	
	14	耐张线夹	NLD—3或JNX—2—120	个	6	
	15	双联板	PD—12	块	4	
	16	楔形线夹	NX—3	个	4	
	17	UT线夹	UT—3	个	4	
	18	U形环	U—21	个	4	
线材	19	钢绞线	GJ—70	kg	40	
标准件	20	螺栓	M18×250	条	4	含一母双垫
	21	螺栓	M18×50	条	4	含一母双垫
	22	螺栓	M18×75	条	4	含一母双垫
水泥制品	23	拉盘	LP—10	块	4	
	24	底盘	DP—6	块	1	
	25	卡盘	KP—12	块	1	

注: 1. 材料表中未列入计价材料。

2. 此材料表适用于LGJ—120、JKLGJY—120及以下导线。

3. 绝缘子一般采用瓷绝缘子, 高污染区采用复合绝缘子。

4. LGJ—120以上导线型号此种设计宜采用钢管杆或复合材料杆。

12m杆0°～5°耐张转角杆组装图3	
10-X-NZZJ1-12-120-1900	图7-2-3

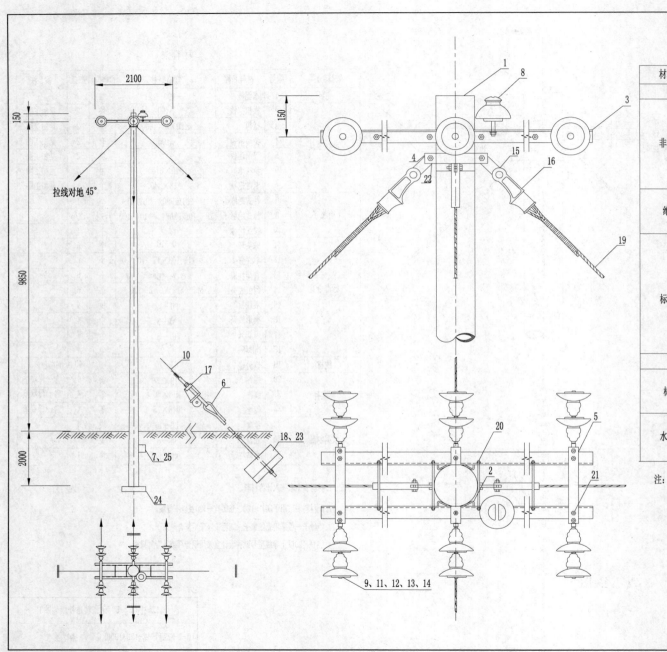

材料表

材料分类	编号	材料名称	规格型号	单位	数量	备注
电杆	1	水泥杆	Z—190—12I	基	1	
非标金具	2	横担抱铁	φ190	块	2	见加工图
	3	横担	∠80×8×2100	条	2	见加工图
	4	拉线抱箍	φ190	套	2	见加工图
	5	过河连板		块	2	见加工图
	6	拉线棒	φ20×2700	根	4	见加工图
	7	卡盘抱箍	φ18×340	个	1	见加工图
绝缘子	8	针式绝缘子	P—20T或FPQ2—10T/20	个	1	
	9	悬式绝缘子	XP—10或FXBW4—10—100	片/支	12/6	
	10	拉线绝缘子	J—9	个	4	
标准金具	11	球头环	Q—10	个	6	
	12	单联弯头	W1—10B或WS—10	个	6	
	13	直角挂板	Z—10	个	6	
	14	耐张线夹	NLD—3或JNX—2—120	个	6	
	15	双联板	PD—12	块	4	
	16	楔形线夹	NX—3	个	4	
	17	UT线夹	UT—3	个	4	
	18	U形环	U—21	个	4	
线材	19	钢绞线	GJ—70	kg	40	
标准件	20	螺栓	M18×250	条	4	含一母双垫
	21	螺栓	M18×50	条	4	含一母双垫
	22	螺栓	M18×75	条	4	含一母双垫
水泥制品	23	拉盘	LP—10	块	4	
	24	底盘	DP—6	块	1	
	25	卡盘	KP—12	块	1	

注: 1. 材料表中未列入计价材料。

2. 此材料表适用于LGJ—120、JKLGJY—120及以下导线。

3. 绝缘子一般采用瓷绝缘子, 高污染区采用复合绝缘子。

4. LGJ-120以上导线型号此种设计宜采用钢管杆或复合材料杆。

12m杆0°～5°耐张转角杆组装图4	
10-X-NZZJ1-12-120-2100	图7-2-4

二、15m

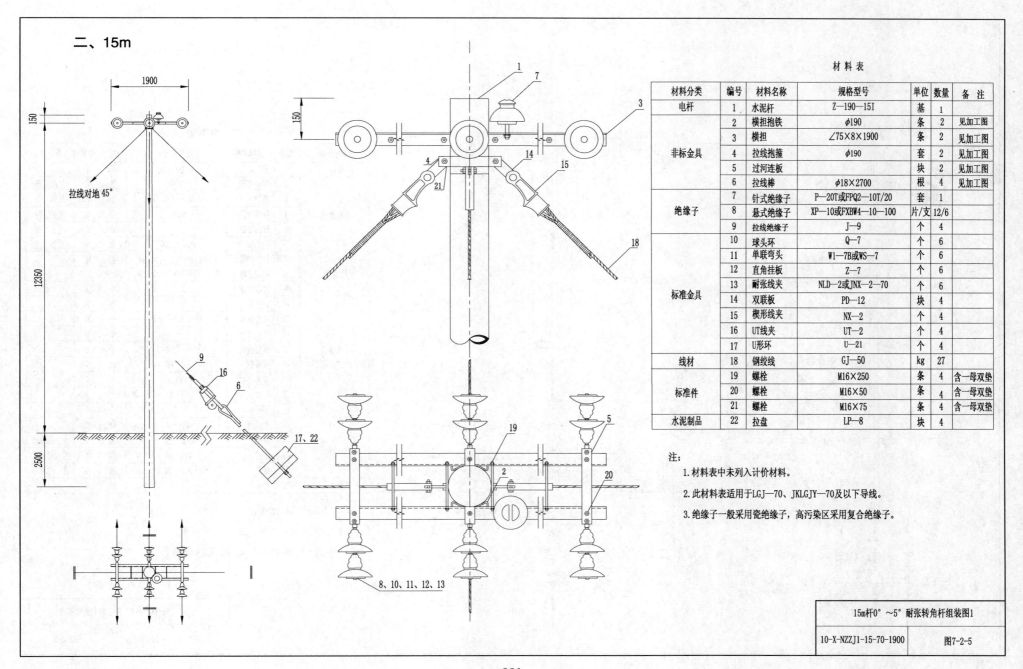

材 料 表

材料分类	编号	材料名称	规格型号	单位	数量	备 注
电杆	1	水泥杆	Z—190—15I	基	1	
非标金具	2	横担抱铁	φ190	条	2	见加工图
	3	横担	∠75×8×1900	条	2	见加工图
	4	拉线抱箍	φ190	套	2	见加工图
	5	过河连板		块	2	见加工图
	6	拉线棒	φ18×2700	根	4	见加工图
绝缘子	7	针式绝缘子	P—20T或FPQ2—10T/20	套	1	
	8	悬式绝缘子	XP—10或FXBW4—10—100	片/支	12/6	
	9	拉线绝缘子	J—9	个	4	
标准金具	10	球头环	Q—7	个	6	
	11	单联弯头	W1—7B或WS—7	个	6	
	12	直角挂板	Z—7	个	6	
	13	耐张线夹	NLD—2或JNX—2—70	个	6	
	14	双联板	PD—12	块	4	
	15	楔形线夹	NX—2	个	4	
	16	UT线夹	UT—2	个	4	
	17	U形环	U—21	个	4	
线材	18	钢绞线	GJ—50	kg	27	
标准件	19	螺栓	M16×250	条	4	含一母双垫
	20	螺栓	M16×50	条	4	含一母双垫
	21	螺栓	M16×75	条	4	含一母双垫
水泥制品	22	拉盘	LP—8	块	4	

注:

1.材料表中未列入计价材料。

2.此材料表适用于LGJ—70、JKLGJY—70及以下导线。

3.绝缘子一般采用瓷绝缘子,高污染区采用复合绝缘子。

15m杆0°～5°耐张转角杆组装图1

10-X-NZZJ1-15-70-1900   图7-2-5

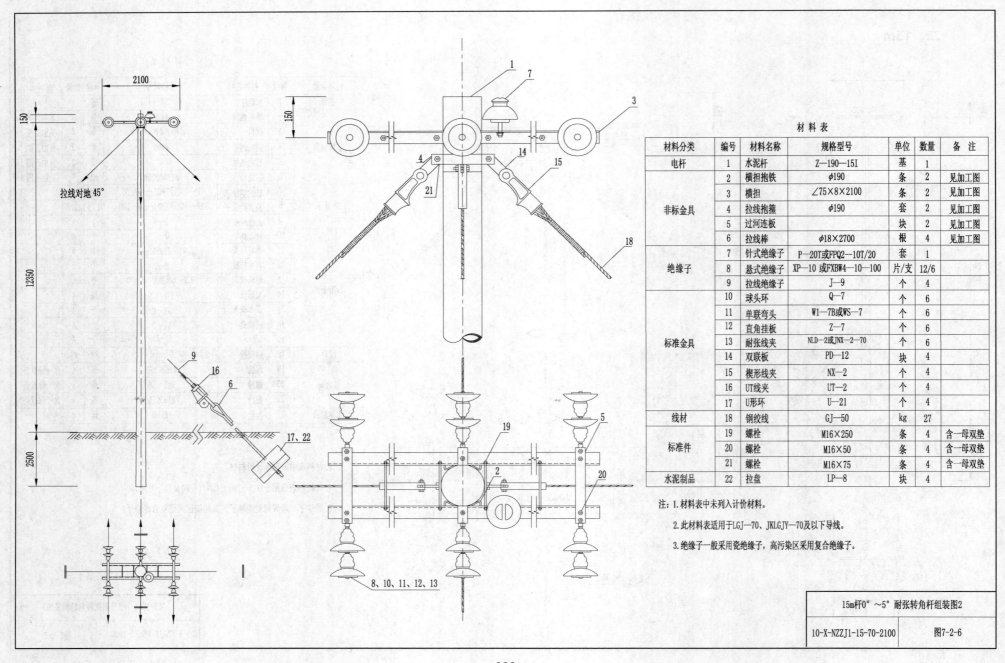

材 料 表

材料分类	编号	材料名称	规格型号	单位	数量	备注
电杆	1	水泥杆	Z—190—15I	基	1	
非标金具	2	横担抱铁	φ190	条	2	见加工图
	3	横担	∠75×8×2100	条	2	见加工图
	4	拉线抱箍	φ190	套	2	见加工图
	5	过河连板		块	2	见加工图
	6	拉线棒	φ18×2700	根	4	见加工图
绝缘子	7	针式绝缘子	P—20T或FPQ2—10T/20	套	1	
	8	悬式绝缘子	XP—10 或FXBW4—10—100	片/支	12/6	
	9	拉线绝缘子	J—9	个	4	
标准金具	10	球头环	Q—7	个	6	
	11	单联弯头	W1—7B或WS—7	个	6	
	12	直角挂板	Z—7	个	6	
	13	耐张线夹	NLD—2或JNX—2—70	个	6	
	14	双联板	PD—12	块	4	
	15	楔形线夹	NX—2	个	4	
	16	UT线夹	UT—2	个	4	
	17	U形环	U—21	个	4	
线材	18	钢绞线	GJ—50	kg	27	
标准件	19	螺栓	M16×250	条	4	含一母双垫
	20	螺栓	M16×50	条	4	含一母双垫
	21	螺栓	M16×75	条	4	含一母双垫
水泥制品	22	拉盘	LP—8	块	4	

注：1. 材料表中未列入计价材料。

2. 此材料表适用于LGJ—70、JKLGJY—70及以下导线。

3. 绝缘子一般采用瓷绝缘子，高污染区采用复合绝缘子。

15m杆0°～5°耐张转角杆组装图2	
10-X-NZZJ1-15-70-2100	图7-2-6

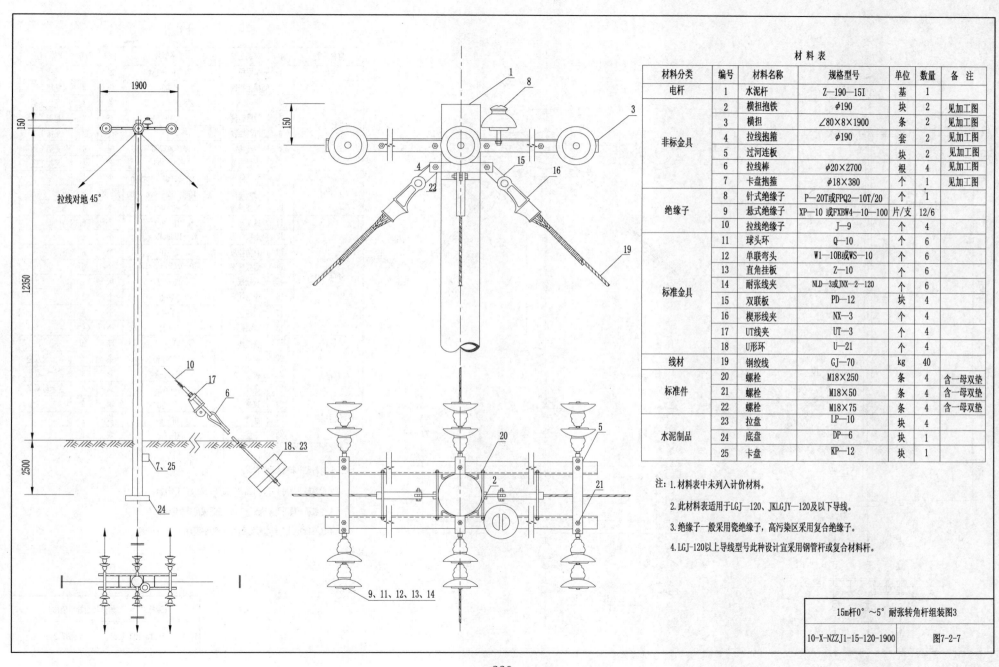

材 料 表

材料分类	编号	材料名称	规格型号	单位	数量	备注
电杆	1	水泥杆	Z—190—15I	基	1	
非标金具	2	横担抱铁	φ190	块	2	见加工图
	3	横担	∠80×8×1900	条	2	见加工图
	4	拉线抱箍	φ190	套	2	见加工图
	5	过河连板		块	2	见加工图
	6	拉线棒	φ20×2700	根	4	见加工图
	7	卡盘抱箍	φ18×380	个	1	见加工图
绝缘子	8	针式绝缘子	P—20T或FPQ2—10T/20	个	1	
	9	悬式绝缘子	XP—10 或FXBW4—10—100	片/支	12/6	
	10	拉线绝缘子	J—9	个	4	
标准金具	11	球头环	Q—10	个	6	
	12	单联弯头	W1—10B或WS—10	个	6	
	13	直角挂板	Z—10	个	6	
	14	耐张线夹	NLD—3或JNX—2—120	个	6	
	15	双联板	PD—12	块	4	
	16	楔形线夹	NX—3	个	4	
	17	UT线夹	UT—3	个	4	
	18	U形环	U—21	个	4	
线材	19	钢绞线	GJ—70	kg	40	
标准件	20	螺栓	M18×250	条	4	含一母双垫
	21	螺栓	M18×50	条	4	含一母双垫
	22	螺栓	M18×75	条	4	含一母双垫
水泥制品	23	拉盘	LP—10	块	4	
	24	底盘	DP—6	块	1	
	25	卡盘	KP—12	块	1	

注: 1.材料表中未列入计价材料。

2.此材料表适用于LGJ—120、JKLGJY—120及以下导线。

3.绝缘子一般采用瓷绝缘子,高污染区采用复合绝缘子。

4.LGJ—120以上导线型号此种设计宜采用钢管杆或复合材料杆。

15m杆0°～5°耐张转角杆组装图3	
10-X-NZZJ1-15-120-1900	图7-2-7

— 223 —

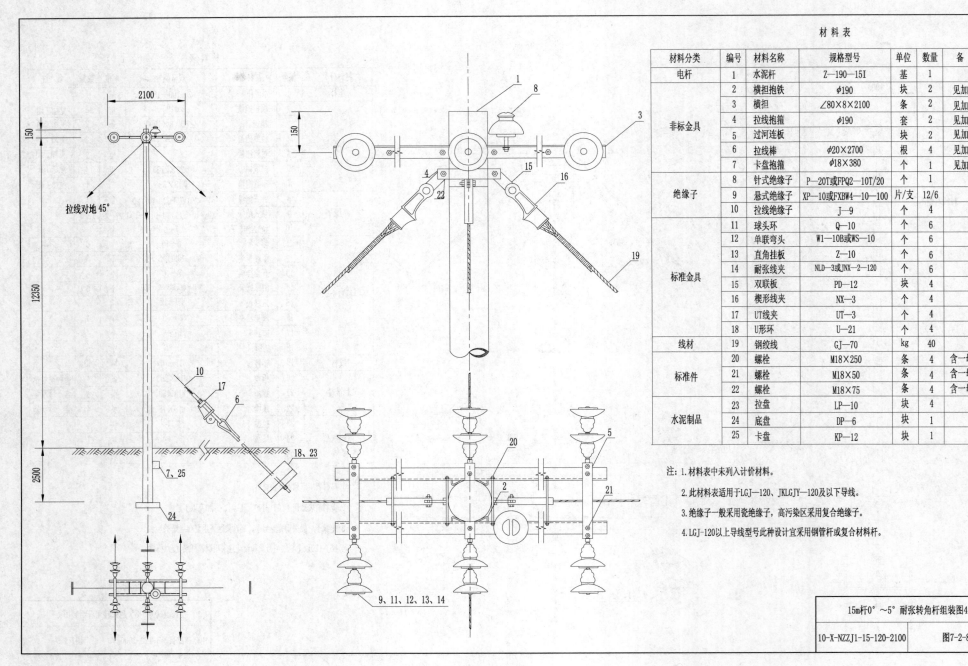

材 料 表						
材料分类	编号	材料名称	规格型号	单位	数量	备注
电杆	1	水泥杆	Z—190—15I	基	1	
非标金具	2	横担抱铁	φ190	块	2	见加工图
	3	横担	∠80×8×2100	条	2	见加工图
	4	拉线抱箍	φ190	套	2	见加工图
	5	过河连板		块	2	见加工图
	6	拉线棒	φ20×2700	根	4	见加工图
	7	卡盘抱箍	φ18×380	个	1	见加工图
绝缘子	8	针式绝缘子	P—20T或FPQ2—10T/20	个	1	
	9	悬式绝缘子	XP—10或FXBW4—10—100	片/支	12/6	
	10	拉线绝缘子	J—9	个	4	
标准金具	11	球头环	Q—10	个	6	
	12	单联弯头	W1—10B或WS—10	个	6	
	13	直角挂板	Z—10	个	6	
	14	耐张线夹	NLD—3或JNX—2—120	个	6	
	15	双联板	PD—12	块	4	
	16	楔形线夹	NX—3	个	4	
	17	UT线夹	UT—3	个	4	
	18	U形环	U—21	个	4	
线材	19	钢绞线	GJ—70	kg	40	
标准件	20	螺栓	M18×250	条	4	含一母双垫
	21	螺栓	M18×50	条	4	含一母双垫
	22	螺栓	M18×75	条	4	含一母双垫
水泥制品	23	拉盘	LP—10	块	4	
	24	底盘	DP—6	块	1	
	25	卡盘	KP—12	块	1	

注: 1.材料表中未列入计价材料。

2.此材料表适用于LGJ—120、JKLGJY—120及以下导线。

3.绝缘子一般采用瓷绝缘子,高污染区采用复合绝缘子。

4.LGJ—120以上导线型号此种设计宜采用钢管杆或复合材料杆。

拉线对地45°

2100

150

150

12350

2500

15m杆0°～5°耐张转角杆组装图4	
10-X-NZZJ1-15-120-2100	图7-2-8

9、11、12、13、14

第三节 NJ25°～45°耐张转角杆型图

25°～45°耐张转角杆型图集清册

图序	图 号	图 名	图序	图 号	图 名
图 7-3-1	10-X-NZZJ2-12-70-1900	12m 杆 25°～45°耐张转角杆组装图 1	图 7-3-5	10-X-NZZJ2-15-70-1900	15m 杆 25°～45°耐张转角杆组装图 1
图 7-3-2	10-X-NZZJ2-12-70-2100	12m 杆 25°～45°耐张转角杆组装图 2	图 7-3-6	10-X-NZZJ2-15-70-2100	15m 杆 25°～45°耐张转角杆组装图 2
图 7-3-3	10-X-NZZJ2-12-120-1900	12m 杆 25°～45°耐张转角杆组装图 3	图 7-3-7	10-X-NZZJ2-15-120-1900	15m 杆 25°～45°耐张转角杆组装图 3
图 7-3-4	10-X-NZZJ2-12-120-2100	12m 杆 25°～45°耐张转角杆组装图 4	图 7-3-8	10-X-NZZJ2-15-120-2100	15m 杆 25°～45°耐张转角杆组装图 4

一、12m

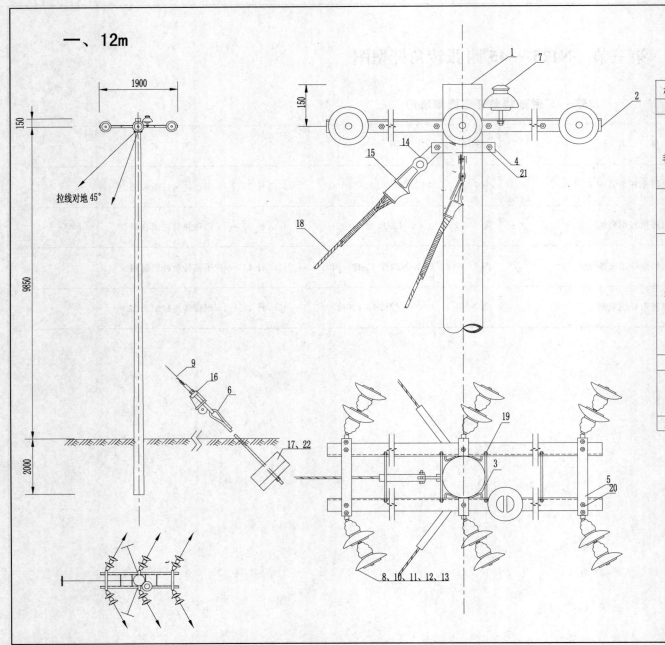

1900

150

150

9850

2000

拉线对地45°

材 料 表

材料分类	编号	材料名称	规格型号	单位	数量	备 注
电杆	1	水泥杆	Z—190—12I	基	1	
非标金具	2	横担	∠75×8×1900	条	2	见加工图
	3	横担抱铁	φ190	块	2	见加工图
	4	拉线抱箍	φ190	套	2	见加工图
	5	过河连板		块	2	见加工图
	6	拉线棒	φ18×2700	根	3	见加工图
绝缘子	7	针式绝缘子	P—20T或FPQ2—10T/20	个	1	
	8	悬式绝缘子	XP—10 或FXBW4—10—100	片/支	12/6	
	9	拉线绝缘子	J—9	个	3	
标准金具	10	球头环	Q—7	个	6	
	11	单联弯头	W1—7B或WS—7	个	6	
	12	直角挂板	Z—7	个	6	
	13	耐张线夹	NLD—2或JNX—2—70	个	6	
	14	双联板	PD—12	块	3	
	15	楔形线夹	NX—2	个	3	
	16	UT线夹	UT—2	个	3	
	17	U形环	U—21	个	3	
线材	18	钢绞线	GJ—50	kg	24	
标准件	19	螺栓	M16×250	条	4	含一母双垫
	20	螺栓	M16×50	条	4	含一母双垫
	21	螺栓	M16×75	条	4	含一母双垫
水泥制品	22	拉盘	LP—8	块	3	

注: 1.材料表中未列入计价材料。

2.此材料表适用于LGJ—70、JKLGYJ—70及以下导线。

3.绝缘子一般采用瓷绝缘子, 高污染区采用复合绝缘子。

12m杆25°～45°耐张转角杆组装图1	
10-X-NZZJ2-12-70-1900	图7-3-1

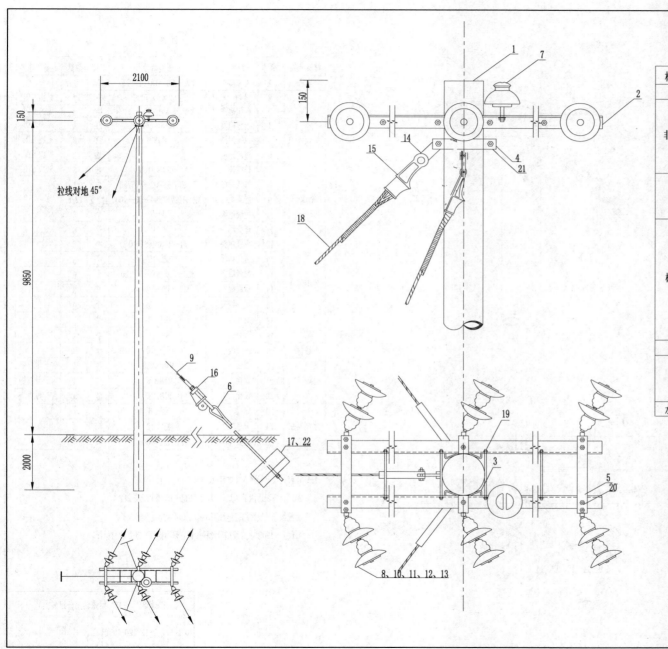

材 料 表

材料分类	编号	材料名称	规格型号	单位	数量	备 注
电杆	1	水泥杆	Z—190—12I	基	1	
非标金具	2	横担	∠75×8×2100	条	2	见加工图
	3	横担抱铁	φ190	块	2	见加工图
	4	拉线抱箍	φ190	套	2	见加工图
	5	过河连板		块	2	见加工图
	6	拉线棒	φ18×2700	根	3	见加工图
绝缘子	7	针式绝缘子	P—20T或FPQ2—10T/20	个	1	
	8	悬式绝缘子	XP—10 或FXBW4—10—100	片/支	12/6	
	9	拉线绝缘子	J—9	个	3	
标准金具	10	球头环	Q—7	个	6	
	11	单联弯头	W1—7B或WS—7	个	6	
	12	直角挂板	Z—7	个	6	
	13	耐张线夹	NLD—2或JNX—2—70	个	6	
	14	双联板	PD—12	块	3	
	15	楔形线夹	NX—2	个	3	
	16	UT线夹	UT—2	个	3	
	17	U形环	U—21	个	3	
线材	18	钢绞线	GJ—50	kg	24	
标准件	19	螺栓	M16×250	条	4	含一母双垫
	20	螺栓	M16×50	条	4	含一母双垫
	21	螺栓	M16×75	条	4	含一母双垫
水泥制品	22	拉盘	LP—8	块	3	

注: 1. 材料表中未列入计价材料。

2. 此材料表适用于LGJ—70、JKLGYJ—70及以下导线。

3. 绝缘子一般采用瓷绝缘子, 高污染区采用复合绝缘子。

12m杆25°～45° 耐张转角杆组装图2	
10-X-NZZJ2-12-70-2100	图7-3-2

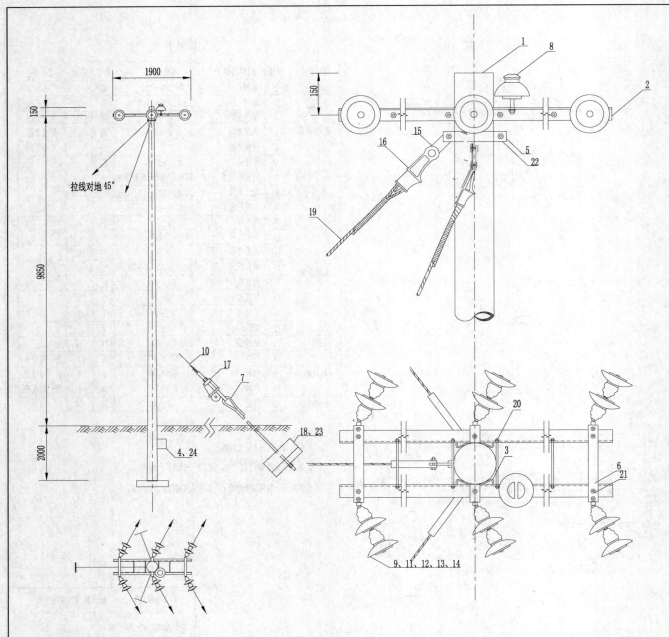

材料表

材料分类	编号	材料名称	规格型号	单位	数量	备注
电杆	1	水泥杆	Z—190—12/1414G	基	1	
非标金具	2	横担	∠80×8×1900	条	2	见加工图
	3	横担抱铁	φ190	块	2	见加工图
	4	卡盘抱箍	φ18×340	付	1	见加工图
	5	拉线抱箍	φ190	套	2	见加工图
	6	过河连板		块	2	见加工图
	7	拉线棒	φ20×3100	根	3	见加工图
绝缘子	8	针式绝缘子	P—20T或FPQ2—10T/20	个	1	
	9	悬式绝缘子	XP—10或FXBW4—10—100	片/支	12/6	
	10	拉线绝缘子	J—9	个	3	
标准金具	11	球头环	Q—10	个	6	
	12	单联弯头	W1—10B或WS—10	个	6	
	13	直角挂板	Z—10	个	6	
	14	耐张线夹	NLD—3或JNX—2—120	个	6	
	15	双联板	PD—12	块	3	
	16	楔形线夹	LX—3	个	9	
	17	UT线夹	UT—3	个	3	
	18	U形环	U—21	个	3	
线材	19	钢绞线	GJ—70	kg	30	
标准件	20	螺栓	M18×250	条	4	含一母双垫
	21	螺栓	M18×50	条	4	含一母双垫
	22	螺栓	M18×75	条	4	含一母双垫
水泥制品	23	底盘	DP—6	块	1	
	24	卡盘	KP—12	块	1	
	25	拉盘	LP—10	块	3	

注: 1. 材料表中未列入计价材料。

2. 此材料表适用于LGJ—120、JKLGYJ—120及以下导线。

3. 绝缘子一般采用瓷绝缘子, 高污染区采用复合绝缘子。

4. LGJ—120以上导线型号此种设计宜采用钢管杆或复合材料杆。

12m杆25°～45°耐张转角杆组装图3	
10-X-NZZJ2-12-120-1900	图7-3-3

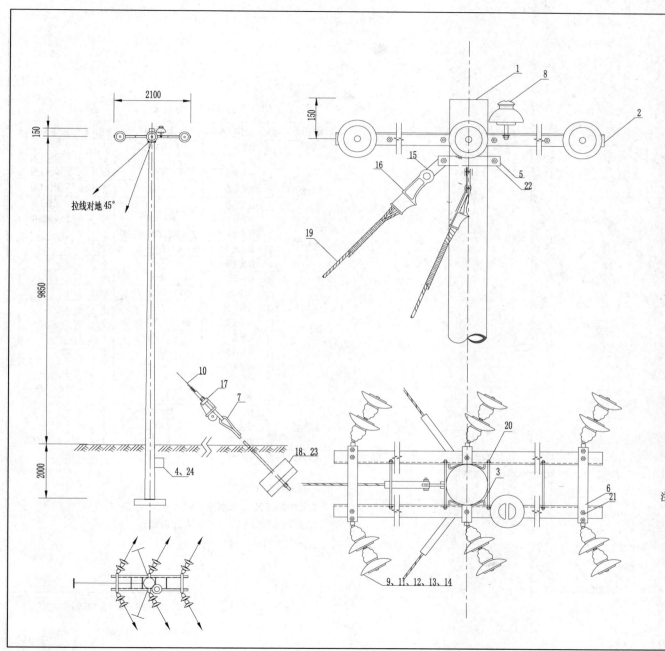

材 料 表

材料分类	编号	材料名称	规格型号	单位	数量	备注
电杆	1	水泥杆	Z—190—12/1414G	基	1	
非标金具	2	横担	∠80×8×2100	条	2	见加工图
	3	横担抱铁	φ190	块	2	见加工图
	4	卡盘抱箍	φ18×340	付	1	见加工图
	5	拉线抱箍	φ190	套	2	见加工图
	6	过河连板		块	2	见加工图
	7	拉线棒	φ20×3100	根	3	见加工图
绝缘子	8	针式绝缘子	P—20T或FPQ2—10T/20	个	1	
	9	悬式绝缘子	XP—10或FXBW4—10—100	片/支	12/6	
	10	拉线绝缘子	J—9	个	3	
标准金具	11	球头环	Q—10	个	6	
	12	单联弯头	W1—10B或WS—10	个	6	
	13	直角挂板	Z—10	个	6	
	14	耐张线夹	NLD—3或JNX—2—120	个	6	
	15	双联板	PD—12	块	3	
	16	楔形线夹	LX—3	个	9	
	17	UT线夹	UT—3	个	3	
	18	U形环	U—21	个	3	
线材	19	钢绞线	GJ—70	kg	30	
标准件	20	螺栓	M18×250	条	4	含一母双垫
	21	螺栓	M18×50	条	4	含一母双垫
	22	螺栓	M18×75	条	4	含一母双垫
水泥制品	23	底盘	DP—6	块	1	
	24	卡盘	KP—12	块	1	
	25	拉盘	LP—10	块	3	

注：1. 材料表中未列入计价材料。

2. 此材料表适用于LGJ—120、JKLGYJ—120及以下导线。

3. 绝缘子一般采用瓷绝缘子，高污染区采用复合绝缘子。

4. LGJ—120以上导线型号此种设计宜采用钢管杆或复合材料杆。

12m杆25°～45°耐张转角杆组装图4

10-X-NZZJ2-12-120-2100　　　图7-3-4

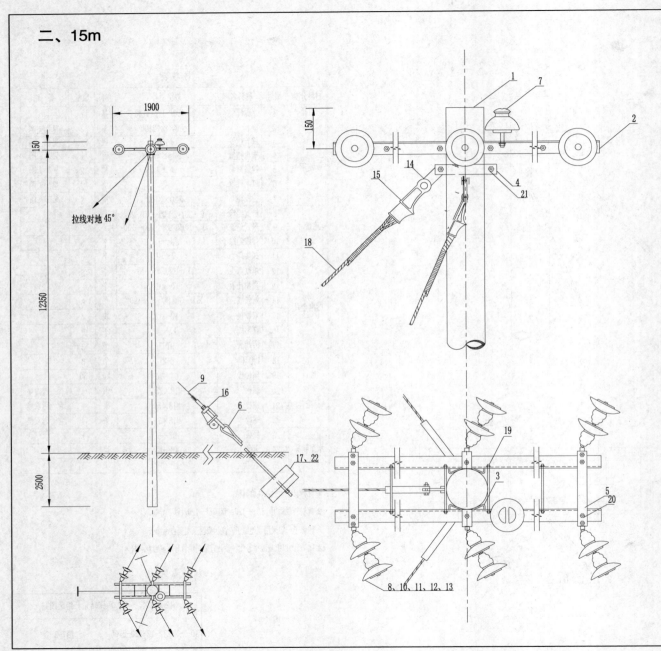

二、15m

材 料 表

材料分类	编号	材料名称	规格型号	单位	数量	备注
电杆	1	水泥杆	Z—190—15I	基	1	
非标金具	2	横担	∠75×8×1900	条	2	见加工图
	3	横担抱铁	φ190	块	2	见加工图
	4	拉线抱箍	φ190	套	2	见加工图
	5	过河连板		块	2	见加工图
	6	拉线棒	φ18×2700	根	3	见加工图
绝缘子	7	针式绝缘子	P—20T或FPQ2—10T/20	个	1	
	8	悬式绝缘子	XP—10或FXBW4—10—100	片/支	12/6	
	9	拉线绝缘子	J—9	个	3	
标准金具	10	球头环	Q—7	个	6	
	11	单联弯头	W1—7B或WS—7	个	6	
	12	直角挂板	Z—7	个	6	
	13	耐张线夹	NLD—2或JNX—2—70	个	6	
	14	双联板	PD—12	块	3	
	15	楔形线夹	NX—2	个	3	
	16	UT线夹	UT—2	个	3	
	17	U形环	U—21	个	3	
线材	18	钢绞线	GJ—50	kg	24	
标准件	19	螺栓	M16×250	条	4	含一母双垫
	20	螺栓	M16×50	条	4	含一母双垫
	21	螺栓	M16×75	条	4	含一母双垫
水泥制品	22	拉盘	LP—8	块	3	

注：1. 材料表中未列入计价材料。

2. 此材料表适用于LGJ—70、JKLGYJ—70及以下导线。

3. 绝缘子一般采用瓷绝缘子，高污染区采用复合绝缘子。

15m杆25°～45°耐张转角杆组装图1

10-X-NZZJ2-15-70-1900　　图7-3-5

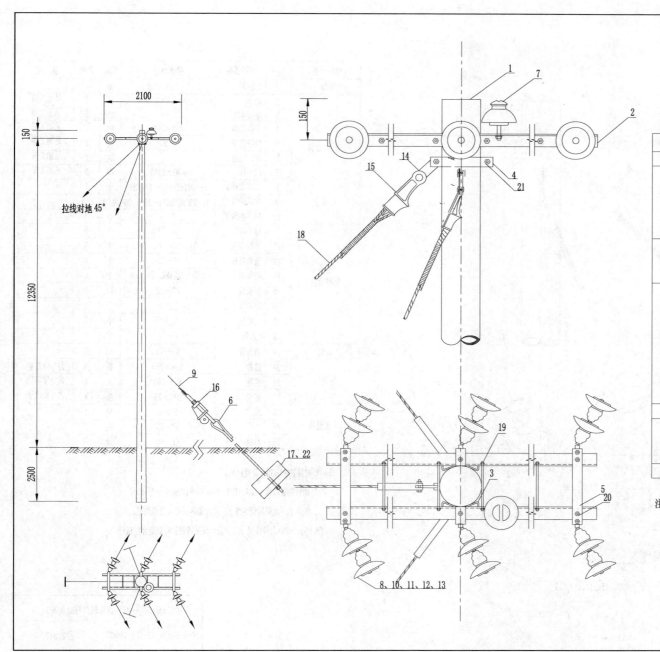

材 料 表

材料分类	编号	材料名称	规格型号	单位	数量	备 注
电杆	1	水泥杆	Z—190—15I	基	1	
非标金具	2	横担	∠75×8×2100	条	2	见加工图
	3	横担抱铁	φ190	块	2	见加工图
	4	拉线抱箍	φ190	套	2	见加工图
	5	过河连板		块	2	见加工图
	6	拉线棒	18×2700	根	3	见加工图
绝缘子	7	针式绝缘子	P—20T或FPQ2—10T/20	个	1	
	8	悬式绝缘子	XP—10或FXBW4—10—100	片/支	12/6	
	9	拉线绝缘子	J—9	个	3	
标准金具	10	球头环	Q—7	个	6	
	11	单联弯头	W1—7B或WS—7	个	6	
	12	直角挂板	Z—7	个	6	
	13	耐张线夹	NLD—2或JNX—2—70	个	6	
	14	双联板	PD—12	块	3	
	15	楔形线夹	NX—2	个	3	
	16	UT线夹	UT—2	个	3	
	17	U形环	U—21	个	3	
线材	18	钢绞线	GJ—50	kg	24	
标准件	19	螺栓	M16×250	条	4	含一母双垫
	20	螺栓	M16×50	条	4	含一母双垫
	21	螺栓	M16×75	条	4	含一母双垫
水泥制品	22	拉盘	LP—8	块	3	

注：1. 材料表中未列入计价材料。

2. 此材料表适用于LGJ—70、JKLGYJ—70及以下导线。

3. 绝缘子一般采用瓷绝缘子，高污染区采用复合绝缘子。

15m杆25°～45° 耐张转角杆组装图2	
10-X-NZZJ2-15-70-2100	图7-3-6

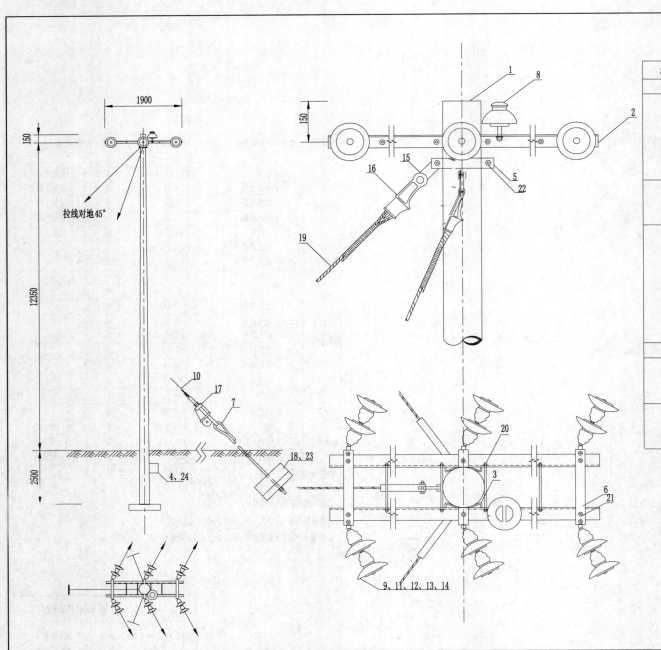

材 料 表

材料分类	编号	材料名称	规格型号	单位	数量	备注
电杆	1	水泥杆	Z—190—15I	基	1	
非标金具	2	横担	∠80×8×1900	条	2	见加工图
	3	横担抱铁	φ190	块	2	见加工图
	4	卡盘抱箍	φ18×370	付	1	见加工图
	5	拉线抱箍	φ190	套	2	见加工图
	6	过河连板		块	2	见加工图
	7	拉线棒	φ20×3100	根	3	见加工图
绝缘子	8	针式绝缘子	P—20T或FPQ2—10T/20	个	1	
	9	悬式绝缘子	XP—10 或FXBW4—10—100	片/支	12/6	
	10	拉线绝缘子	J—9	个	3	
标准金具	11	球头环	Q—10	个	6	
	12	单联弯头	W1—10B或WS—10	个	6	
	13	直角挂板	Z—10	个	6	
	14	耐张线夹	NLD—3或JNX—2—120	个	6	
	15	双联板	PD—12	块	3	
	16	楔形线夹	LX—3	个	9	
	17	UT线夹	UT—3	个	3	
	18	U形环	U—21	个	3	
线材	19	钢绞线	GJ—70	kg	30	
标准件	20	螺栓	M18×250	条	4	含一母双垫
	21	螺栓	M18×50	条	4	含一母双垫
	22	螺栓	M18×75	条	4	含一母双垫
水泥制品	23	底盘	DP—6	块	1	
	24	卡盘	KP—12	块	1	
	25	拉盘	LP—10	块	3	

注：1.材料表中未列入计价材料。

2.此材料表适用于LGJ—120、JKLGYJ—120及以下导线。

3.绝缘子一般采用瓷绝缘子，高污染区采用复合绝缘子。

4.LGJ-120以上导线型号此种设计宜采用钢管杆或复合材料杆。

15m杆25°～45°耐张转角杆组装图3	
10-X-NZZJ2-15-120-1900	图7-3-7

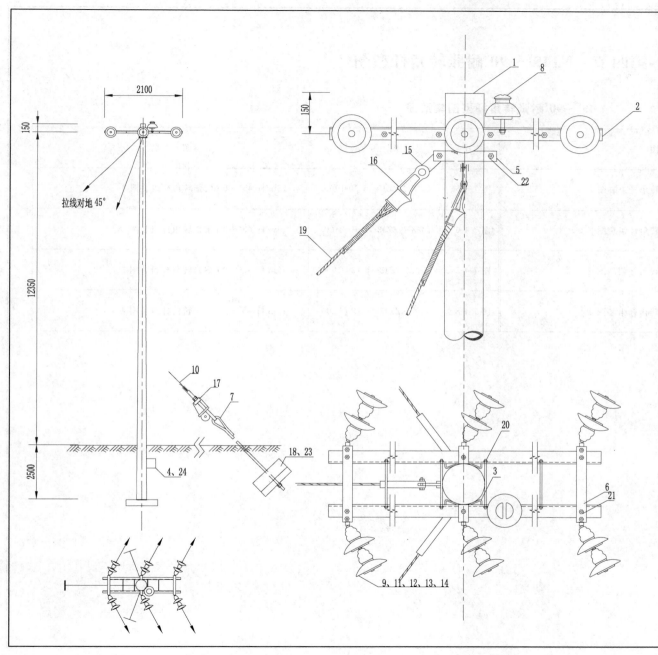

材料表

材料分类	编号	材料名称	规格型号	单位	数量	备 注
电杆	1	水泥杆	Z—190—15I	基	1	
非标金具	2	横担	∠80×8×2100	条	2	见加工图
	3	横担抱铁	φ190	块	2	见加工图
	4	卡盘抱箍	φ18×370	付	1	见加工图
	5	拉线抱箍	φ190	套	2	见加工图
	6	过河连板		块	2	见加工图
	7	拉线棒	φ20×3100	根	3	见加工图
绝缘子	8	针式绝缘子	P—20T或FPQ2—10T/20	个	1	
	9	悬式绝缘子	XP—10或FXBW4—10—100	片/支	12/6	
	10	拉线绝缘子	J—9	个	3	
标准金具	11	球头环	Q—10	个	6	
	12	单联弯头	W1—10B或WS—10	个	6	
	13	直角挂板	Z—10	个	6	
	14	耐张线夹	NLD—3或JNX—2—120	个	6	
	15	双联板	PD—12	块	3	
	16	楔形线夹	LX—3	个	9	
	17	UT线夹	UT—3	个	3	
	18	U形环	U—21	个	3	
线材	19	钢绞线	GJ—70	kg	30	
标准件	20	螺栓	M18×250	条	4	含一母双垫
	21	螺栓	M18×50	条	4	含一母双垫
	22	螺栓	M18×75	条	4	含一母双垫
水泥制品	23	底盘	DP—6	块	1	
	24	卡盘	KP—12	块	1	
	25	拉盘	LP—10	块	3	

注：1.材料表中未列入计价材料。

2.此材料表适用于LGJ—120、JKLGYJ—120及以下导线。

3.绝缘子一般采用瓷绝缘子，高污染区采用复合绝缘子。

4.LGJ-120以上导线型号此种设计宜采用钢管杆或复合材料杆。

15m杆25°～45°耐张转角杆组装图4

10-X-NZZJ2-15-120-2100 　　图7-3-8

第四节 NJ45°~90°耐张转角杆型图

45°~90°耐张转角杆型图集清册

图序	图号	图名	图序	图号	图名
图 7-4-1	10-X-NZZJ3-12-70-1900	12m杆 45°~90°耐张转角杆组装图1	图 7-4-5	10-X-NZZJ3-15-70-1900	15m杆 45°~90°耐张转角杆组装图1
图 7-4-2	10-X-NZZJ3-12-70-2100	12m杆 45°~90°耐张转角杆组装图2	图 7-4-6	10-X-NZZJ3-15-70-2100	15m杆 45°~90°耐张转角杆组装图2
图 7-4-3	10-X-NZZJ3-12-120-1900	12m杆 45°~90°耐张转角杆组装图3	图 7-4-7	10-X-NZZJ3-15-120-1900	15m杆 45°~90°耐张转角杆组装图3
图 7-4-4	10-X-NZZJ3-12-120-2100	12m杆 45°~90°耐张转角杆组装图4	图 7-4-8	10-X-NZZJ3-15-120-2100	15m杆 45°~90°耐张转角杆组装图4

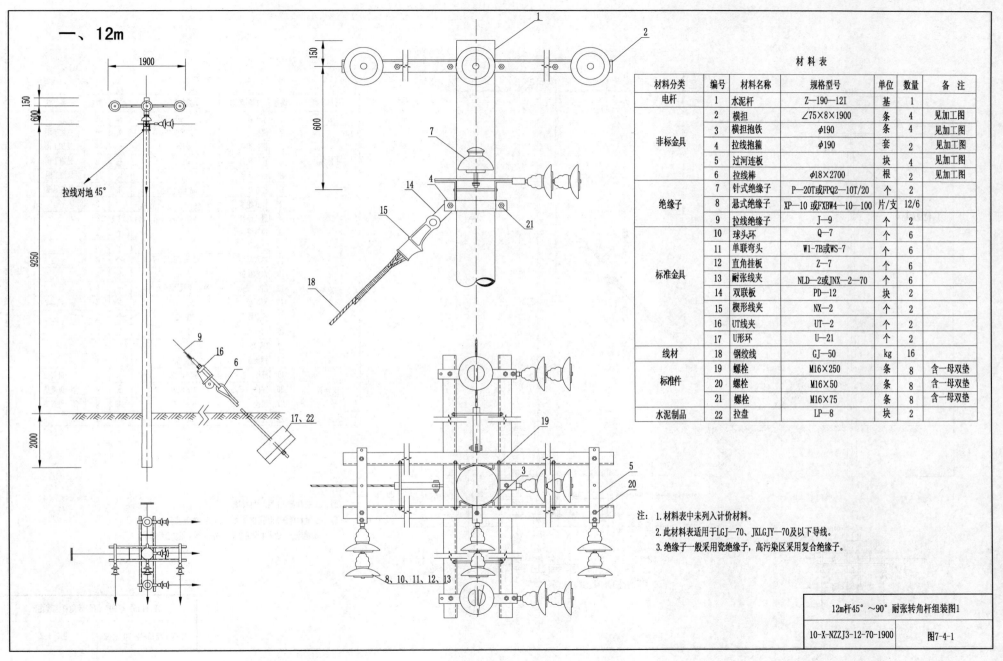

一、12m

材 料 表

材料分类	编号	材料名称	规格型号	单位	数量	备注
电杆	1	水泥杆	Z—190—12I	基	1	
非标金具	2	横担	∠75×8×1900	条	4	见加工图
	3	横担抱铁	φ190	条	4	见加工图
	4	拉线抱箍	φ190	套	2	见加工图
	5	过河连板		块	4	见加工图
	6	拉线棒	φ18×2700	根	2	见加工图
绝缘子	7	针式绝缘子	P—20T或FPQ2—10T/20	个	2	
	8	悬式绝缘子	XP—10 或FXBW4—10—100	片/支	12/6	
	9	拉线绝缘子	J—9	个	2	
标准金具	10	球头环	Q—7	个	6	
	11	单联弯头	W1-7B或WS-7	个	6	
	12	直角挂板	Z—7	个	6	
	13	耐张线夹	NLD—2或JNX—2—70	个	6	
	14	双联板	PD—12	块	2	
	15	楔形线夹	NX—2	个	2	
	16	UT线夹	UT—2	个	2	
	17	U形环	U—21	个	2	
线材	18	钢绞线	GJ—50	kg	16	
标准件	19	螺栓	M16×250	条	8	含一母双垫
	20	螺栓	M16×50	条	8	含一母双垫
	21	螺栓	M16×75	条	8	含一母双垫
水泥制品	22	拉盘	LP—8	块	2	

注：1. 材料表中未列入计价材料。
　　2. 此材料表适用于LGJ—70、JKLGJY—70及以下导线。
　　3. 绝缘子一般采用瓷绝缘子，高污染区采用复合绝缘子。

拉线对地45°

12m杆45°～90°耐张转角杆组装图1	
10-X-NZZJ3-12-70-1900	图7-4-1

— 235 —

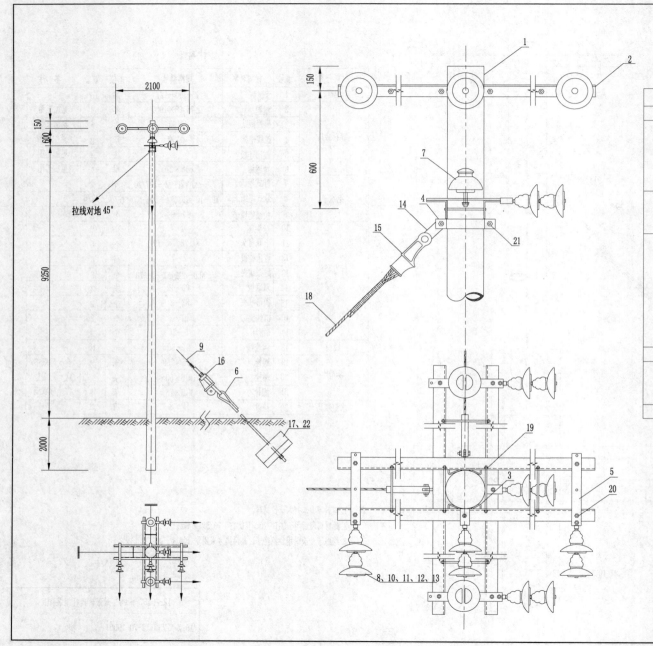

材料表

材料分类	编号	材料名称	规格型号	单位	数量	备 注
电杆	1	水泥杆	Z—190—12I	基	1	
非标金具	2	横担	∠75×8×2100	条	4	见加工图
	3	横担抱铁	φ190	条	4	见加工图
	4	拉线抱箍	φ190	套	2	见加工图
	5	过河连板		块	4	见加工图
	6	拉线棒	φ18×2700	根	2	见加工图
绝缘子	7	针式绝缘子	P—20T或FPQ2—10T/20	个	2	
	8	悬式绝缘子	XP—10或FXBW4—10—100	片/支	12/6	
	9	拉线绝缘子	J—9	个	2	
标准金具	10	球头环	Q—7	个	6	
	11	单联弯头	W1—7B或WS—7	个	6	
	12	直角挂板	Z—7	个	6	
	13	耐张线夹	NLD—2或JNX—2—70	个	6	
	14	双联板	PD—12	块	2	
	15	楔形线夹	NX—2	个	2	
	16	UT线夹	UT—2	个	2	
	17	U形环	U—21	个	2	
线材	18	钢绞线	GJ—50	kg	16	
标准件	19	螺栓	M16×250	条	8	含一母双垫
	20	螺栓	M16×50	条	8	含一母双垫
	21	螺栓	M16×75	条	8	含一母双垫
水泥制品	22	拉盘	LP—8	块	2	

注: 1. 材料表中未列入计价材料。

2. 此材料表适用于LGJ—70、JKLGJY—70及以下导线。

3. 绝缘子一般采用瓷绝缘子,高污染区采用复合绝缘子。

12m杆45°～90°耐张转角杆组装图2	
10-X-NZZJ3-12-70-2100	图7-4-2

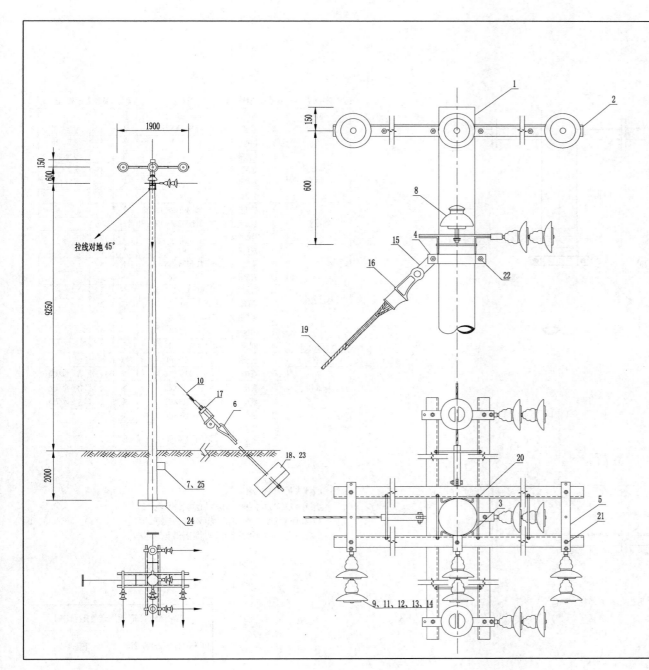

材 料 表

材料分类	编号	材料名称	规格型号	单位	数量	备 注
电杆	1	水泥杆	Z—190—12I	基	1	
非标金具	2	横担	∠80×8×1900	条	4	见加工图
	3	横担抱铁	φ190	条	4	见加工图
	4	拉线抱箍	φ190	套	2	见加工图
	5	过河连板		块	4	见加工图
	6	拉线棒	φ20×3100	根	2	见加工图
	7	卡盘抱箍	φ18×340	个	1	
绝缘子	8	针式绝缘子	P—20T或FPQ2—10T/20	个	2	
	9	悬式绝缘子	XP—10或FXBW4—10—100	片/支	12/6	
	10	拉线绝缘子	J—9	个	2	
标准金具	11	球头环	Q—10	个	6	
	12	单联弯头	W1—10B或WS—10	个	6	
	13	直角挂板	Z—10	个	6	
	14	耐张线夹	NLD—3或JNX—2—120	个	6	
	15	双联板	PD—12	块	2	
	16	楔形线夹	NX—3	个	2	
	17	UT线夹	UT—3	个	2	
	18	U形环	U—21	个	2	
线材	19	钢绞线	GJ—70	kg	20	
标准件	20	螺栓	M18×250	条	8	含一母双垫
	21	螺栓	M18×50	条	8	含一母双垫
	22	螺栓	M18×75	条	8	含一母双垫
水泥制品	23	拉盘	LP—10	块	2	
	24	底盘	DP—6	块	1	
	25	卡盘	KP—12	块	1	

注: 1. 材料表中未列入计价材料。

2. 此材料表适用于LGJ—120、JKLGJY—120及以下导线。

3. 绝缘子一般采用瓷绝缘子,高污染区采用复合绝缘子。

4. LGJ—120以上导线型号此种设计宜采用钢管杆或复合材料杆。

12m杆45°～90°耐张转角杆组装图3	
10-X-NZZJ3-12-120-1900	图7-4-3

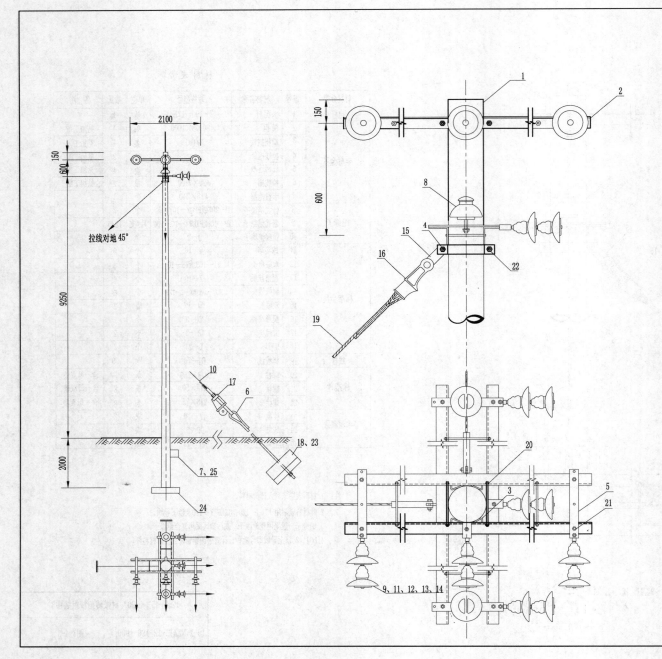

材 料 表

材料分类	编号	材料名称	规格型号	单位	数量	备注
电杆	1	水泥杆	Z—190—12I	基	1	
非标金具	2	横担	∠80×8×2100	条	4	见加工图
	3	横担抱铁	φ190	条	4	见加工图
	4	拉线抱箍	φ190	套	2	见加工图
	5	过河连板		块	4	见加工图
	6	拉线棒	φ20×3100	根	2	见加工图
	7	卡盘抱箍	φ18×340	个	1	
绝缘子	8	针式绝缘子	P—20T或FPQ2—10T/20	个	2	
	9	悬式绝缘子	XP—10或FXBW4—10—100	片/支	12/6	
	10	拉线绝缘子	J—9	个	2	
标准金具	11	球头环	Q—10	个	6	
	12	单联弯头	W1—10B或WS—10	个	6	
	13	直角挂板	Z—10	个	6	
	14	耐张线夹	NLD—3或JNX—2—120	个	6	
	15	双联板	PD—12	块	2	
	16	楔形线夹	NX—3	个	2	
	17	UT线夹	UT—3	个	2	
	18	U形环	U—21	个	2	
线材	19	钢绞线	GJ—70	kg	20	
标准件	20	螺栓	M18×250	条	8	含一母双垫
	21	螺栓	M18×50	条	8	含一母双垫
	22	螺栓	M18×75	条	8	含一母双垫
水泥制品	23	拉盘	LP—10	块	2	
	24	底盘	DP—6	块	1	
	25	卡盘	KP—12	块	1	

注: 1.材料表中未列入计价材料。

2.此材料表适用于LGJ—120、JKLGJY—120及以下导线。

3.绝缘子一般采用瓷绝缘子, 高污染区采用复合绝缘子。

4.LGJ—120以上导线型号此种设计宜采用钢管杆或复合材料杆。

12m杆45°～90° 耐张转角杆组装图4

10-X-NZZJ3-12-120-2100

图7-4-4

二、15m

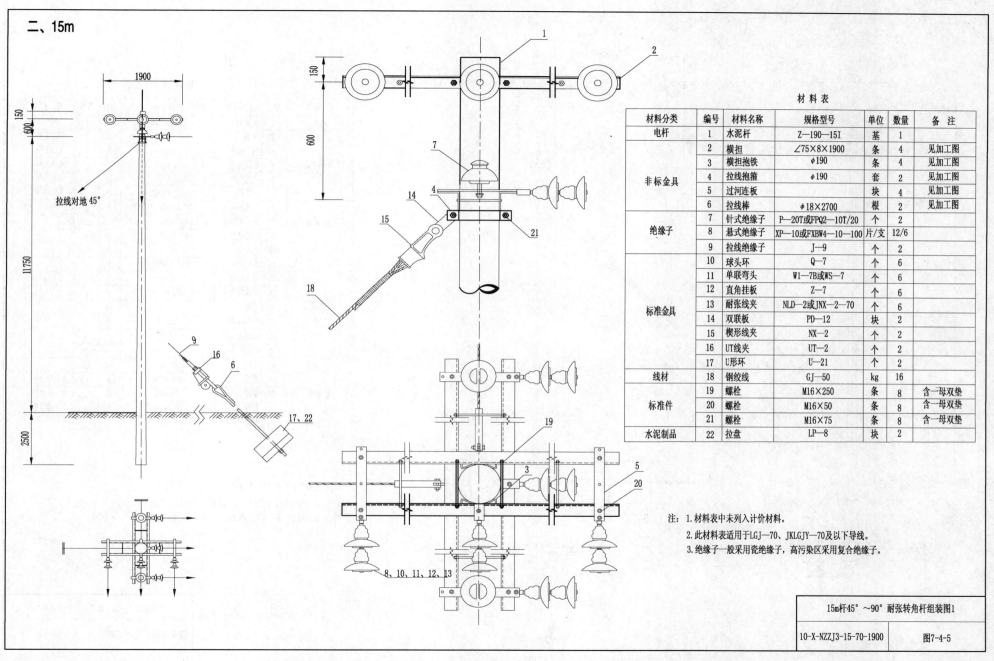

材 料 表

材料分类	编号	材料名称	规格型号	单位	数量	备注
电杆	1	水泥杆	Z—190—15I	基	1	
非标金具	2	横担	∠75×8×1900	条	4	见加工图
	3	横担抱铁	φ190	条	4	见加工图
	4	拉线抱箍	φ190	套	2	见加工图
	5	过河连板		块	4	见加工图
	6	拉线棒	φ18×2700	根	2	见加工图
绝缘子	7	针式绝缘子	P—20T或FPQ2—10T/20	个	2	
	8	悬式绝缘子	XP—10或FXBW4—10—100	片/支	12/6	
	9	拉线绝缘子	J—9	个	2	
标准金具	10	球头环	Q—7	个	6	
	11	单联弯头	W1—7B或WS—7	个	6	
	12	直角挂板	Z—7	个	6	
	13	耐张线夹	NLD—2或JNX—2—70	个	6	
	14	双联板	PD—12	块	2	
	15	楔形线夹	NX—2	个	2	
	16	UT线夹	UT—2	个	2	
	17	U形环	U—21	个	2	
线材	18	钢绞线	GJ—50	kg	16	
标准件	19	螺栓	M16×250	条	8	含一母双垫
	20	螺栓	M16×50	条	8	含一母双垫
	21	螺栓	M16×75	条	8	含一母双垫
水泥制品	22	拉盘	LP—8	块	2	

注：1.材料表中未列入计价材料。

2.此材料表适用于LGJ—70、JKLGJY—70及以下导线。

3.绝缘子一般采用瓷绝缘子，高污染区采用复合绝缘子。

15m杆45°～90°耐张转角杆组装图1	
10-X-NZZJ3-15-70-1900	图7-4-5

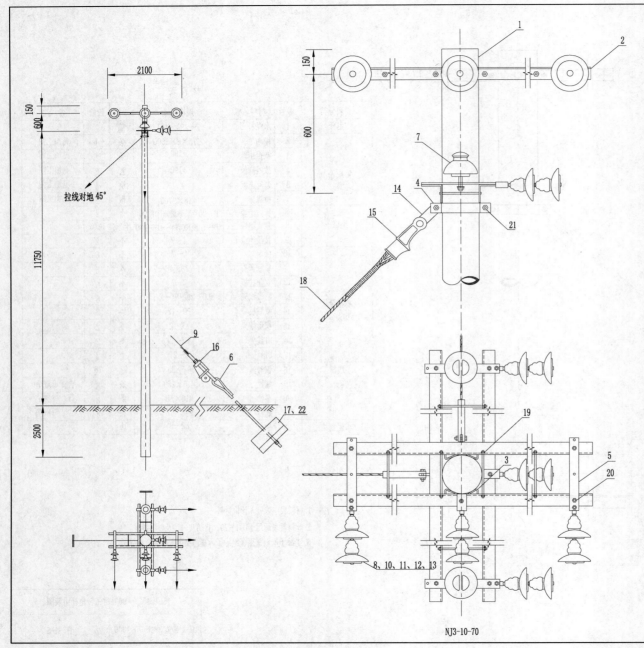

材 料 表

材料分类	编号	材料名称	规格型号	单位	数量	备 注
电杆	1	水泥杆	Z—190—15I	基	1	
非标金具	2	横担	∠75×8×2100	条	4	见加工图
	3	横担抱铁	φ190	条	4	见加工图
	4	拉线抱箍	φ190	套	2	见加工图
	5	过河连板		块	4	见加工图
	6	拉线棒	φ18×2700	根	2	见加工图
绝缘子	7	针式绝缘子	P—20T或FPQ2—10T/20	个	2	
	8	悬式绝缘子	XP—10或FXBW4—10—100	片/支	12/6	
	9	拉线绝缘子	J—9	个	2	
标准金具	10	球头环	Q—7	个	6	
	11	单联弯头	W1—7B或WS—7	个	6	
	12	直角挂板	Z—7	个	6	
	13	耐张线夹	NLD—2或JNX—2—70	个	6	
	14	双联板	PD—12	块	2	
	15	楔形线夹	NX—2	个	2	
	16	UT线夹	UT—Z	个	2	
	17	U形环	U—21	个	2	
线材	18	钢绞线	GJ—50	kg	16	
标准件	19	螺栓	M16×250	条	8	含一母双垫
	20	螺栓	M16×50	条	8	含一母双垫
	21	螺栓	M16×75	条	8	含一母双垫
水泥制品	22	拉盘	LP—8	块	2	

注：1. 材料表中未列入计价材料。

2. 此材料表适用于LGJ—70、JKLGJY—70及以下导线。

3. 绝缘子一般采用瓷绝缘子，高污染区采用复合绝缘子。

NJ3-10-70

15m杆45°～90°耐张转角杆组装图2

10-X-NZZJ3-15-70-2100　图7-4-6

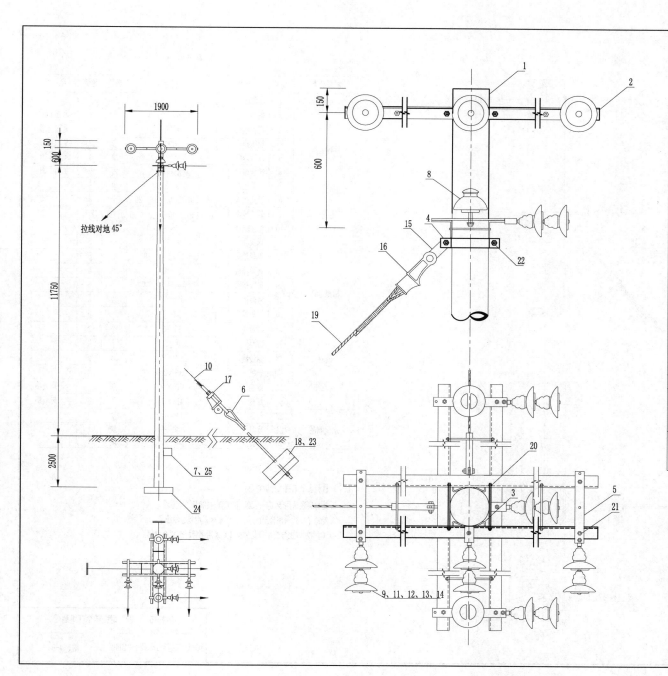

材 料 表

材料分类	编号	材料名称	规格型号	单位	数量	备 注
电杆	1	水泥杆	Z—190—15I	基	1	
非标金具	2	横担	∠80×8×1900	条	4	见加工图
	3	横担抱铁	φ190	条	4	见加工图
	4	拉线抱箍	φ190	套	2	见加工图
	5	过河连板		块	4	见加工图
	6	拉线棒	φ20×3100	根	2	见加工图
	7	卡盘抱箍	φ18×370	个	1	
绝缘子	8	针式绝缘子	P—20T或FPQ2—10T/20	个	2	
	9	悬式绝缘子	XP—10或FXBW4—10—100	片/支	12/6	
	10	拉线绝缘子	J—9	个	2	
标准金具	11	球头环	Q—10	个	6	
	12	单联弯头	W1—10B或WS—10	个	6	
	13	直角挂板	Z—10	个	6	
	14	耐张线夹	NLD—3或JNX—2—120	个	6	
	15	双联板	PD—12	块	2	
	16	楔形线夹	NX—3	个	2	
	17	UT线夹	UT—3	个	2	
	18	U形环	U—21	个	2	
线材	19	钢绞线	GJ—70	kg	20	
标准件	20	螺栓	M18×250	条	8	含一母双垫
	21	螺栓	M18×50	条	8	含一母双垫
	22	螺栓	M18×75	条	8	含一母双垫
水泥制品	23	拉盘	LP—10	块	2	
	24	底盘	DP—6	块	1	
	25	卡盘	KP—12	块	1	

注: 1. 材料表中未列入计价材料。

2. 此材料表适用于LGJ—120、JKLGJY—120及以下导线。

3. 绝缘子一般采用瓷绝缘子，高污染区采用复合绝缘子。

4. LGJ—120以上导线型号此种设计宜采用钢管杆或复合材料杆。

15m杆45°～90°耐张转角杆组装图3	
10-X-NZZJ3-15-120-1900	图7-4-7

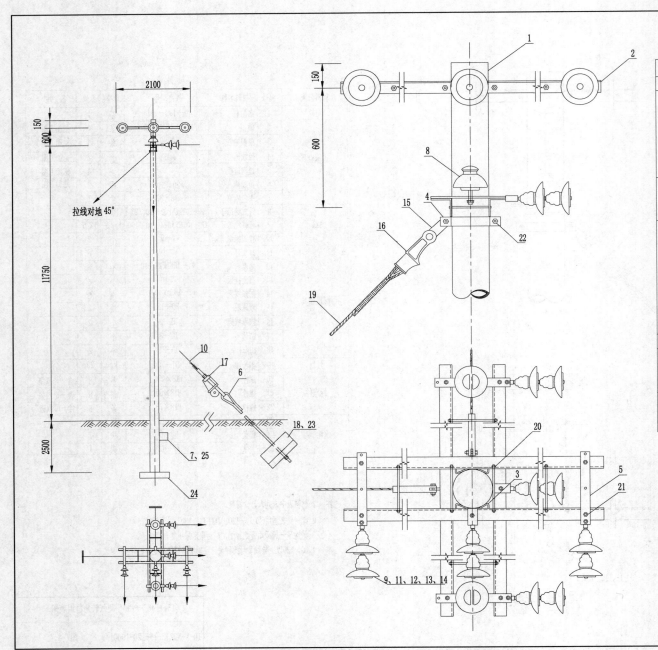

材 料 表

材料分类	编号	材料名称	规格型号	单位	数量	备注
电杆	1	水泥杆	Z—190—15I	基	1	
非标金具	2	横担	∠80×8×2100	条	4	见加工图
	3	横担抱铁	φ190	条	4	见加工图
	4	拉线抱箍	φ190	套	2	见加工图
	5	过河连板		块	4	见加工图
	6	拉线棒	φ20×3100	根	2	见加工图
	7	卡盘抱箍	φ18×370	个	1	
绝缘子	8	针式绝缘子	P—20T或FPQ2—10T/20	个	2	
	9	悬式绝缘子	XP—10 或FXBW4—10—100	片/支	12/6	
	10	拉线绝缘子	J—9	个	2	
标准金具	11	球头环	Q—10	个	6	
	12	单联弯头	W1—10B或WS—10	个	6	
	13	直角挂板	Z—10	个	6	
	14	耐张线夹	NLD—3或JNX—2—120	个	6	
	15	双联板	PD—12	块	2	
	16	楔形线夹	NX—3	个	2	
	17	UT线夹	UT—3	个	2	
	18	U形环	U—21	个	2	
线材	19	钢绞线	GJ—70	kg	20	
标准件	20	螺栓	M18×250	条	8	含一母双垫
	21	螺栓	M18×50	条	8	含一母双垫
	22	螺栓	M18×75	条	8	含一母双垫
水泥制品	23	拉盘	LP—10	块	2	
	24	底盘	DP—6	块	1	
	25	卡盘	KP—12	块	1	

注: 1. 材料表中未列入计价材料。

2. 此材料表适用于LGJ—120、JKLGJY—120及以下导线。

3. 绝缘子一般采用瓷绝缘子, 高污染区采用复合绝缘子。

4. LGJ—120以上导线型号此种设计宜采用钢管杆或复合材料杆。

15m杆45°～90°耐张转角杆组装图4

10-X-NZZJ3-15-120-2100　　图7-4-8

第五节　单杆断路器安装图

单杆断路器安装图集清册

图序	图　号	图　　名	图序	图　号	图　　名
图 7-5-1	10-X-DLQ1-70	10kV 线路分段断路器组装图（70）	图 7-5-3	10-X-DLQ1-240	10kV 线路分段断路器组装图（240）
图 7-5-2	10-X-DLQ1-120	10kV 线路分段断路器组装图（120）			

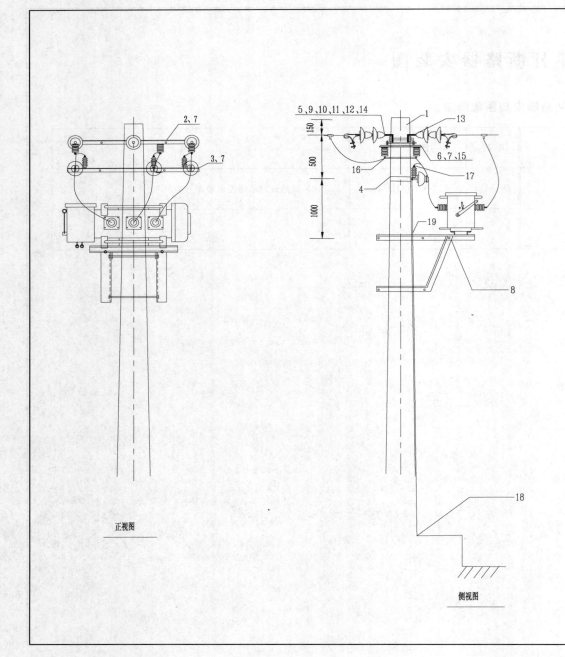

正视图

侧视图

材 料 表

材料分类	编号	材料名称	规格型号	单位	数量	备 注
电杆	1	水泥杆	Z—190—12I Z—190—15I	基	1	
非标金具	2	横担	∠75×8×1900 ∠75×8×2100	条	2	见加工图
	3	横担	∠63×6×1900 ∠63×6×2100	根	1	见加工图
	4	U形抱箍	Φ16×190	付	1	见加工图
	5	过河连板		块	4	见加工图
	6	刀闸横担	∠50×5×400	根	3	见加工图
	7	横担抱铁	Φ190	个	3	见加工图
	8	断路器支架		套	1	见加工图
标准金具	9	球头环	Q—7	个	6	
	10	单联弯头	W1—7B或WS—7	个	6	
	11	直角挂板	Z—7	个	6	
	12	耐张线夹	NLD—2或JNX—2—70	个	6	
标准件	13	螺栓	M16×230(250)	条	8	含一母双垫
	14	螺栓	M16×50	条	8	含一母双垫
	15	螺栓	M16×130	条	6	含一母双垫
其他	16	隔离开关	BGW9—15/630—1250	支	3	
	17	避雷器	HY5WS—17/50	支	3	
	18	接地体	∠50×5×2500	个	1	
	19	绝缘线	JKLYJ—50	m	18	15m杆20m

注：此材料表适用于LGJ—70、JKLGJY—70及以下导线。

10kV线路分段断路器组装图(70)	
10-X-DLQ1-70	图7-5-1

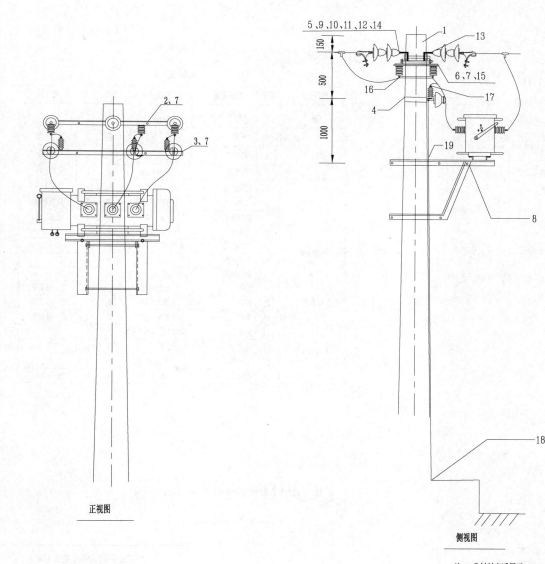

正视图

侧视图

材 料 表

材料分类	编号	材料名称	规格型号	单位	数量	备 注
电杆	1	水泥杆	Z—190—12I Z—190—15I	基	1	
非标金具	2	横担	∠80×8×1900 ∠80×8×2100	条	2	见加工图
	3	横担	∠75×8×1900 ∠75×8×2100	根	1	见加工图
	4	U形抱箍	φ18×190	付	1	见加工图
	5	过河连板		块	4	见加工图
	6	刀闸横担	∠50×5×400	根	3	见加工图
	7	横担抱铁	φ190	个	3	见加工图
	8	断路器支架		套	1	见加工图
标准金具	9	球头环	Q—7	个	6	
	10	单联弯头	W1—7B或WS—7	个	6	
	11	直角挂板	Z—7	个	6	
	12	耐张线夹	NLD—3或JNX—2—120	个	6	
标准件	13	螺栓	M16×250	条	8	含一母双垫
	14	螺栓	M16×50	条	8	含一母双垫
	15	螺栓	M16×130	条	6	含一母双垫
其他	16	隔离开关	HGW9—15/630—1250	支	3	
	17	避雷器	HY5WS—17/50	支	3	
	18	接地体	∠50×5×2500	个	1	
	19	绝缘线	JKLYJ—50	m	18	15m杆20m

注：此材料表适用于LGJ-120、JKLGJY-120及以下导线。

10kV线路分段断路器组装图（120）	
10-X-DLQ1-120	图7-5-2

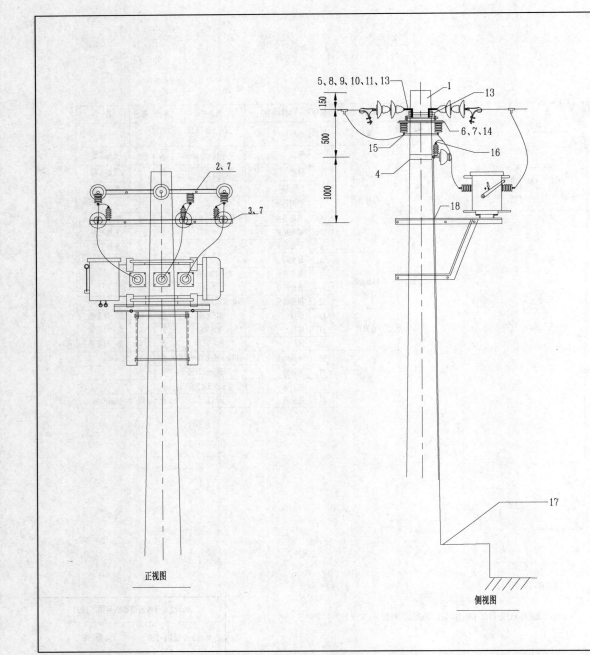

正视图

侧视图

材 料 表

材料分类	编号	材料名称	规格型号	单位	数量	备 注
电杆	1	水泥杆	Z—190—12I Z—190—15I	基	1	
非标金具	2	横担	∠100×10×1900 ∠100×10×2100	条	2	见加工图
	3	横担	∠75×8×1900 ∠75×8×2100	根	1	见加工图
	4	U形抱箍	φ20×190	付	1	见加工图
	5	过河连板		块	2	见加工图
	6	刀闸横担	∠50×5×400	根	3	见加工图
	7	横担抱铁	φ190	个	3	见加工图
标准金具	8	球头环	Q—10	个	6	
	9	单联弯头	W1—10B或WS—10	个	6	
	10	直角挂板	Z—10	个	6	
	11	耐张线夹	NLD—4或JNX—2—240	个	6	
标准件	12	螺栓	M20×250	条	8	含一母双垫
	13	螺栓	M16×50	条	8	含一母双垫
	14	螺栓	M16×130	条	6	含一母双垫
其他	15	隔离开关	HGW9—15/630—1250	支	3	
	16	避雷器	HY5WS—17/50	支	3	
	17	接地体	∠50×5×2500	个	1	
	18	绝缘线	JKLYJ—50	m	18	15m杆20m

注： 此材料表适用于LGJ—240、JKLGJY—240及以下导线。

10kV线路分段断路器组装图（240）

10-X-DLQ1-240   图7-5-3

第六节　电缆终端杆型图

电缆终端杆型图集清册

图序	图　号	图　名	图序	图　号	图　名
图 7-6-1	10-X-D1-12-70-1900	12m 杆起始杆型组装图 1	图 7-6-7	10-X-D1-15-70-1900	15m 杆起始杆型组装图 1
图 7-6-2	10-X-D1-12-70-2100	12m 杆起始杆型组装图 2	图 7-6-8	10-X-D1-15-70-2100	15m 杆起始杆型组装图 2
图 7-6-3	10-X-D1-12-120-1900	12m 杆起始杆型组装图 3	图 7-6-9	10-X-D1-15-120-1900	15m 杆起始杆型组装图 3
图 7-6-4	10-X-D1-12-120-2100	12m 杆起始杆型组装图 4	图 7-6-10	10-X-D1-15-120-2100	15m 杆起始杆型组装图 4
图 7-6-5	10-X-D1-12-240-1900	12m 杆起始杆型组装图 5	图 7-6-11	10-X-D1-15-240-1900	15m 杆起始杆型组装图 5
图 7-6-6	10-X-D1-12-240-2100	12m 杆起始杆型组装图 6	图 7-6-12	10-X-D1-15-240-2100	15m 杆起始杆型组装图 6

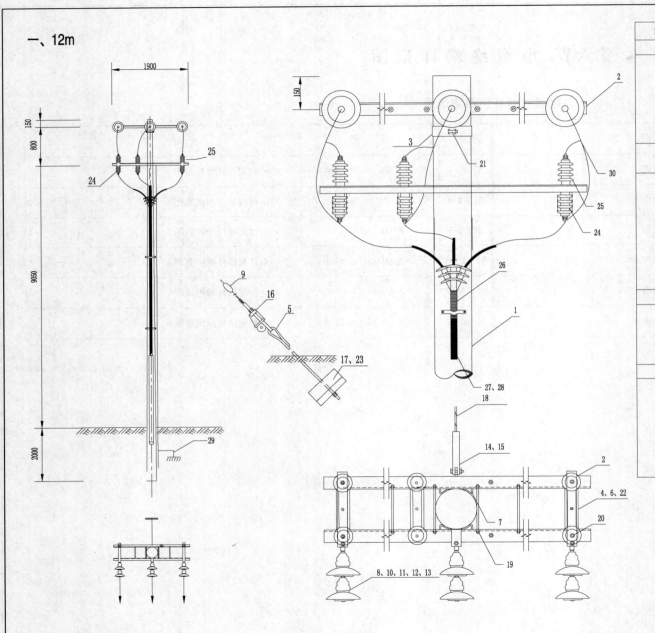

一、12m

材　料　表

材料分类	编号	材料名称	规格型号	单位	数量	备注
电杆	1	水泥杆	Z—190—12I	基	1	
非标金具	2	横担	∠75×8×1900	条	4	见加工图
	3	拉线抱箍	φ190	套	1	见加工图
	4	过河连板		块	2	见加工图
	5	拉线棒	φ18×2700	根	1	见加工图
	6	刀闸横担	∠50×5×400	根	3	见加工图
	7	横担抱铁	φ190	个	4	见加工图
绝缘子	8	悬式绝缘子	XP—10 或FXBW4—10—100	片/支	6/3	
	9	拉线绝缘子	J—9	个	1	
标准金具	10	球头环	Q—7	个	3	
	11	单联弯头	W1—7B或WS—7	个	3	
	12	直角挂板	Z—7	个	3	
	13	耐张线夹	NLD—2或JNX—2—70	个	3	
	14	双联板	PD—12	块	1	
	15	楔形线夹	NX—2	个	1	
	16	UT线夹	UT—2	个	1	
	17	U形环	U—21	个	1	
线材	18	钢绞线	GJ—50	kg	8	
标准件	19	螺栓	M16×230	条	8	含一母双垫
	20	螺栓	M16×50	条	4	含一母双垫
	21	螺栓	M16×75	条	2	含一母双垫
	22	螺栓	M16×130	条	6	含一母双垫
水泥制品	23	拉盘	LP—8	块	1	
其他	24	隔离开关	HGW9—15/630—1250	支	3	
	25	避雷器	HY5WS—17/50	支	3	
	26	电缆头	户外冷缩	套	1	
	27	电缆护管	(φ75～φ125)×3000	根	1	见加工图
	28	电缆支架	12m杆（4组）	套	1	见加工图
	29	接地体	∠50×5×2500	个	1	见加工图
	30	绝缘线	JKLYJ—50	m	18	

注：1. 材料表中未列入计价材料。

2. 此材料表适用于LGJ—70、JKLGYJ—70及以下导线。

3. 根据实际情况确定电缆头及电缆护管数量及型号。

12m杆起始杆型组装图1	
10-X-D1-12-70-1900	图7-6-1

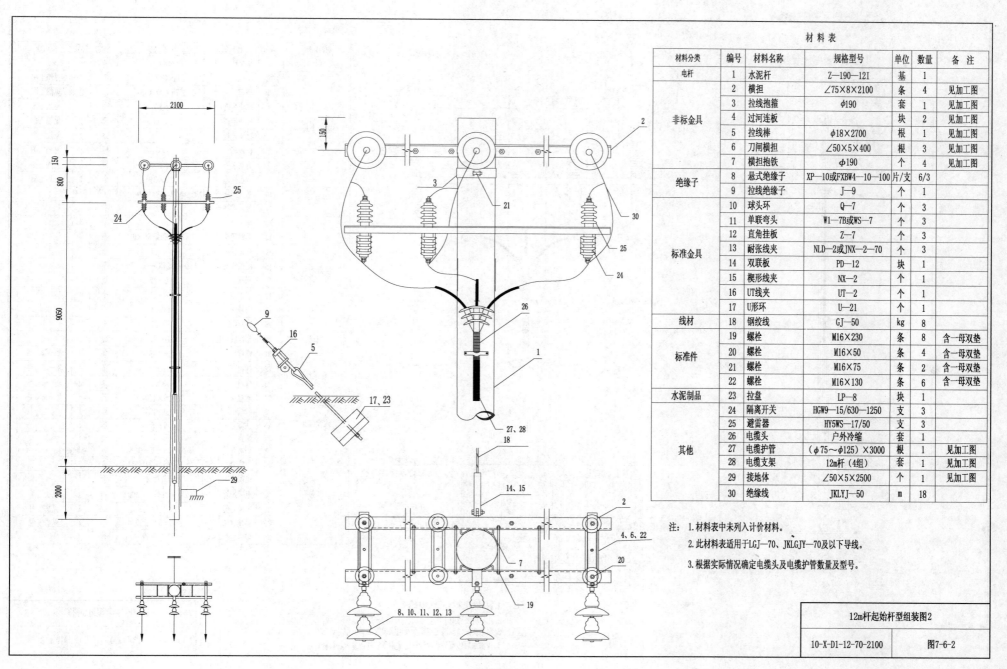

材料表

材料分类	编号	材料名称	规格型号	单位	数量	备注
电杆	1	水泥杆	Z—190—12I	基	1	
非标金具	2	横担	∠75×8×2100	条	4	见加工图
	3	拉线抱箍	φ190	套	1	见加工图
	4	过河连板		块	2	见加工图
	5	拉线棒	φ18×2700	根	1	见加工图
	6	刀闸横担	∠50×5×400	根	3	见加工图
	7	横担抱铁	φ190	个	4	见加工图
绝缘子	8	悬式绝缘子	XP—10或FXBW4—10—100	片/支	6/3	
	9	拉线绝缘子	J—9	个	1	
标准金具	10	球头环	Q—7	个	3	
	11	单联弯头	W1—7B或WS—7	个	3	
	12	直角挂板	Z—7	个	3	
	13	耐张线夹	NLD—2或JNX—2—70	个	3	
	14	双联板	PD—12	块	1	
	15	楔形线夹	NX—2	个	1	
	16	UT线夹	UT—2	个	1	
	17	U形环	U—21	个	1	
线材	18	钢绞线	GJ—50	kg	8	
标准件	19	螺栓	M16×230	条	8	含一母双垫
	20	螺栓	M16×50	条	4	含一母双垫
	21	螺栓	M16×75	条	2	含一母双垫
	22	螺栓	M16×130	条	6	含一母双垫
水泥制品	23	拉盘	LP—8	块	1	
其他	24	隔离开关	HGW9—15/630—1250	支	3	
	25	避雷器	HY5WS—17/50	支	3	
	26	电缆头	户外冷缩	套	1	
	27	电缆护管	(φ75~φ125)×3000	根	1	见加工图
	28	电缆支架	12m杆(4组)	套	1	见加工图
	29	接地体	∠50×5×2500	个	1	见加工图
	30	绝缘线	JKLYJ—50	m	18	

注: 1. 材料表中未列入计价材料。

2. 此材料表适用于LGJ—70、JKLGJY—70及以下导线。

3. 根据实际情况确定电缆头及电缆护管数量及型号。

12m杆起始杆型组装图2

10-X-D1-12-70-2100	图7-6-2

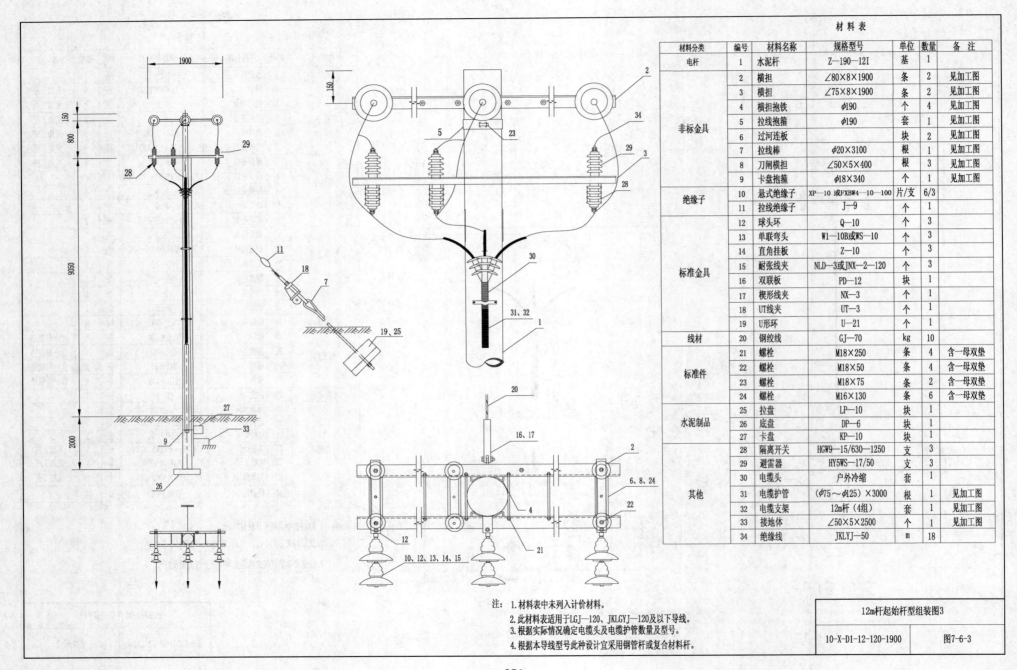

材 料 表

材料分类	编号	材料名称	规格型号	单位	数量	备注
电杆	1	水泥杆	Z—190—12I	基	1	
非标金具	2	横担	∠80×8×1900	条	2	见加工图
	3	横担	∠75×8×1900	条	2	见加工图
	4	横担抱铁	φ190	个	4	见加工图
	5	拉线抱箍	φ190	套	1	见加工图
	6	过河连板		块	2	见加工图
	7	拉线棒	φ20×3100	根	1	见加工图
	8	刀闸横担	∠50×5×400	根	3	见加工图
	9	卡盘抱箍	φ18×340	个	1	见加工图
绝缘子	10	悬式绝缘子	XP—10 或FXBW4—10—100	片/支	6/3	
	11	拉线绝缘子	J—9	个	1	
标准金具	12	球头环	Q—10	个	3	
	13	单联弯头	W1—10B或WS—10	个	3	
	14	直角挂板	Z—10	个	3	
	15	耐张线夹	NLD—3或JNX—2—120	个	3	
	16	双联板	PD—12	块	1	
	17	楔形线夹	NX—3	个	1	
	18	UT线夹	UT—3	个	1	
	19	U形环	U—21	个	1	
线材	20	钢绞线	GJ—70	kg	10	
标准件	21	螺栓	M18×250	条	4	含一母双垫
	22	螺栓	M18×50	条	4	含一母双垫
	23	螺栓	M18×75	条	2	含一母双垫
	24	螺栓	M16×130	条	6	含一母双垫
水泥制品	25	拉盘	LP—10	块	1	
	26	底盘	DP—6	块	1	
	27	卡盘	KP—10	块	1	
其他	28	隔离开关	HGW9—15/630—1250	支	3	
	29	避雷器	HY5WS—17/50	支	3	
	30	电缆头	户外冷缩	套	1	
	31	电缆护管	(φ75～φ125)×3000	根	1	见加工图
	32	电缆支架	12m杆（4组）	套	1	见加工图
	33	接地体	∠50×5×2500	个	1	见加工图
	34	绝缘线	JKLYJ—50	m	18	

注：1.材料表中未列入计价材料。
2.此材料表适用于LGJ—120、JKLGYJ—120及以下导线。
3.根据实际情况确定电缆头及电缆护管数量及型号。
4.根据本导线型号此种设计宜采用钢管杆或复合材料杆。

12m杆起始杆型组装图3	
10-X-D1-12-120-1900	图7-6-3

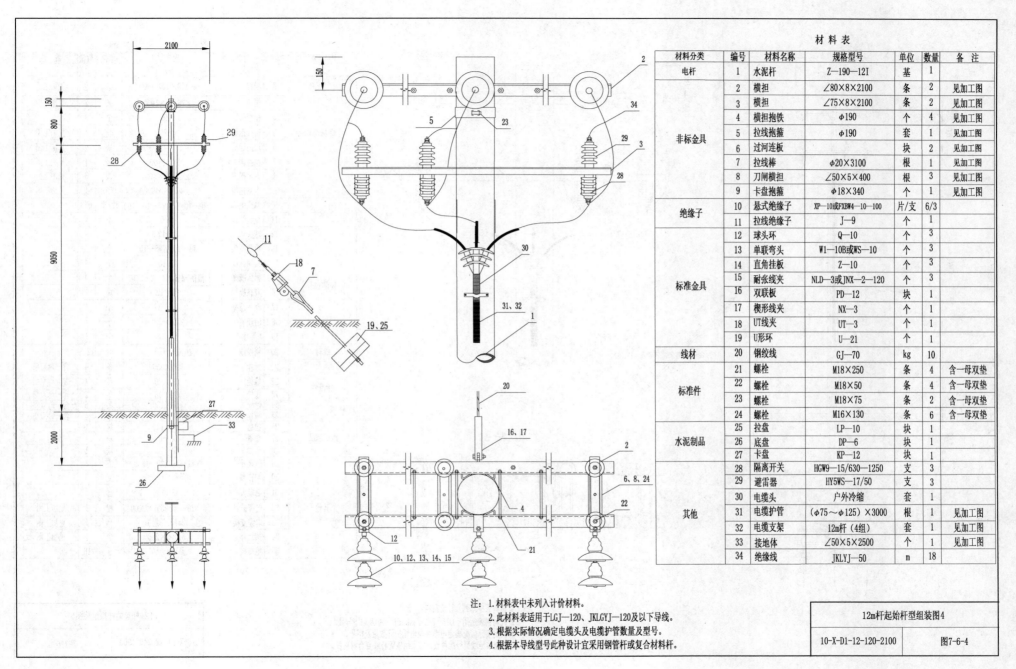

材　料　表

材料分类	编号	材料名称	规格型号	单位	数量	备　注
电杆	1	水泥杆	Z—190—12I	基	1	
非标金具	2	横担	∠80×8×2100	条	2	见加工图
	3	横担	∠75×8×2100	条	2	见加工图
	4	横担抱铁	φ190	个	4	见加工图
	5	拉线抱箍	φ190	套	1	见加工图
	6	过河连板		块	2	见加工图
	7	拉线棒	φ20×3100	根	1	见加工图
	8	刀闸横担	∠50×5×400	根	3	见加工图
	9	卡盘抱箍	φ18×340	个	1	见加工图
绝缘子	10	悬式绝缘子	XP—10或FXBW4—10—100	片/支	6/3	
	11	拉线绝缘子	J—9	个	1	
标准金具	12	球头环	Q—10	个	3	
	13	单联弯头	W1—10B或WS—10	个	3	
	14	直角挂板	Z—10	个	3	
	15	耐张线夹	NLD—3或JNX—2—120	个	3	
	16	双联板	PD—12	块	1	
	17	楔形线夹	NX—3	个	1	
	18	UT线夹	UT—3	个	1	
	19	U形环	U—21	个	1	
线材	20	钢绞线	GJ—70	kg	10	
标准件	21	螺栓	M18×250	条	4	含一母双垫
	22	螺栓	M18×50	条	4	含一母双垫
	23	螺栓	M18×75	条	2	含一母双垫
	24	螺栓	M16×130	条	6	含一母双垫
水泥制品	25	拉盘	LP—10	块	1	
	26	底盘	DP—6	块	1	
	27	卡盘	KP—12	块	1	
其他	28	隔离开关	HGW9—15/630—1250	支	3	
	29	避雷器	HY5WS—17/50	支	3	
	30	电缆头	户外冷缩	套	1	
	31	电缆护管	(φ75～φ125)×3000	根	1	见加工图
	32	电缆支架	12m杆（4组）	套	1	见加工图
	33	接地体	∠50×5×2500	个	1	见加工图
	34	绝缘线	JKLYJ—50	m	18	

注：1. 材料表中未列入计价材料。
　　2. 此材料表适用于LGJ—120、JKLGYJ—120及以下导线。
　　3. 根据实际情况确定电缆头及电缆护管数量及型号。
　　4. 根据本导线型号此种设计宜采用钢管杆或复合材料杆。

12m杆起始杆型组装图4	
10-X-D1-12-120-2100	图7-6-4

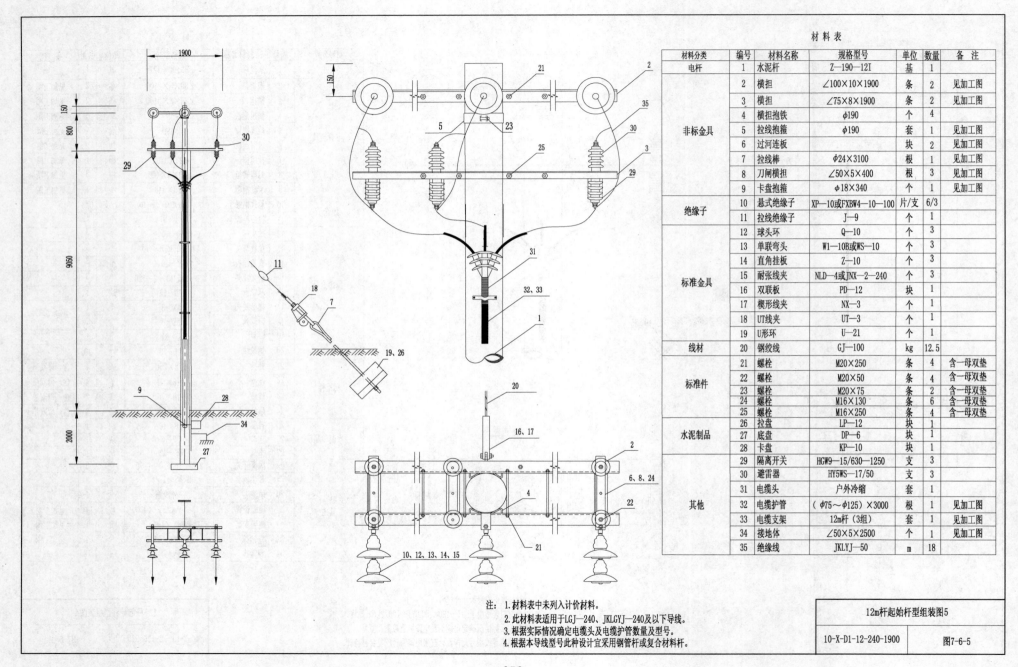

材 料 表

材料分类	编号	材料名称	规格型号	单位	数量	备注
电杆	1	水泥杆	Z—190—12I	基	1	
非标金具	2	横担	∠100×10×1900	条	2	见加工图
	3	横担	∠75×8×1900	条	2	见加工图
	4	横担抱铁	φ190	个	4	
	5	拉线抱箍	φ190	套	1	见加工图
	6	过河连板		块	2	见加工图
	7	拉线棒	φ24×3100	根	1	见加工图
	8	刀闸横担	∠50×5×400	根	3	见加工图
	9	卡盘抱箍	φ18×340	个	1	见加工图
绝缘子	10	悬式绝缘子	XP—10或FXBW4—10—100	片/支	6/3	
	11	拉线绝缘子	J—9	个	1	
标准金具	12	球头环	Q—10	个	3	
	13	单联弯头	W1—10B或WS—10	个	3	
	14	直角挂板	Z—10	个	3	
	15	耐张线夹	NLD—4或JNX—2—240	个	3	
	16	双联板	PD—12	块	1	
	17	楔形线夹	NX—3	个	1	
	18	UT线夹	UT—3	个	1	
	19	U形环	U—21	个	1	
线材	20	钢绞线	GJ—100	kg	12.5	
标准件	21	螺栓	M20×250	条	4	含一母双垫
	22	螺栓	M20×50	条	4	含一母双垫
	23	螺栓	M20×75	条	2	含一母双垫
	24	螺栓	M16×130	条	6	含一母双垫
	25	螺栓	M16×250	条	4	含一母双垫
水泥制品	26	拉盘	LP—12	块	1	
	27	底盘	DP—6	块	1	
	28	卡盘	KP—10	块	1	
其他	29	隔离开关	HGW9—15/630—1250	支	3	
	30	避雷器	HY5WS—17/50	支	3	
	31	电缆头	户外冷缩	套	1	
	32	电缆护管	(φ75～φ125)×3000	根	1	见加工图
	33	电缆支架	12m杆（3组）	套	1	见加工图
	34	接地体	∠50×5×2500	个	1	见加工图
	35	绝缘线	JKLYJ—50	m	18	

注：1. 材料表中未列入计价材料。
2. 此材料表适用于LGJ—240、JKLGYJ—240及以下导线。
3. 根据实际情况确定电缆头及电缆护管数量及型号。
4. 根据本导线型号此种设计宜采用钢管杆或复合材料杆。

12m杆起始杆型组装图5	
10-X-D1-12-240-1900	图7-6-5

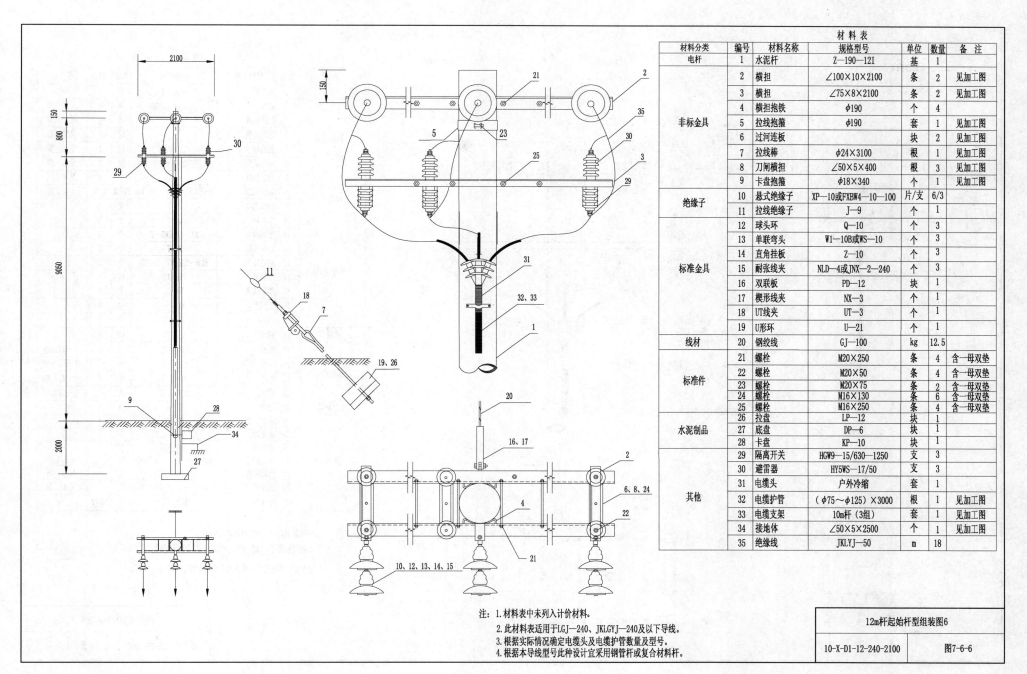

材 料 表

材料分类	编号	材料名称	规格型号	单位	数量	备注
电杆	1	水泥杆	Z—190—12I	基	1	
非标金具	2	横担	∠100×10×2100	条	2	见加工图
	3	横担	∠75×8×2100	条	2	见加工图
	4	横担抱铁	φ190	个	4	
	5	拉线抱箍	φ190	套	1	见加工图
	6	过河连板		块	2	见加工图
	7	拉线棒	φ24×3100	根	1	见加工图
	8	刀闸横担	∠50×5×400	根	3	见加工图
	9	卡盘抱箍	φ18×340	个	1	见加工图
绝缘子	10	悬式绝缘子	XP—10或FXBW4—10—100	片/支	6/3	
	11	拉线绝缘子	J—9	个	1	
标准金具	12	球头环	Q—10	个	3	
	13	单联弯头	W1—10B或WS—10	个	3	
	14	直角挂板	Z—10	个	3	
	15	耐张线夹	NLD—4或JNX—2—240	个	3	
	16	双联板	PD—12	块	1	
	17	楔形线夹	NX—3	个	1	
	18	UT线夹	UT—3	个	1	
	19	U形环	U—21	个	1	
线材	20	钢绞线	GJ—100	kg	12.5	
标准件	21	螺栓	M20×250	条	4	含一母双垫
	22	螺栓	M20×50	条	4	含一母双垫
	23	螺栓	M20×75	条	2	含一母双垫
	24	螺栓	M16×130	条	6	含一母双垫
	25	螺栓	M16×250	条	4	含一母双垫
水泥制品	26	拉盘	LP—12	块	1	
	27	底盘	DP—6	块	1	
	28	卡盘	KP—10	块	1	
其他	29	隔离开关	HGW9—15/630—1250	支	3	
	30	避雷器	HY5WS—17/50	支	3	
	31	电缆头	户外冷缩	套	1	
	32	电缆护管	(φ75～φ125)×3000	根	1	见加工图
	33	电缆支架	10m杆（3组）	套	1	见加工图
	34	接地体	∠50×5×2500	个	1	见加工图
	35	绝缘线	JKLYJ—50	m	18	

注：1.材料表中未列入计价材料。
2.此材料表适用于LGJ—240、JKLGYJ—240及以下导线。
3.根据实际情况确定电缆头及电缆护管数量及型号。
4.根据本导线型号此种设计宜采用钢管杆或复合材料杆。

12m杆起始杆型组装图6	
10-X-D1-12-240-2100	图7-6-6

二、15m

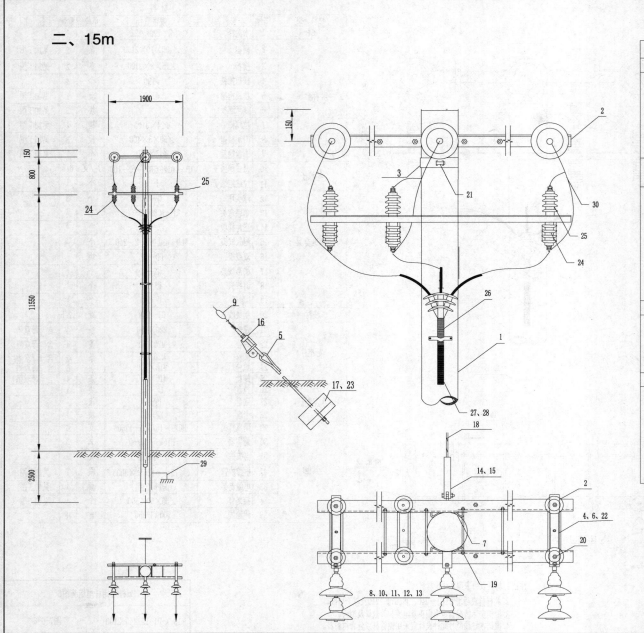

材 料 表

材料分类	编号	材料名称	规格型号	单位	数量	备 注
电杆	1	水泥杆	Z—190—15I	基	1	
非标金具	2	横担	∠75×8×1900	条	4	见加工图
	3	拉线抱箍	φ190	套	1	见加工图
	4	过河连板		块	2	见加工图
	5	拉线棒	φ18×2700	根	1	见加工图
	6	刀闸横担	∠50×5×400	根	3	见加工图
	7	横担抱铁	φ190	个	4	见加工图
绝缘子	8	悬式绝缘子	XP—10或FXBW4—10—100	片/支	6/3	见加工图
	9	拉线绝缘子	J—9	个	1	
标准金具	10	球头环	Q—7	个	3	
	11	单联弯头	W1—7B或WS—7	个	3	
	12	直角挂板	Z—7	个	3	
	13	耐张线夹	NLD—2或JNX—2—70	个	3	
	14	双联板	PD—12	块	1	
	15	楔形线夹	NX—2	个	1	
	16	UT线夹	UT—2	个	1	
	17	U形环	U—21	个	1	
线材	18	钢绞线	GJ—50	kg	8	
标准件	19	螺栓	M16×250	条	8	含一母双垫
	20	螺栓	M16×50	条	4	含一母双垫
	21	螺栓	M16×75	条	2	含一母双垫
	22	螺栓	M16×130	条	6	含一母双垫
水泥制品	23	拉盘	LP—8	块	1	
其他	24	隔离开关	HGW9—15/630—1250	支	3	
	25	避雷器	HY5WS—17/50	支	3	
	26	电缆头	户外冷缩	套	1	
	27	电缆护管	(φ75～φ125)×3000	根	1	见加工图
	28	电缆支架	15m杆（5组）	套	1	见加工图
	29	接地体	∠50×5×2500	个	1	见加工图
	30	绝缘线	JKLYJ—50	m	20	

注：1. 材料表中未列入计价材料。

2. 此材料表适用于LGJ—70、JKLGYJ—70及以下导线。

3. 根据实际情况确定电缆头及电缆护管数量及型号。

15m杆起始杆型组装图1	
10-X-D1-15-70-1900	图7-6-7

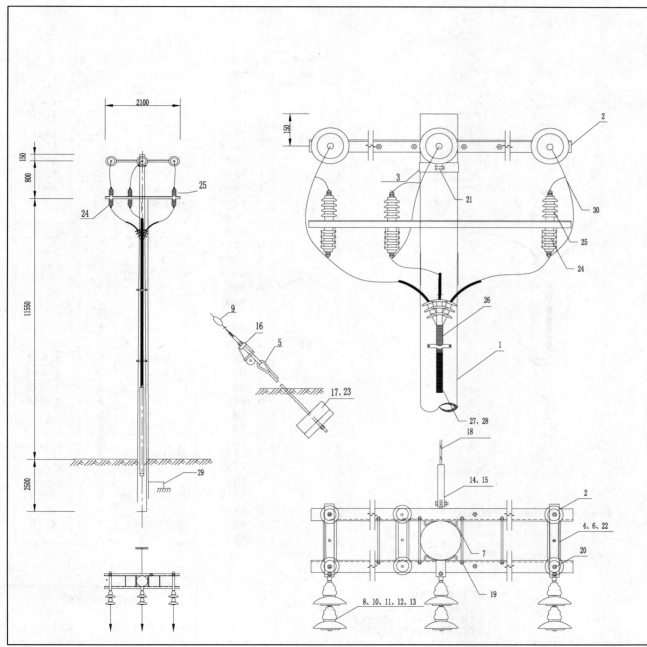

材 料 表

材料分类	编号	材料名称	规格型号	单位	数量	备注
电杆	1	水泥杆	Z—190—15I	基	1	
非标金具	2	横担	∠75×8×2100	条	4	见加工图
	3	拉线抱箍	φ190	套	1	见加工图
	4	过河连板		块	2	见加工图
	5	拉线棒	φ18×2700	根	1	见加工图
	6	刀闸横担	∠50×5×400	根	3	见加工图
	7	横担抱铁	φ190	个	4	见加工图
绝缘子	8	悬式绝缘子	XP—10或FXBW4—10—100	片/支	6/3	
	9	拉线绝缘子	J—9	个	1	
标准金具	10	球头环	Q—7	个	3	
	11	单联弯头	W1—7B或WS—7	个	3	
	12	直角挂板	Z—7	个	3	
	13	耐张线夹	NLD—2或JNX—2—70	个	3	
	14	双联板	PD—12	块	1	
	15	楔形线夹	NX—2	个	1	
	16	UT线夹	UT—2	个	1	
	17	U形环	U—21	个	1	
线材	18	钢绞线	GJ—50	kg	8	
标准件	19	螺栓	M16×250	条	8	含一母双垫
	20	螺栓	M16×50	条	4	含一母双垫
	21	螺栓	M16×75	条	2	含一母双垫
	22	螺栓	M16×130	条	6	含一母双垫
水泥制品	23	拉盘	LP—8	块	1	
其他	24	隔离开关	HGW9—15/630—1250	支	3	
	25	避雷器	HY5WS—17/50	支	3	
	26	电缆头	户外冷缩	套	1	
	27	电缆护管	(φ75~φ125)×3000	根	1	见加工图
	28	电缆支架	15m杆（5组）	套	1	见加工图
	29	接地体	∠50×5×2500	个	1	见加工图
	30	绝缘线	JKLYJ—50	m	20	

注: 1. 材料表中未列入计价材料。

2. 此材料表适用于LGJ—70、JKLGYJ—70及以下导线。

3. 根据实际情况确定电缆头及电缆护管数量及型号。

15m杆起始杆型组装图2	
10-X-D1-15-70-2100	图7-6-8

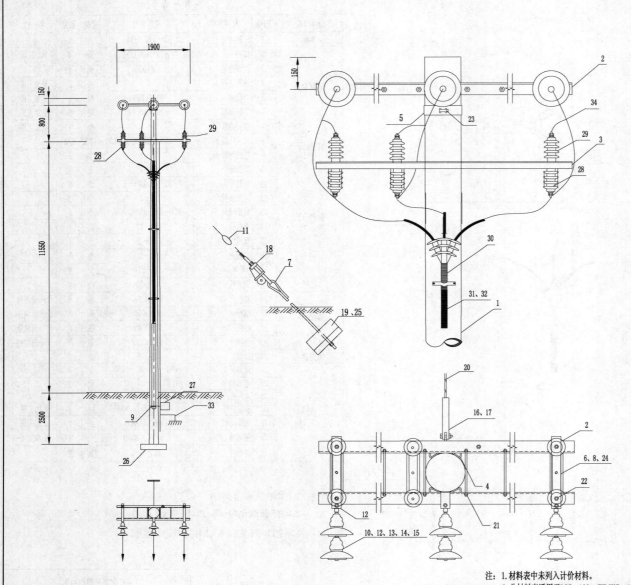

材 料 表						
材料分类	编号	材料名称	规格型号	单位	数量	备 注
电杆	1	水泥杆	Z—190—15I	基	1	
非标金具	2	横担	∠80×8×1900	条	2	见加工图
	3	横担	∠75×8×1900	条	2	见加工图
	4	横担抱铁	φ190	个	4	见加工图
	5	拉线抱箍	φ190	套	1	见加工图
	6	过河连板		块	2	见加工图
	7	拉线棒	φ20×3100	根	1	见加工图
	8	刀闸横担	∠50×5×400	根	3	见加工图
	9	卡盘抱箍	φ18×370	个	1	见加工图
绝缘子	10	悬式绝缘子	XP—10或FXBW4—10—100	片/支	6/3	
	11	拉线绝缘子	J—9	个	1	
标准金具	12	球头环	Q—10	个	3	
	13	单联弯头	W1—10B或WS—10	个	3	
	14	直角挂板	Z—10	个	3	
	15	耐张线夹	NLD—3或JNX—2—120	个	3	
	16	双联板	PD—12	块	1	
	17	楔形线夹	NX—3	个	1	
	18	UT线夹	UT—3	个	1	
	19	U形环	U—21	个	1	
线材	20	钢绞线	GJ—70	kg	13	
标准件	21	螺栓	M18×250	条	4	含一母双垫
	22	螺栓	M18×50	条	4	含一母双垫
	23	螺栓	M18×75	条	2	含一母双垫
	24	螺栓	M16×130	条	6	含一母双垫
水泥制品	25	拉盘	LP—10	块	1	
	26	底盘	DP—6	块	1	
	27	卡盘	KP—12	块	1	
其他	28	隔离开关	HGW9—15/630—1250	支	3	
	29	避雷器	HY5WS—17/50	支	3	
	30	电缆头	户外冷缩	套	1	
	31	电缆护管	(φ75～φ125)×3000	根	1	见加工图
	32	电缆支架	15m杆（5组）	套	1	见加工图
	33	接地体	∠50×5×2500	个	1	见加工图
	34	绝缘线	JKLYJ—50	m	20	

注：1.材料表中未列入计价材料。
　　2.此材料表适用于LGJ—120、JKLGYJ—120及以下导线。
　　3.根据实际情况确定电缆头及电缆护管数量及型号。
　　4.根据本导线型号此种设计宜采用钢管杆或复合材料杆。

15m杆起始杆型组装图3	
10-X-D1-15-120-1900	图7-6-9

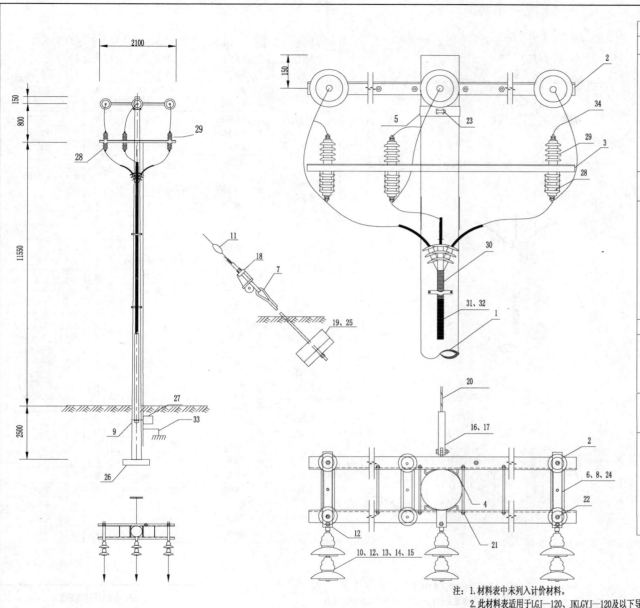

材 料 表						
材料分类	编号	材料名称	规格型号	单位	数量	备注
电杆	1	水泥杆	Z—190—15I	基	1	
非标金具	2	横担	∠80×8×2100	条	2	见加工图
	3	横担	∠75×8×2100	条	2	见加工图
	4	横担抱铁	φ190	个	4	见加工图
	5	拉线抱箍	φ190	套	1	见加工图
	6	过河连板		块	2	见加工图
	7	拉线棒	φ20×3100	根	1	见加工图
	8	刀闸横担	∠50×5×400	根	3	见加工图
	9	卡盘抱箍	φ18×370	个	1	见加工图
绝缘子	10	悬式绝缘子	XP—10或FXBW4—10—100	片/支	6/3	
	11	拉线绝缘子	J—9	个	1	
标准金具	12	球头环	Q—10	个	3	
	13	单联弯头	W1—10B或WS—10	个	3	
	14	直角挂板	Z—10	个	3	
	15	耐张线夹	NLD—3或JNX—2—120	个	3	
	16	双联板	PD—12	块	1	
	17	楔形线夹	NX—3	个	1	
	18	UT线夹	UT—3	个	1	
	19	U形环	U—21	个	1	
线材	20	钢绞线	GJ—70	kg	13	
标准件	21	螺栓	M18×250	条	4	含一母双垫
	22	螺栓	M18×50	条	4	含一母双垫
	23	螺栓	M18×75	条	2	含一母双垫
	24	螺栓	M16×130	条	6	含一母双垫
水泥制品	25	拉盘	LP—10	块	1	
	26	底盘	DP—6	块	1	
	27	卡盘	KP—12	块	1	
其他	28	隔离开关	HGW9—15/630—1250	支	3	
	29	避雷器	HY5WS—17/50	支	3	
	30	电缆头	户外冷缩	套	1	
	31	电缆护管	(φ75—φ125)×3000	根	1	见加工图
	32	电缆支架	15m杆（5组）	套	1	见加工图
	33	接地体	∠50×5×2500	个	1	见加工图
	34	绝缘线	JKLYJ—50	m	20	

注：1. 材料表中未列入计价材料。
2. 此材料表适用于LGJ—120、JKLGYJ—120及以下导线。
3. 根据实际情况确定电缆头及电缆护管数量及型号。
4. 根据本导线型号此种设计宜采用钢管杆或复合材料杆。

15m杆起始杆型组装图4	
10-X-D1-15-120-2100	图7-6-10

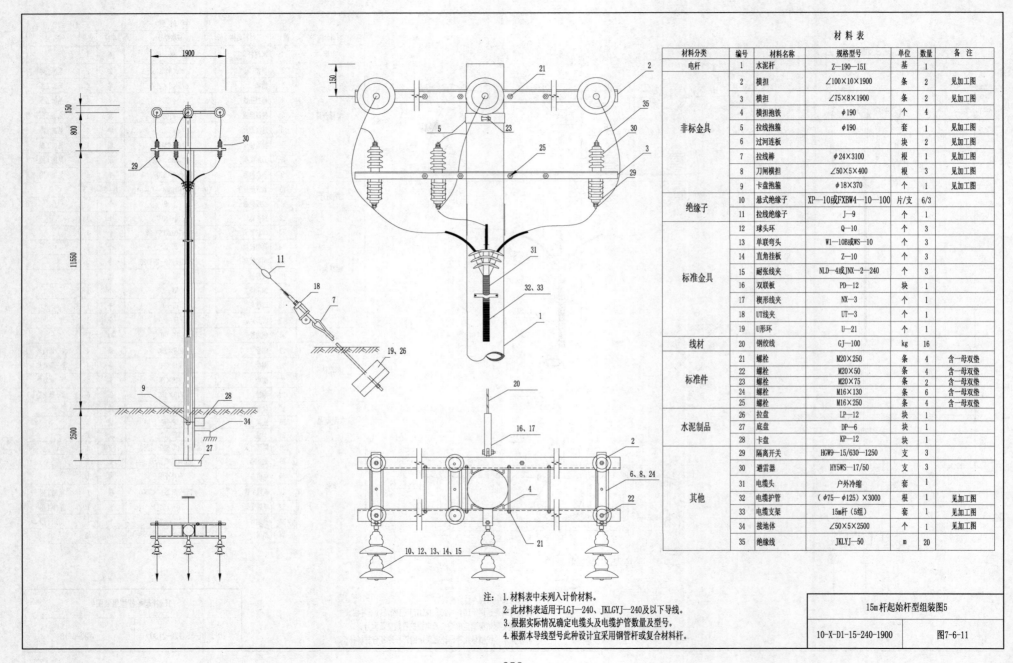

材料表

材料分类	编号	材料名称	规格型号	单位	数量	备注
电杆	1	水泥杆	Z—190—15I	基	1	
非标金具	2	横担	∠100×10×1900	条	2	见加工图
	3	横担	∠75×8×1900	条	2	见加工图
	4	横担抱铁	φ190	个	4	
	5	拉线抱箍	φ190	套	1	见加工图
	6	过河连板		块	2	见加工图
	7	拉线棒	φ24×3100	根	1	见加工图
	8	刀闸横担	∠50×5×400	根	3	见加工图
	9	卡盘抱箍	φ18×370	个	1	见加工图
绝缘子	10	悬式绝缘子	XP—10或FXBW4—10—100	片/支	6/3	
	11	拉线绝缘子	J—9	个	1	
标准金具	12	球头环	Q—10	个	3	
	13	单联弯头	W1—10B或WS—10	个	3	
	14	直角挂板	Z—10	个	3	
	15	耐张线夹	NLD—4或JNX—2—240	个	3	
	16	双联板	PD—12	块	1	
	17	楔形线夹	NX—3	个	1	
	18	UT线夹	UT—3	个	1	
	19	U形环	U—21	个	1	
线材	20	钢绞线	GJ—100	kg	16	
标准件	21	螺栓	M20×250	条	4	含一母双垫
	22	螺栓	M20×50	条	4	含一母双垫
	23	螺栓	M20×75	条	2	含一母双垫
	24	螺栓	M16×130	条	6	含一母双垫
	25	螺栓	M16×250	条	4	含一母双垫
水泥制品	26	拉盘	LP—12	块	1	
	27	底盘	DP—6	块	1	
	28	卡盘	KP—12	块	1	
其他	29	隔离开关	HGW9—15/630—1250	支	3	
	30	避雷器	HY5WS—17/50	支	3	
	31	电缆头	户外冷缩	套	1	
	32	电缆护管	(φ75—φ125)×3000	根	1	见加工图
	33	电缆支架	15m杆（5组）	套	1	见加工图
	34	接地体	∠50×5×2500	个	1	见加工图
	35	绝缘线	JKLYJ—50	m	20	

注：1. 材料表中未列入计价材料。
2. 此材料表适用于LGJ—240、JKLGYJ—240及以下导线。
3. 根据实际情况确定电缆头及电缆护管数量及型号。
4. 根据本导线型号此种设计宜采用钢管杆或复合材料杆。

15m杆起始杆型组装图5	
10-X-D1-15-240-1900	图7-6-11

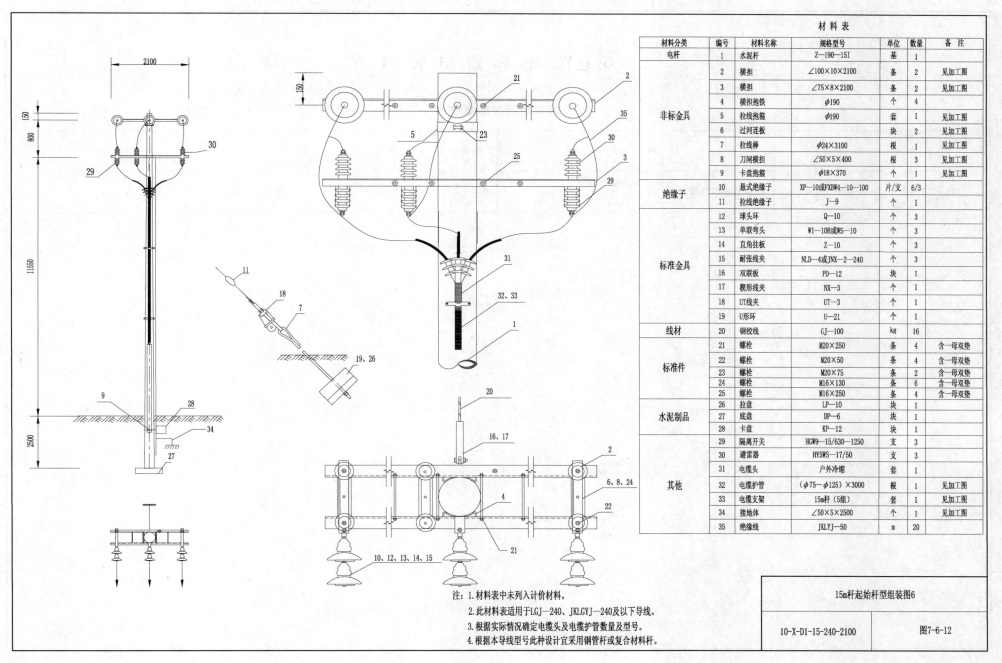

材 料 表

材料分类	编号	材料名称	规格型号	单位	数量	备注
电杆	1	水泥杆	Z—190—15I	基	1	
非标金具	2	横担	∠100×10×2100	条	2	见加工图
	3	横担	∠75×8×2100	条	2	见加工图
	4	横担抱铁	φ190	个	4	
	5	拉线抱箍	φ190	套	1	见加工图
	6	过河连板		块	2	见加工图
	7	拉线棒	φ24×3100	根	1	见加工图
	8	刀闸横担	∠50×5×400	根	3	见加工图
	9	卡盘抱箍	φ18×370	个	1	见加工图
绝缘子	10	悬式绝缘子	XP—10或FXBW4—10—100	片/支	6/3	
	11	拉线绝缘子	J—9	个	1	
标准金具	12	球头环	Q—10	个	3	
	13	单联弯头	W1—10B或WS—10	个	3	
	14	直角挂板	Z—10	个	3	
	15	耐张线夹	NLD—4或JNX—2—240	个	3	
	16	双联板	PD—12	块	1	
	17	楔形线夹	NX—3	个	1	
	18	UT线夹	UT—3	个	1	
	19	U形环	U—21	个	1	
线材	20	钢绞线	GJ—100	kg	16	
标准件	21	螺栓	M20×250	条	4	含一母双垫
	22	螺栓	M20×50	条	4	含一母双垫
	23	螺栓	M20×75	条	2	含一母双垫
	24	螺栓	M16×130	条	6	含一母双垫
	25	螺栓	M16×250	条	4	含一母双垫
水泥制品	26	拉盘	LP—10	块	1	
	27	底盘	DP—6	块	1	
	28	卡盘	KP—12	块	1	
其他	29	隔离开关	HGW9—15/630—1250	支	3	
	30	避雷器	HY5WS—17/50	支	3	
	31	电缆头	户外冷缩	套	1	
	32	电缆护管	(φ75—φ125)×3000	根	1	见加工图
	33	电缆支架	15m杆(5组)	套	1	见加工图
	34	接地体	∠50×5×2500	个	1	见加工图
	35	绝缘线	JKLYJ—50	m	20	

注：1．材料表中未列入计价材料。
　　2．此材料表适用于LGJ—240、JKLGYJ—240及以下导线。
　　3．根据实际情况确定电缆头及电缆护管数量及型号。
　　4．根据本导线型号此种设计宜采用钢管杆或复合材料杆。

15m杆起始杆型组装图6	
10-X-D1-15-240-2100	图7-6-12

第七节 电容器组装图

电容器组装图集清册

图序	图 号	图 名	图序	图 号	图 名
图 7-7-1	10-X-BZSJ-GY-1	电容器组装图 1	图 7-7-2	10-X-BZSJ-GY-2	电容器组装图 2

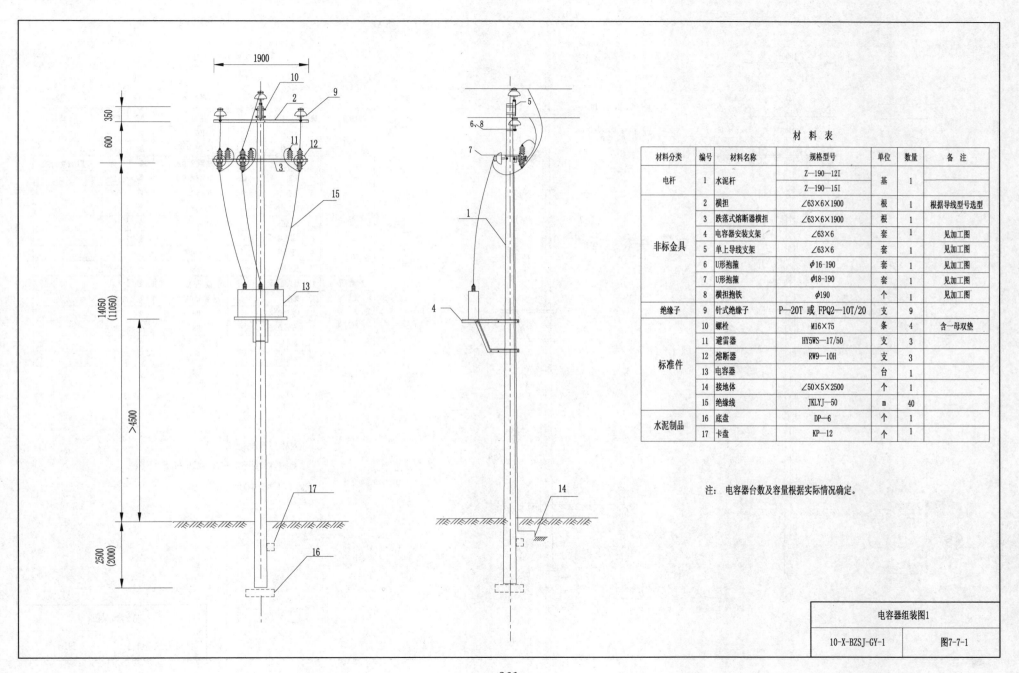

材 料 表

材料分类	编号	材料名称	规格型号	单位	数量	备注
电杆	1	水泥杆	Z—190—12I	基	1	
			Z—190—15I			
非标金具	2	横担	∠63×6×1900	根	1	根据导线型号选型
	3	跌落式熔断器横担	∠63×6×1900	根	1	
	4	电容器安装支架	∠63×6	套	1	见加工图
	5	单上导线支架	∠63×6	套	1	见加工图
	6	U形抱箍	φ16-190	套	1	见加工图
	7	U形抱箍	φ18-190	套	1	见加工图
	8	横担抱铁	φ190	个	1	见加工图
绝缘子	9	针式绝缘子	P—20T 或 FPQ2—10T/20	支	9	
标准件	10	螺栓	M16×75	条	4	含一母双垫
	11	避雷器	HY5WS—17/50	支	3	
	12	熔断器	RW9—10H	支	3	
	13	电容器		台	1	
	14	接地体	∠50×5×2500	个	1	
	15	绝缘线	JKLYJ—50	m	40	
水泥制品	16	底盘	DP—6	个	1	
	17	卡盘	KP—12	个	1	

注：电容器台数及容量根据实际情况确定。

电容器组装图1

10-X-BZSJ-GY-1	图7-7-1

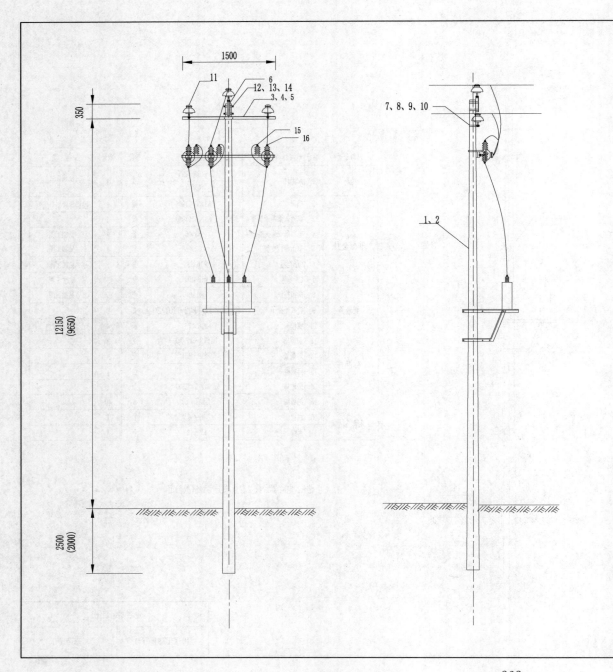

材 料 表

材料分类	编号	材料名称	规格型号	单位	数量	备 注
电杆	1	水泥杆	Z—190—12I	基	1	
	2	水泥杆	Z—190—15I	基	1	
非标金具	3	横担	∠63×6×1500	条	1	根据导线型号选型
	4	横担	∠75×8×1500	条	1	
	5	横担	∠80×8×1500	条	1	
	6	单上导线支架	∠63×6	套	1	
	7	U形抱箍	φ16—150	套	1	
	8	U形抱箍	φ16—190	套	1	
	9	U形抱箍	φ18—190	套	1	
	10	横担抱铁	φ150	个	1	
绝缘子	11	针式绝缘子	P—20T 或 FPQ2—10T/20	支	6	
标准件	12	螺栓	M16×75	条	4	
	13	(弹簧垫)	M16	个	3	
	14	(平圆垫)	M16	个	8	
	15	避雷器	HY5WS—17/50	支	3	
	16	熔断器	RW9—10H	支	3	

注: 1. 材料表未列入铝包带。

2. 此材料表适用于LGJ—70、JKLGJY—70及以下导线。

3. ( ) 材料为计价材料。

电容器组装图2	
10-X-BZSJ-GY-2	图7-7-2

第八节　高低压进村杆型设计图

高低压进村杆型设计图集清册

图序	图 号	图 名	图序	图 号	图 名
图 7-8-1	10-X-GDY1-70	单回高低压同杆直线杆	图 7-8-2	10-X-GDYZJ-70	单回直线同杆低压 90°转角杆

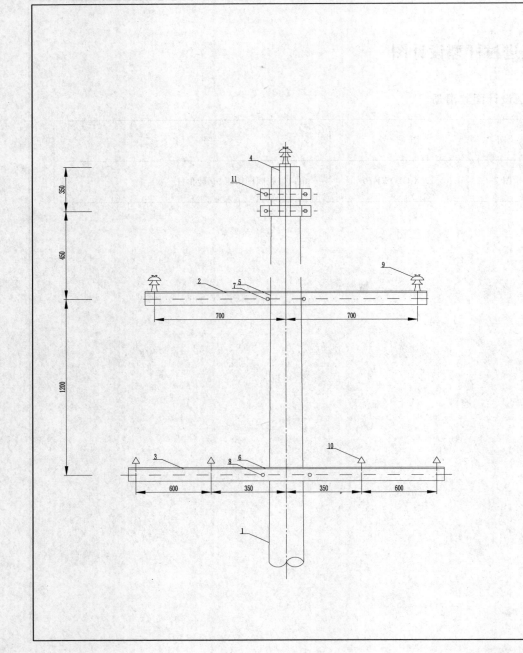

材料表

材料分类	编号	材料名称	规格型号	单位	数量	备注
电杆	1	水泥杆	Z—190—12（15）	根	1	宜选用非预应力
非标金具	2	横担	∠63×6×1500	块	1	
	3	横担	∠63×6×2000	块	1	
	4	单上导线支架	φ190	套	1	
	5	横担抱铁	φ190	块	1	
	6	横担抱铁	φ210	块	1	
	7	U形抱箍	φ16—190	套	1	
	8	U形抱箍	φ16—210	套	1	
绝缘子	9	针式绝缘子	P—20T或FPQ2—10T/20	只	3	
	10	针式绝缘子	P—6	只	4	
标准件	11	螺栓	M16×75	条	4	含一母双垫

注：1. 材料表中未列入计价材料。
　　2. 此材料表适用于LGJ—70、JKLGYJ—70及以下导线。
　　3. 适用档距为60m以内。
　　4. 横担根据导线型号选型。

单回高低压同杆直线杆	
10-X-GDY1-70	图7-8-1

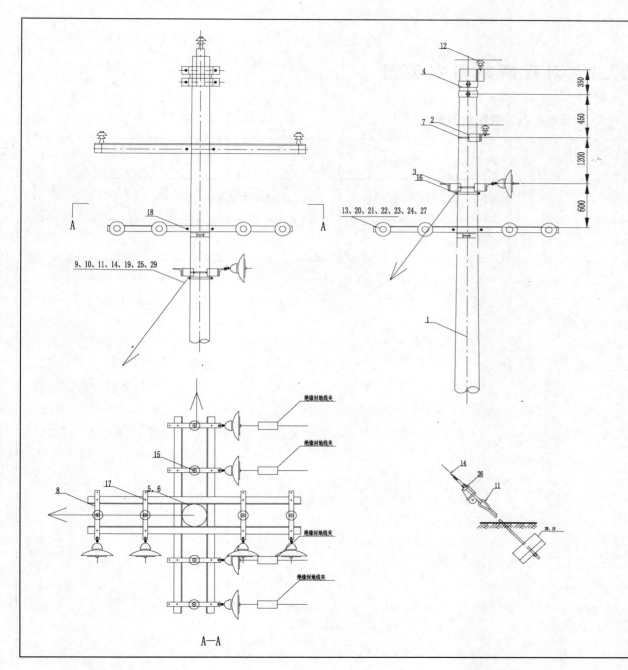

材料分类	编号	材料名称	规格型号	单位	数量	备注
电杆	1	水泥杆	Z—190—12（15）	根	1	宜选用非预应力
非标金具	2	横担	∠63×6×1500	块	1	
	3	横担	∠63×6×2000	块	4	
	4	单上导线支架	φ190	套	1	
	5	横担抱铁	φ190	块	1	
	6	横担抱铁	φ210	块	4	
	7	U形抱箍	φ16—190	套	1	
	8	过河连板		块	8	
	9	双联板	PD—12	块	2	
	10	拉线抱箍	φ190	块	4	
	11	拉线棒	φ18×2500	根	2	
绝缘子	12	针式绝缘子	P—20T或FPQ2—10T/20	只	3	
	13	悬式绝缘子	X—4.5	只	8	
	14	拉紧绝缘子	J—9	只	2	
	15	针式绝缘子	P—6	只	4	
标准件	16	螺栓	M16×75	条	4	含一母双垫
	17	螺栓	M16×50	条	16	含一母双垫
	18	螺栓	M16×290	条	8	含一母双垫
水泥制品	19	拉盘	LP—8	块	2	
标准金具	20	直角挂板	Z—7	个	8	
	21	球头环	Q—7	个	8	
	22	单联弯头	W—7	个	8	
	23	绝缘耐张线夹	WKH—1	个	8	
	24	并沟线夹	JLBV16/120	个	8	
	25	楔型线夹	NX—2	只	6	
	26	UT线夹	NUT—2	只	2	
	27	绝缘接地线夹		只	4	
	28	U形挂环	U—21	只	2	
线材	29	钢绞线	GJ—50	KG	12	

注：1. 材料表中未列入计价材料。
2. 此材料表适用于JKLGYJ—70及以下导线。
3. 适用档距为60m以内。
4. 横担根据导线型号选型。
5. 同杆耐张低压分支安装方式与其一致。

绝缘封地线夹
绝缘封地线夹
绝缘封地线夹
绝缘封地线夹

A—A

单回直线同杆低压90°转角杆

10-X-GDYZJ-70	图7-8-2

第九节 双杆断路器安装图

双杆断路器安装图集清册

图序	图 号	图 名	图序	图 号	图 名
图 7-9-1	10-X-DL$_1$-70	10kV 线路双杆断路器组装图（70）	图 7-9-3	10-X-DL$_1$-240	10kV 线路双杆断路器组装图（240）
图 7-9-2	10-X-DL$_1$-120	10kV 线路双杆断路器组装图（120）			

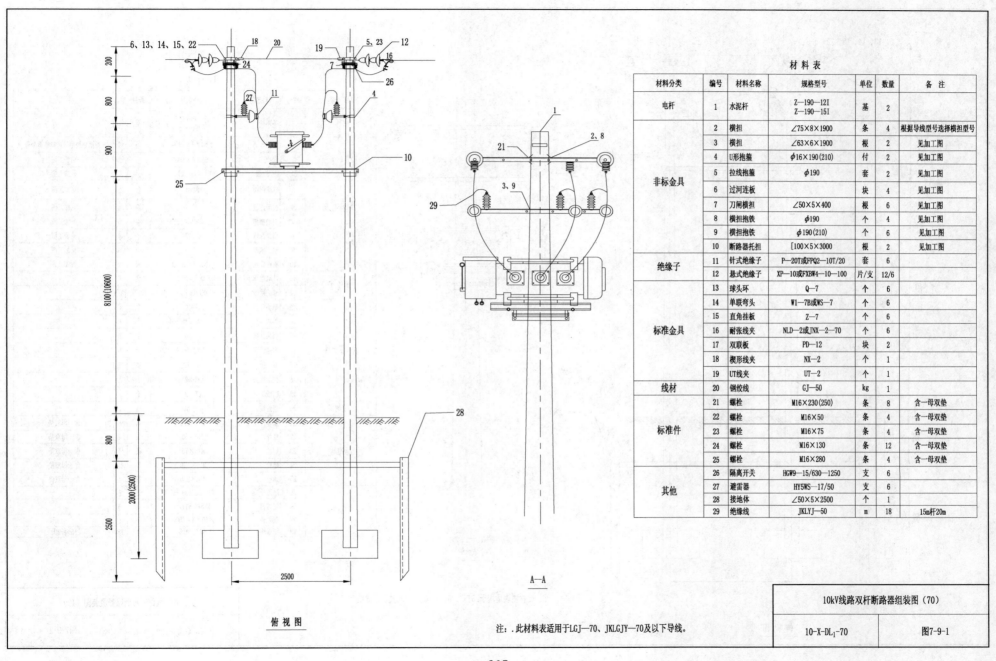

材料表

材料分类	编号	材料名称	规格型号	单位	数量	备注
电杆	1	水泥杆	Z—190—12I Z—190—15I	基	2	
非标金具	2	横担	∠75×8×1900	条	4	根据导线型号选择横担型号
	3	横担	∠63×6×1900	根	2	见加工图
	4	U形抱箍	φ16×190(210)	付	2	见加工图
	5	拉线抱箍	φ190	套	2	见加工图
	6	过河连板		块	4	见加工图
	7	刀闸横担	∠50×5×400	根	6	见加工图
	8	横担抱铁	φ190	个	4	见加工图
	9	横担抱铁	φ190(210)	个	6	见加工图
	10	断路器托担	[100×5×3000	根	2	见加工图
绝缘子	11	针式绝缘子	P—20T或FPQ2—10T/20	套	6	
	12	悬式绝缘子	XP—10或FXBW4—10—100	片/支	12/6	
标准金具	13	球头环	Q—7	个	6	
	14	单联弯头	W1—7B或WS—7	个	6	
	15	直角挂板	Z—7	个	6	
	16	耐张线夹	NLD—2或JNX—2—70	个	6	
	17	双联板	PD—12	块	2	
	18	楔形线夹	NX—2	个	1	
	19	UT线夹	UT—2	个	1	
线材	20	钢绞线	GJ—50	kg	1	
标准件	21	螺栓	M16×230(250)	条	8	含一母双垫
	22	螺栓	M16×50	条	4	含一母双垫
	23	螺栓	M16×75	条	4	含一母双垫
	24	螺栓	M16×130	条	12	含一母双垫
	25	螺栓	M16×280	条	4	含一母双垫
其他	26	隔离开关	HGW9—15/630—1250	支	6	
	27	避雷器	HY5WS—17/50	支	6	
	28	接地体	∠50×5×2500	个	1	
	29	绝缘线	JKLYJ—50	m	18	15m杆20m

俯 视 图

A—A

注：. 此材料表适用于LGJ—70、JKLGJY—70及以下导线。

10kV线路双杆断路器组装图（70）

10-X-DL₁-70	图7-9-1

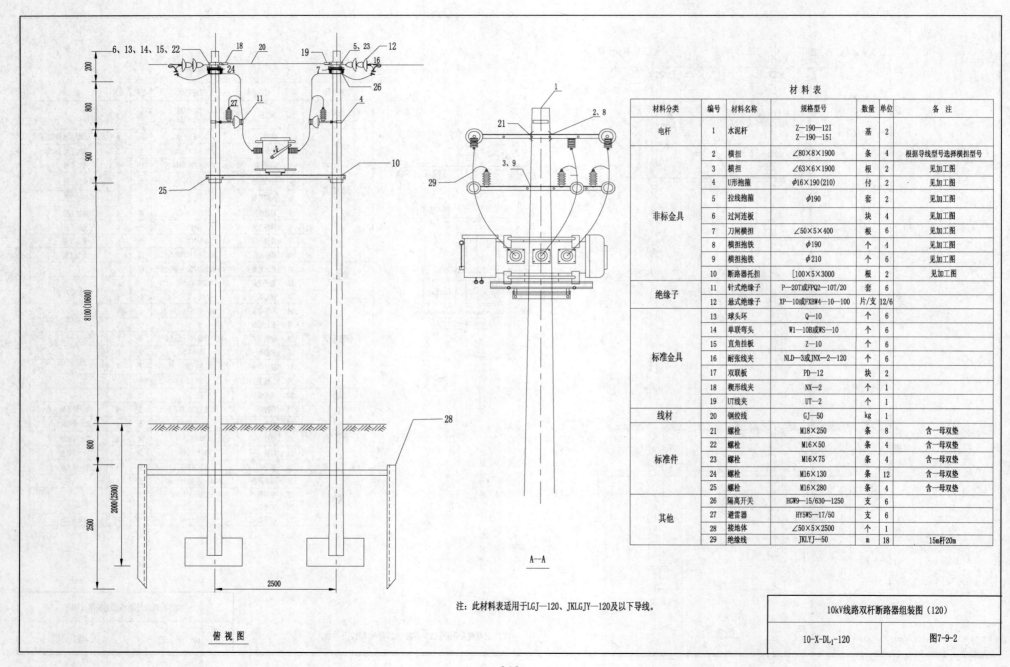

材 料 表

材料分类	编号	材料名称	规格型号	数量	单位	备 注
电杆	1	水泥杆	Z—190—12I Z—190—15I	基	2	
非标金具	2	横担	∠80×8×1900	条	4	根据导线型号选择横担型号
	3	横担	∠63×6×1900	根	2	见加工图
	4	U形抱箍	φ16×190(210)	付	2	见加工图
	5	拉线抱箍	φ190	套	2	见加工图
	6	过河连板		块	4	见加工图
	7	刀闸横担	∠50×5×400	根	6	见加工图
	8	横担抱铁	φ190	个	4	见加工图
	9	横担抱铁	φ210	个	6	见加工图
	10	断器托担	[100×5×3000	根	2	见加工图
绝缘子	11	针式绝缘子	P—20T或FPQ2—10T/20	套	6	
	12	悬式绝缘子	XP—10或FXBW4—10—100	片/支	12/6	
标准金具	13	球头环	Q—10	个	6	
	14	单联弯头	W1—10B或WS—10	个	6	
	15	直角挂板	Z—10	个	6	
	16	耐张线夹	NLD—3或JNX—2—120	个	6	
	17	双联板	PD—12	块	2	
	18	楔形线夹	NX—2	个	1	
	19	UT线夹	UT—2	个	1	
线材	20	钢绞线	GJ—50	kg	1	
标准件	21	螺栓	M18×250	条	8	含一母双垫
	22	螺栓	M16×50	条	4	含一母双垫
	23	螺栓	M16×75	条	4	含一母双垫
	24	螺栓	M16×130	条	12	含一母双垫
	25	螺栓	M16×280	条	4	含一母双垫
其他	26	隔离开关	HGW9—15/630—1250	支	6	
	27	避雷器	HY5WS—17/50	支	6	
	28	接地体	∠50×5×2500	个	1	
	29	绝缘线	JKLYJ—50	m	18	15m杆20m

A--A

俯 视 图

注：此材料表适用于LGJ—120、JKLGJY—120及以下导线。

10kV线路双杆断路器组装图（120）

10-X-DL₁-120

图7-9-2

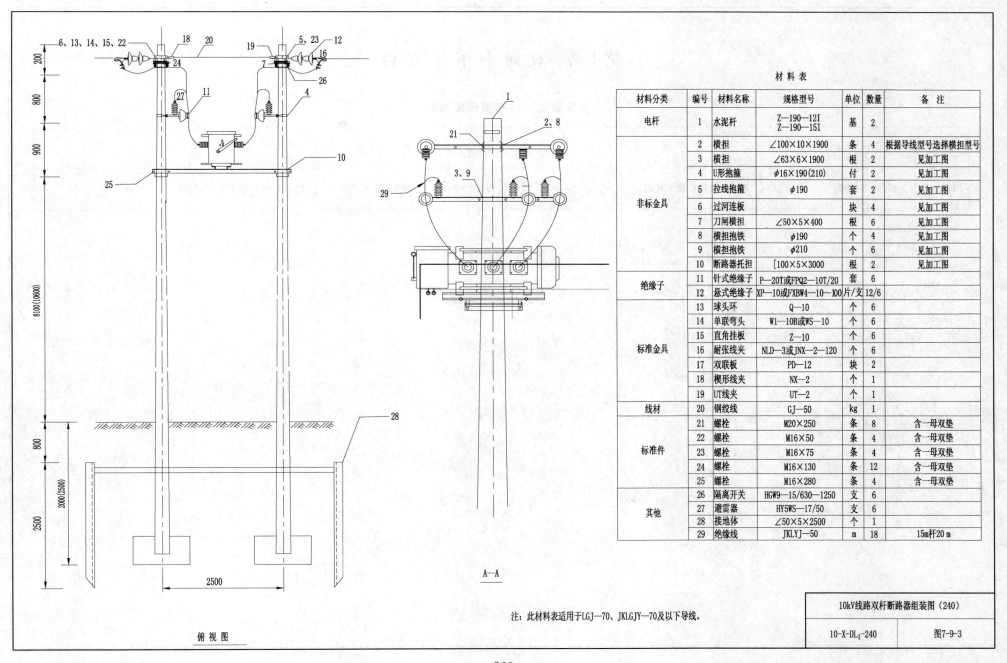

材 料 表

材料分类	编号	材料名称	规格型号	单位	数量	备 注
电杆	1	水泥杆	Z—190—12I Z—190—15I	基	2	
非标金具	2	横担	∠100×10×1900	条	4	根据导线型号选择横担型号
	3	横担	∠63×6×1900	根	2	见加工图
	4	U形抱箍	φ16×190(210)	付	2	见加工图
	5	拉线抱箍	φ190	套	2	见加工图
	6	过河连板		块	4	见加工图
	7	刀闸横担	∠50×5×400	根	6	见加工图
	8	横担抱铁	φ190	个	4	见加工图
	9	横担抱铁	φ210	个	6	见加工图
	10	断路器托担	[100×5×3000	根	2	见加工图
绝缘子	11	针式绝缘子	P—20T或FPQ2—10T/20	套	6	
	12	悬式绝缘子	XP—10或FXBW4—10—100	片/支	12/6	
标准金具	13	球头环	Q—10	个	6	
	14	单联弯头	W1—10B或WS—10	个	6	
	15	直角挂板	Z—10	个	6	
	16	耐张线夹	NLD—3或JNX—2—120	个	6	
	17	双联板	PD—12	块	2	
	18	楔形线夹	NX—2	个	1	
	19	UT线夹	UT—2	个	1	
线材	20	钢绞线	GJ—50	kg	1	
标准件	21	螺栓	M20×250	条	8	含一母双垫
	22	螺栓	M16×50	条	4	含一母双垫
	23	螺栓	M16×75	条	4	含一母双垫
	24	螺栓	M16×130	条	12	含一母双垫
	25	螺栓	M16×280	条	4	含一母双垫
其他	26	隔离开关	HGW9—15/630—1250	支	6	
	27	避雷器	HY5WS—17/50	支	6	
	28	接地体	∠50×5×2500	个	1	
	29	绝缘线	JKLYJ—50	m	18	15m杆20 m

注: 此材料表适用于LGJ—70、JKLGJY—70及以下导线。

A—A

俯 视 图

10kV线路双杆断路器组装图（240）

10-X-DL₁-240	图7-9-3

第十节 双回上下排布置

双回上下排布置图集清册

图序	图号	图名	图序	图号	图名
图 7-10-1	10-X-ZSC1	10kV 双回垂直排杆型布置图	图 7-10-2	10-X-ZSS1	10kV 双回上下排杆型布置图

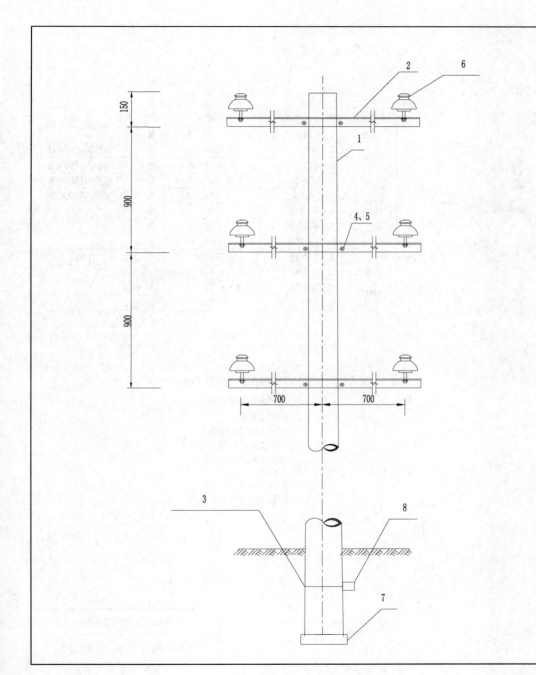

材 料 表

材料分类	编号	材料名称	规格型号	单位	数量	备 注
电杆	1	水泥杆	Z—190（12、15）I	基	1	
非标金具	2	横担	∠63×6×1500	根	3	根据导线型号选择
	3	卡盘抱箍	φ18×（340—380）	付	1	见加工图
	4	U形抱箍	φ16—（190—210）	套	3	根据导线型号选择
	5	横担抱铁	φ（190—210）	个	3	见加工图
绝缘子	6	针式绝缘子	P—20T 或 FPQ2—10T/20	支	6	
水泥制品	7	底盘	DP—6	块	1	
	8	卡盘	KP—10(12)	块	1	

注：

1. 线路横担规格：
   导线≤70mm²为∠63×6；
   导线≤120mm²为∠75×8；
   导线≤240mm²为∠95×8。

2. 电杆型号：
   导线≤70mm²为(10-15)Y；
   导线>70mm²为1212G、1414G、1616G；
   导线>70mm²时安装底盘、卡盘。

10kV双回垂直排杆型布置图	
10-X-ZSC1	图7-10-1

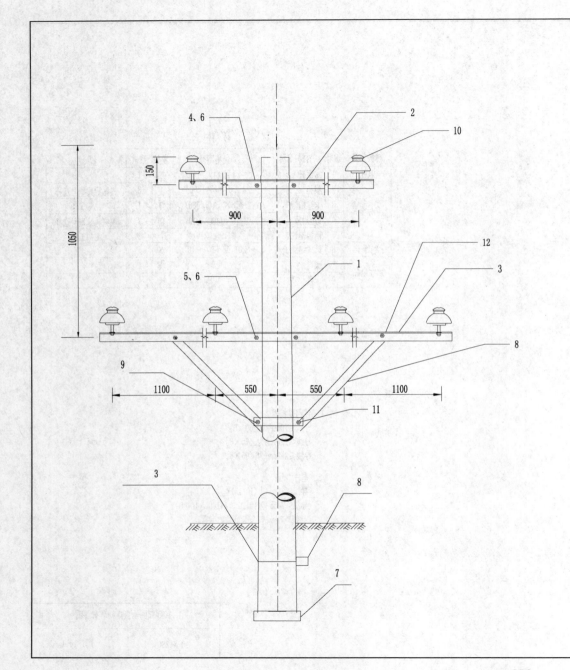

材 料 表

材料分类	编号	材料名称	规格型号	单位	数量	备注
电杆	1	水泥杆	Z—190—（12、15）Ⅰ	基	1	
非标金具	2	横担	∠63×6×1900	根	1	根据导线型号选择
	3	横担	∠63×6×3400	根	1	根据导线型号选择
	4	U形抱箍	φ(16—20)—190	套	1	根据导线型号选择
	5	U形抱箍	φ(16—20)—210	套	1	根据导线型号选择
	6	横担抱铁	φ190	块	1	
	7	横担抱铁	φ210	块	1	
	8	横担撑铁	∠50×5×1200	个	1	
	9	支撑抱箍	φ(170—230)	个	2	
绝缘子	10	针式绝缘子	P—20T 或 FPQ2—10T/20	支	6	
标准件	11	螺栓	M（16-20）×75	条	6	
	12	螺栓	M16×50	条	2	

注：1. 下回横担数据为档距不大于80m。

2. 上回线路金具见Z1杆型。

3. 线路横担规格：

导线≤70mm²为∠63×6；

导线≤120mm²为∠75×8；

导线≤240mm²为∠95×8。

4. 电杆型号：

导线≤70mm²为10Y；

导线>70mm²为1212G、1414G、1616G。

10kV双回上下排杆型布置图	
10-X-ZSS1	图7-10-2

第十一节　直 线 分 支 杆 型 图

直线分支杆型图集清册

图序	图　号	图　　名	图序	图　号	图　　名
图 7-11-1	10-X-ZF1-12-70-1500	12m 杆直线分支杆型组装图 1	图 7-11-7	10-X-ZF1-15-70-1500	15m 杆直线分支杆型组装图 1
图 7-11-2	10-X-ZF1-12-70-1900	12m 杆直线分支杆型组装图 2	图 7-11-8	10-X-ZF1-15-70-1900	15m 杆直线分支杆型组装图 2
图 7-11-3	10-X-ZF1-12-120-1500	12m 杆直线分支杆型组装图 3	图 7-11-9	10-X-ZF1-15-120-1500	15m 杆直线分支杆型组装图 3
图 7-11-4	10-X-ZF1-12-120-1900	12m 杆直线分支杆型组装图 4	图 7-11-10	10-X-ZF1-15-120-1900	15m 杆直线分支杆型组装图 4
图 7-11-5	10-X-ZF1-12-240-1500	12m 杆直线分支杆型组装图 5	图 7-11-11	10-X-ZF1-15-240-1500	15m 杆直线分支杆型组装图 5
图 7-11-6	10-X-ZF1-12-240-1900	12m 杆直线分支杆型组装图 6	图 7-11-12	10-X-ZF1-15-240-1900	15m 杆直线分支杆型组装图 6

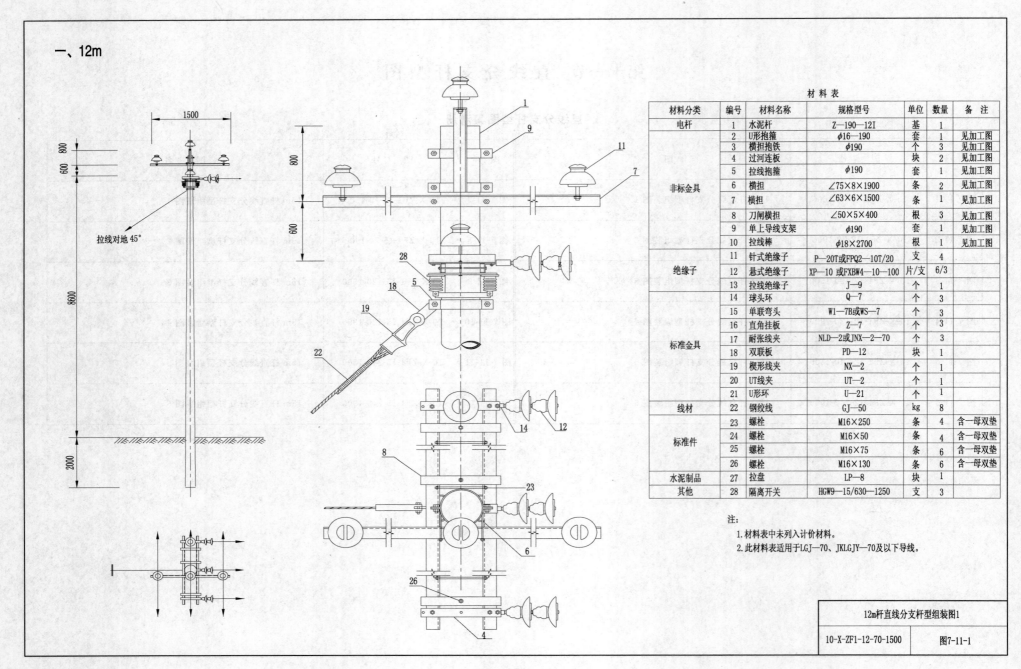

一、12m

材 料 表

材料分类	编号	材料名称	规格型号	单位	数量	备 注
电杆	1	水泥杆	Z—190—12I	基	1	
非标金具	2	U形抱箍	φ16—190	套		见加工图
	3	横担抱铁	φ190	个	3	见加工图
	4	过河连板		块	2	见加工图
	5	拉线抱箍	φ190	套	1	见加工图
	6	横担	∠75×8×1900	条	2	见加工图
	7	横担	∠63×6×1500	条	1	见加工图
	8	刀闸横担	∠50×5×400	根	3	见加工图
	9	单上导线支架	φ190	套	1	见加工图
	10	拉线棒	φ18×2700	根	1	见加工图
绝缘子	11	针式绝缘子	P—20T或FPQ2—10T/20	支	4	
	12	悬式绝缘子	XP—10 或FXBW4—10—100	片/支	6/3	
	13	拉线绝缘子	J—9	个	1	
标准金具	14	球头环	Q—7	个	3	
	15	单联弯头	W1—7B或WS—7	个	3	
	16	直角挂板	Z—7	个	3	
	17	耐张线夹	NLD—2或JNX—2—70	个	3	
	18	双联板	PD—12	块	1	
	19	楔形线夹	NX—2	个	1	
	20	UT线夹	UT—2	个	1	
	21	U形环	U—21	个	1	
线材	22	钢绞线	GJ—50	kg	8	
标准件	23	螺栓	M16×250	条	4	含一母双垫
	24	螺栓	M16×50	条	4	含一母双垫
	25	螺栓	M16×75	条	6	含一母双垫
	26	螺栓	M16×130	条	6	含一母双垫
水泥制品	27	拉盘	LP—8	块	1	
其他	28	隔离开关	HGW9—15/630—1250	支	3	

注:
1.材料表中未列入计价材料。
2.此材料表适用于LGJ—70、JKLGJY—70及以下导线。

12m杆直线分支杆型组装图1	
10-X-ZF1-12-70-1500	图7-11-1

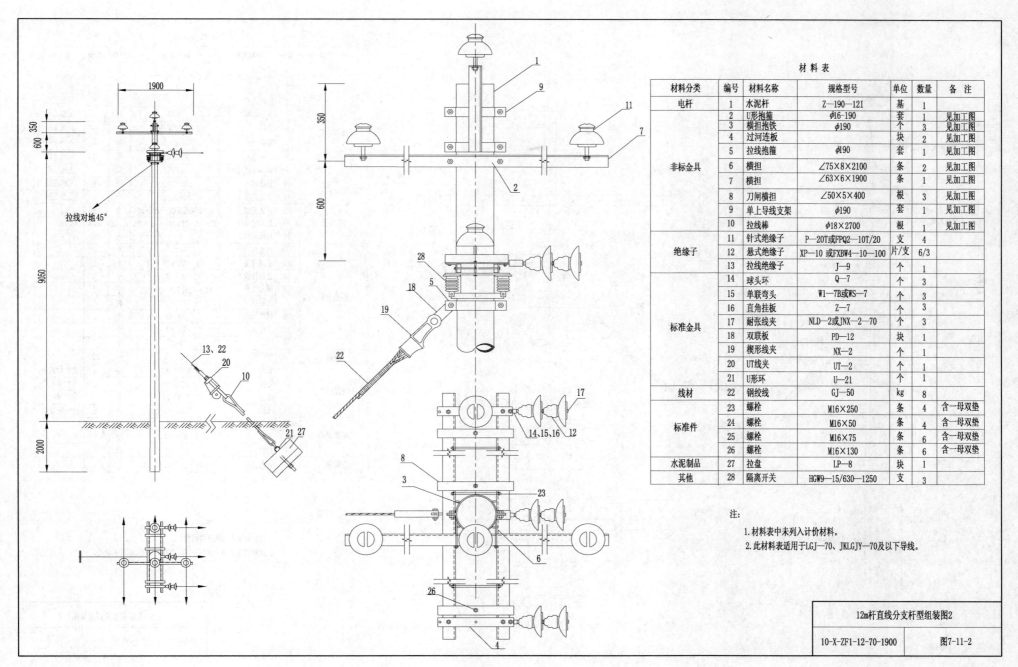

材 料 表

材料分类	编号	材料名称	规格型号	单位	数量	备注
电杆	1	水泥杆	Z—190—12I	基	1	
非标金具	2	U形抱箍	φ16-190	套	1	见加工图
	3	横担抱铁	φ190	个	3	见加工图
	4	过河连板		块	2	见加工图
	5	拉线抱箍	φ190	套	1	见加工图
	6	横担	∠75×8×2100	条	2	见加工图
	7	横担	∠63×6×1900	条	1	见加工图
	8	刀闸横担	∠50×5×400	根	3	见加工图
	9	单上导线支架	φ190	套	1	见加工图
	10	拉线棒	φ18×2700	根	1	见加工图
绝缘子	11	针式绝缘子	P—20T或FPQ2—10T/20	支	4	
	12	悬式绝缘子	XP—10 或FXBW4—10—100	片/支	6/3	
	13	拉线绝缘子	J—9	个	1	
标准金具	14	球头环	Q—7	个	3	
	15	单联弯头	W1—7B或WS—7	个	3	
	16	直角挂板	Z—7	个	3	
	17	耐张线夹	NLD—2或JNX—2—70	个	3	
	18	双联板	PD—12	块	1	
	19	楔形线夹	NX—2	个	1	
	20	UT线夹	UT—2	个	1	
	21	U形环	U—21	个	1	
线材	22	钢绞线	GJ—50	kg	8	
标准件	23	螺栓	M16×250	条	4	含一母双垫
	24	螺栓	M16×50	条	4	含一母双垫
	25	螺栓	M16×75	条	6	含一母双垫
	26	螺栓	M16×130	条	6	含一母双垫
水泥制品	27	拉盘	LP—8	块	1	
其他	28	隔离开关	HGW9—15/630—1250	支	3	

注:
1. 材料表中未列入计价材料。
2. 此材料表适用于LGJ—70、JKLGJY—70及以下导线。

1900

350
600
9050
2000

拉线对地45°

13、22
20
10

21 27

350
600

28
5
18
19
22

17
14、15、16 12

8
3
23

6

26
4

12m杆直线分支杆型组装图2

10-X-ZF1-12-70-1900   图7-11-2

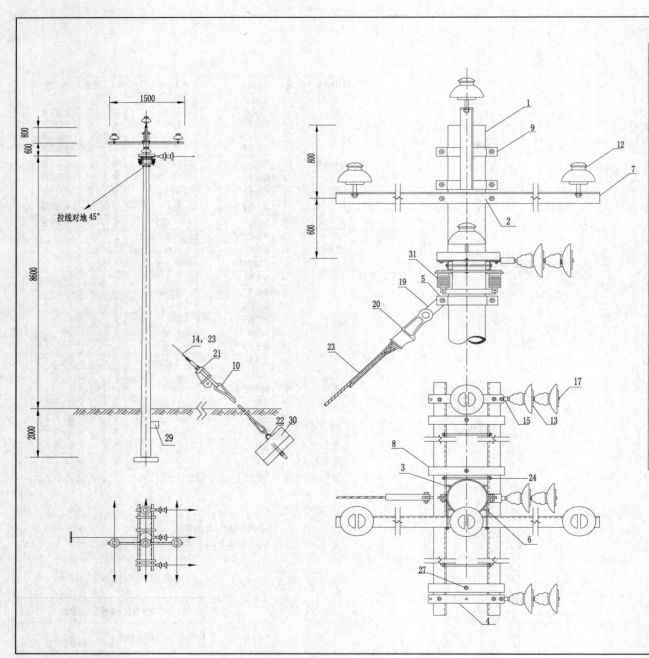

材 料 表

材料分类	编号	材料名称	规格型号	单位	数量	备注
电杆	1	水泥杆	Z—190—12I	基	1	
非标金具	2	U形抱箍	φ18-190	套	1	见加工图
	3	横担抱铁	φ190	个	3	见加工图
	4	过河连板		块	2	见加工图
	5	拉线抱箍	φ190	套	1	见加工图
	6	横担	∠80×8×1900	条	2	见加工图
	7	横担	∠75×8×1500	条	1	见加工图
	8	刀闸横担	∠50×5×400	根	3	见加工图
	9	单上导线支架	φ190	套	1	见加工图
	10	拉线棒	φ20×3100	根	1	见加工图
	11	卡盘抱箍	φ18×340	个	1	见加工图
绝缘子	12	针式绝缘子	P—20T或FPQ2—10T/20	支	4	
	13	悬式绝缘子	XP—10 或FXBW4—10—100	片/支	6/3	
	14	拉线绝缘子	J—9	个	1	
标准金具	15	球头环	Q—10	个	3	
	16	单联弯头	W1—10B或WS—10	个	3	
	17	直角挂板	Z—10	个	3	
	18	耐张线夹	NLD—3或JNX—2—120	个	3	
	19	双联板	PD—12	块	1	
	20	楔形线夹	NX—3	个	1	
	21	UT线夹	UT—3	个	1	
	22	U形环	U—21	个	1	
线材	23	钢绞线	GJ—70	kg	10	
标准件	24	螺栓	M18×250	条	4	含一母双垫
	25	螺栓	M18×50	条	4	含一母双垫
	26	螺栓	M18×75	条	6	含一母双垫
	27	螺栓	M16×130	条	6	含一母双垫
水泥制品	28	底盘	DP—6	块	1	
	29	卡盘	KP—10	块	1	
	30	拉盘	LP—10	块	1	
其他	31	隔离开关	HGW9—15/630—1250	支	3	

注:
1. 材料表中未列入计价材料。
2. 此材料表适用于LGJ—120、JKLGJY—120及以下导线。

12m杆直线分支杆型组装图3

10-X-ZF1-12-120-1500 图7-11-3

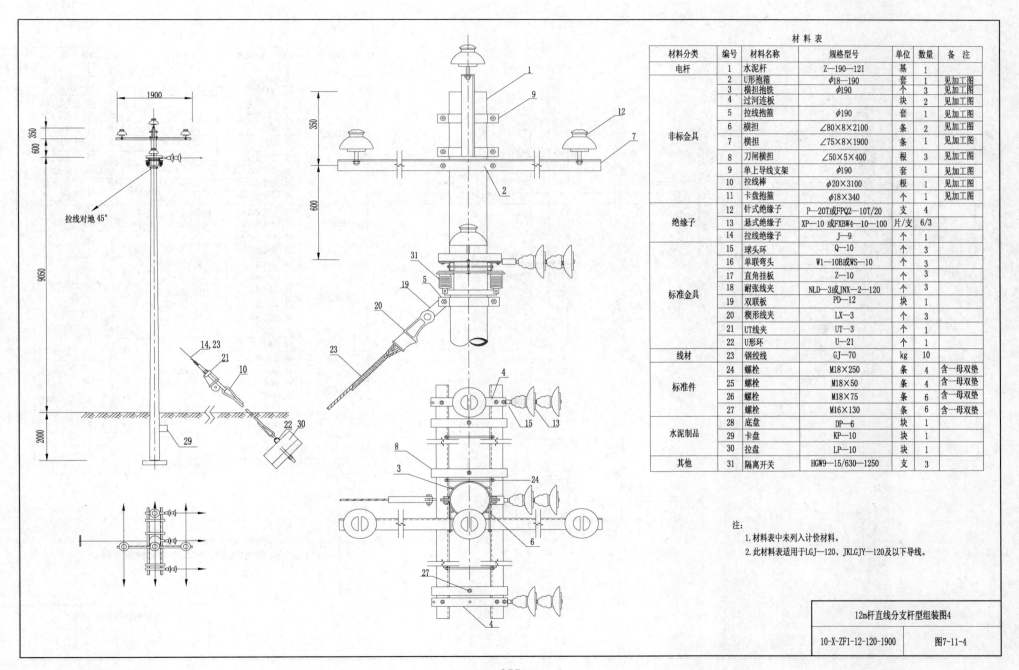

材料表

材料分类	编号	材料名称	规格型号	单位	数量	备注
电杆	1	水泥杆	Z—190—12I	基	1	
非标金具	2	U形抱箍	φ18—190	套	1	见加工图
	3	横担抱铁	φ190	个	3	见加工图
	4	过河连板		块	2	见加工图
	5	拉线抱箍	φ190	套	1	见加工图
	6	横担	∠80×8×2100	条	2	见加工图
	7	横担	∠75×8×1900	条	1	见加工图
	8	刀闸横担	∠50×5×400	根	3	见加工图
	9	单上导线支架	φ190	套	1	见加工图
	10	拉线棒	φ20×3100	根	1	见加工图
	11	卡盘抱箍	φ18×340	个	1	见加工图
绝缘子	12	针式绝缘子	P—20T或FPQ2—10T/20	支	4	
	13	悬式绝缘子	XP—10 或FXBW4—10—100	片/支	6/3	
	14	拉线绝缘子	J—9	个	1	
标准金具	15	球头环	Q—10	个	3	
	16	单联弯头	W1—10B或WS—10	个	3	
	17	直角挂板	Z—10	个	3	
	18	耐张线夹	NLD—3或JNX—2—120	个	3	
	19	双联板	PD—12	块	1	
	20	楔形线夹	LX—3	个	3	
	21	UT线夹	UT—3	个	1	
	22	U形环	U—21	个	1	
线材	23	钢绞线	GJ—70	kg	10	
标准件	24	螺栓	M18×250	条	4	含一母双垫
	25	螺栓	M18×50	条	4	含一母双垫
	26	螺栓	M18×75	条	6	含一母双垫
	27	螺栓	M16×130	条	6	含一母双垫
水泥制品	28	底盘	DP—6	块	1	
	29	卡盘	KP—10	块	1	
	30	拉盘	LP—10	块	1	
其他	31	隔离开关	HGW9—15/630—1250	支	3	

注:
1. 材料表中未列入计价材料。
2. 此材料表适用于LGJ—120、JKLGJY—120及以下导线。

拉线对地45°

12m杆直线分支杆型组装图4

| 10-X-ZF1-12-120-1900 | 图7-11-4 |

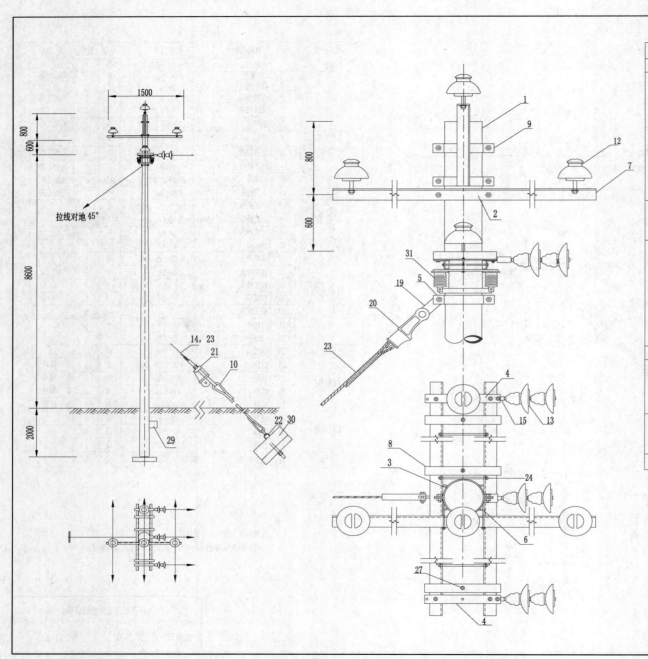

材 料 表

材料分类	编号	材料名称	规格型号	单位	数量	备 注
电杆	1	水泥杆	Z—190—12I	基	1	
非标金具	2	U形抱箍	φ20—190	套	1	见加工图
	3	横担抱铁	φ190	个	3	见加工图
	4	过河连板		块	2	见加工图
	5	拉线抱箍	φ190	套	1	见加工图
	6	横担	∠100×10×1900	条	2	见加工图
	7	横担	∠90×8×1500	条	1	见加工图
	8	刀闸横担	∠50×5×400	根	3	见加工图
	9	单上导线支架	φ190	套	1	见加工图
	10	拉线棒	φ20×3100	根	1	见加工图
	11	卡盘抱箍	φ18×340	个	1	见加工图
绝缘子	12	针式绝缘子	P—20T或FPQ2—10T/20	支	4	
	13	悬式绝缘子	XP—10 或FXBW4—10—100	片/支	6/3	
	14	拉线绝缘子	J—9	个	1	
标准金具	15	球头环	Q—10	个	3	
	16	单联弯头	W1—10B或WS—10	个	3	
	17	直角挂板	Z—10	个	3	
	18	耐张线夹	NLD—4或JNX—2—240	个	3	
	19	双联板	PD—12	块	1	
	20	楔形线夹	NX—3	个	1	
	21	UT线夹	UT—3	个	1	
	22	U形环	U—21	个	1	
线材	23	钢绞线	GJ—100	kg	12.5	
标准件	24	螺栓	M20×250	条	4	含一母双垫
	25	螺栓	M20×50	条	4	含一母双垫
	26	螺栓	M20×75	条	6	含一母双垫
	27	螺栓	M16×130	条	6	含一母双垫
水泥制品	28	底盘	DP—6	块	1	
	29	卡盘	KP—12	块	1	
	30	拉盘	LP—10	块	1	
其他	31	隔离开关	HGW9—15/630—1250	支	3	

注:

1. 材料表中未列入计价材料。

2. 此材料表适用于LGJ—240、JKLGJY—240及以下导线。

拉线对地45°

12m杆直线分支杆型组装图5

10-X-ZF1-12-240-1500   图7-11-5

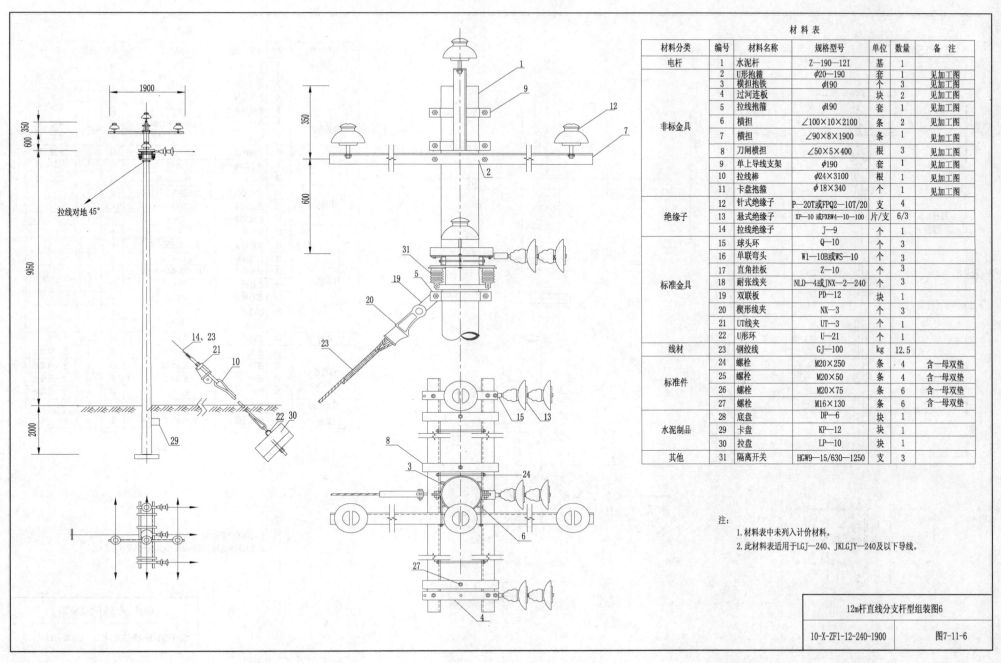

材 料 表

材料分类	编号	材料名称	规格型号	单位	数量	备 注
电杆	1	水泥杆	Z—190—12I	基	1	
非标金具	2	U形抱箍	φ20—190	套	1	见加工图
	3	横担抱铁	φ190	个	3	见加工图
	4	过河连板		块	2	见加工图
	5	拉线抱箍	φ190	套	1	见加工图
	6	横担	∠100×10×2100	条	2	见加工图
	7	横担	∠90×8×1900	条	1	见加工图
	8	刀闸横担	∠50×5×400	根	3	见加工图
	9	单上导线支架	φ190	套	1	见加工图
	10	拉线棒	φ24×3100	根	1	见加工图
	11	卡盘抱箍	φ18×340	个	1	见加工图
绝缘子	12	针式绝缘子	P—20T或FPQ2—10T/20	支	4	
	13	悬式绝缘子	XP—10 或FXBW4—10—100	片/支	6/3	
	14	拉线绝缘子	J—9	个	1	
标准金具	15	球头环	Q—10	个	3	
	16	单联弯头	W1—10B或WS—10	个	3	
	17	直角挂板	Z—10	个	3	
	18	耐张线夹	NLD—4或JNX—2—240	个	3	
	19	双联板	PD—12	块	1	
	20	楔形线夹	NX—3	个	3	
	21	UT线夹	UT—3	个	1	
	22	U形环	U—21	个	1	
线材	23	钢绞线	GJ—100	kg	12.5	
标准件	24	螺栓	M20×250	条	4	含一母双垫
	25	螺栓	M20×50	条	4	含一母双垫
	26	螺栓	M20×75	条	6	含一母双垫
	27	螺栓	M16×130	条	6	含一母双垫
水泥制品	28	底盘	DP—6	块	1	
	29	卡盘	KP—12	块	1	
	30	拉盘	LP—10	块	1	
其他	31	隔离开关	HGW9—15/630—1250	支	3	

注:
1. 材料表中未列入计价材料。
2. 此材料表适用于LGJ—240、JKLGJY—240及以下导线。

12m杆直线分支杆型组装图6	
10-X-ZF1-12-240-1900	图7-11-6

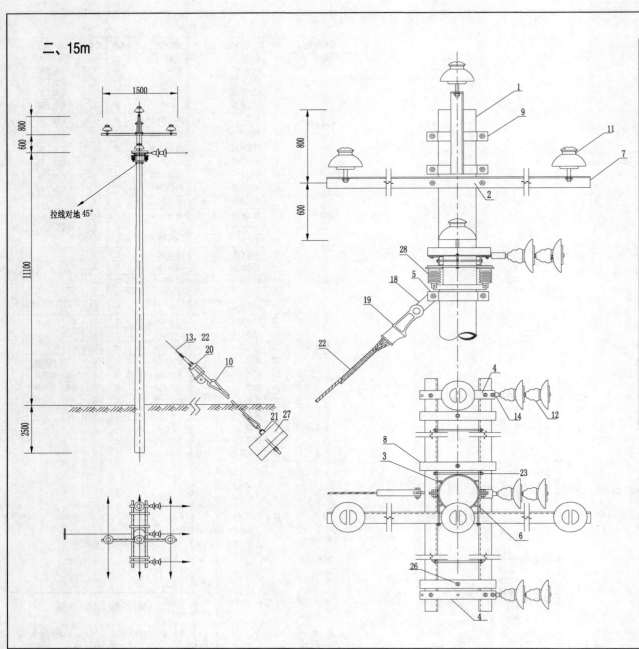

二、15m

拉线对地45°

材料表

材料分类	编号	材料名称	规格型号	单位	数量	备注
电杆	1	水泥杆	Z—190—15I	基	1	
非标金具	2	U形抱箍	φ16—190	套	1	见加工图
	3	横担抱铁	φ190	个	3	见加工图
	4	过河连板		块	2	见加工图
	5	拉线抱箍	φ190	套	1	见加工图
	6	横担	∠75×8×1900	条	2	见加工图
	7	横担	∠63×6×1500	条	1	见加工图
	8	刀闸横担	∠50×5×400	根	3	见加工图
	9	单上导线支架	φ190	套	1	见加工图
	10	拉线棒	φ18×2700	根	1	见加工图
绝缘子	11	针式绝缘子	P—20T或FPQ2—10T/20	支	4	
	12	悬式绝缘子	XP—10 或FXBW4—10—100	片/支	6/3	
	13	拉线绝缘子	J—9	个	1	
标准金具	14	球头环	Q—7	个	3	
	15	单联弯头	W1—7B或WS—7	个	3	
	16	直角挂板	Z—7	个	3	
	17	耐张线夹	NLD—2或JNX—2—70	个	3	
	18	双联板	PD—12	块	1	
	19	楔形线夹	NX—2	个	1	
	20	UT线夹	UT—2	个	1	
	21	U形环	U—21	个	1	
线材	22	钢绞线	GJ—50	kg	10.5	
标准件	23	螺栓	M16×250	条	4	含一母双垫
	24	螺栓	M16×50	条	4	含一母双垫
	25	螺栓	M16×75	条	6	含一母双垫
	26	螺栓	M16×130	条	6	含一母双垫
水泥制品	27	拉盘	LP—8	块	1	
其他	28	隔离开关	HGW9—15/630—1250	支	3	

注:
1. 材料表中未列入计价材料。
2. 此材料表适用于LGJ—70、JKLGJY—70及以下导线。

15m杆直线分支杆型组装图1

10-X-ZF1-15-70-1500   图7-11-7

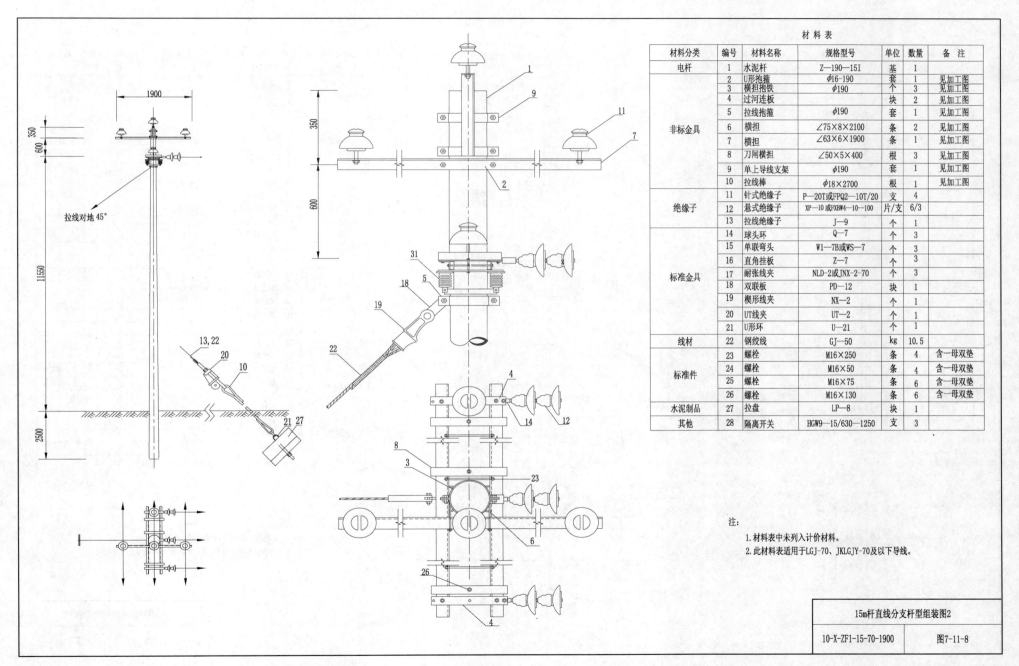

材 料 表

材料分类	编号	材料名称	规格型号	单位	数量	备 注
电杆	1	水泥杆	Z—190—15I	基	1	
非标金具	2	U形抱箍	φ16-190	套	1	见加工图
	3	横担抱铁	φ190	个	3	见加工图
	4	过河连板		块	2	见加工图
	5	拉线抱箍	φ190	套	1	见加工图
	6	横担	∠75×8×2100	条	2	见加工图
	7	横担	∠63×6×1900	条	1	见加工图
	8	刀闸横担	∠50×5×400	根	3	见加工图
	9	单上导线支架	φ190	套	1	见加工图
	10	拉线棒	φ18×2700	根	1	见加工图
绝缘子	11	针式绝缘子	P—20T或FPQ2—10T/20	支	4	
	12	悬式绝缘子	XP—10 或FXBW4—10—100	片/支	6/3	
	13	拉线绝缘子	J—9	个	1	
标准金具	14	球头环	Q—7	个	3	
	15	单联弯头	W1—7B或WS—7	个	3	
	16	直角挂板	Z—7	个	3	
	17	耐张线夹	NLD-2或JNX-2-70	个	3	
	18	双联板	PD—12	块	1	
	19	楔形线夹	NX—2	个	1	
	20	UT线夹	UT—2	个	1	
	21	U形环	U—21	个	1	
线材	22	钢绞线	GJ—50	kg	10.5	
标准件	23	螺栓	M16×250	条	4	含一母双垫
	24	螺栓	M16×50	条	4	含一母双垫
	25	螺栓	M16×75	条	6	含一母双垫
	26	螺栓	M16×130	条	6	含一母双垫
水泥制品	27	拉盘	LP—8	块	1	
其他	28	隔离开关	HGW9—15/630—1250	支	3	

注:
1.材料表中未列入计价材料。
2.此材料表适用于LGJ-70、JKLGJY-70及以下导线。

15m杆直线分支杆型组装图2	
10-X-ZF1-15-70-1900	图7-11-8

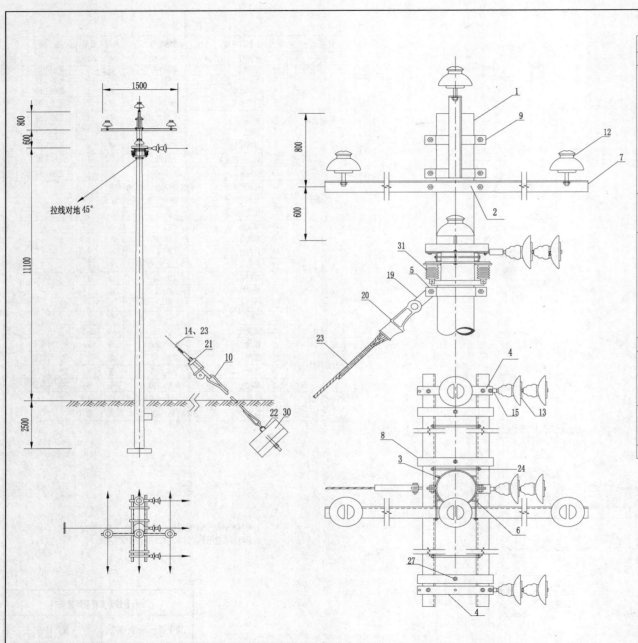

材 料 表

材料分类	编号	材料名称	规格型号	单位	数量	备 注
电杆	1	水泥杆	Z—190—15I	基	1	
非标金具	2	U形抱箍	φ18—190	套	1	见加工图
	3	横担抱铁	φ190	个	3	见加工图
	4	过河连板		块	2	见加工图
	5	拉线抱箍	φ190	套	1	见加工图
	6	横担	∠80×8×1900	条	2	见加工图
	7	横担	∠75×8×1500	条	1	见加工图
	8	刀闸横担	∠50×5×400	根	3	见加工图
	9	单上导线支架	φ190	套	1	见加工图
	10	拉线棒	φ20×3100	根	1	见加工图
	11	卡盘抱箍	φ18×370	个	1	见加工图
绝缘子	12	针式绝缘子	P—20T或FPQ2—10T/20	支	4	
	13	悬式绝缘子	XP—10 或FXBW4—10—100	片/支	6/3	
	14	拉线绝缘子	J—9	个	1	
标准金具	15	球头环	Q—10	个	3	
	16	单联弯头	W1—10B或WS—10	个	3	
	17	直角挂板	Z—10	个	3	
	18	耐张线夹	NLD—3或JNX—2—120	个	3	
	19	双联板	PD—12	块	1	
	20	楔形线夹	NX—3	个	1	
	21	UT线夹	UT—3	个	1	
	22	U形环	U—21	个	1	
线材	23	钢绞线	GJ—70	kg	13	
标准件	24	螺栓	M18×250	条	4	含一母双垫
	25	螺栓	M18×50	条	4	含一母双垫
	26	螺栓	M18×75	条	6	含一母双垫
	27	螺栓	M16×130	条	6	含一母双垫
水泥制品	28	底盘	DP—6	块	1	
	29	卡盘	KP—12	块	1	
	30	拉盘	LP—10	块	1	
其他	31	隔离开关	HGW9—15/630—1250	支	3	

注:

1.材料表中未列入计价材料。

2.此材料表适用于LGJ—120、JKLGJY—120及以下导线。

15m杆直线分支杆型组装图3	
10-X-ZF1-15-120-1500	图7-11-9

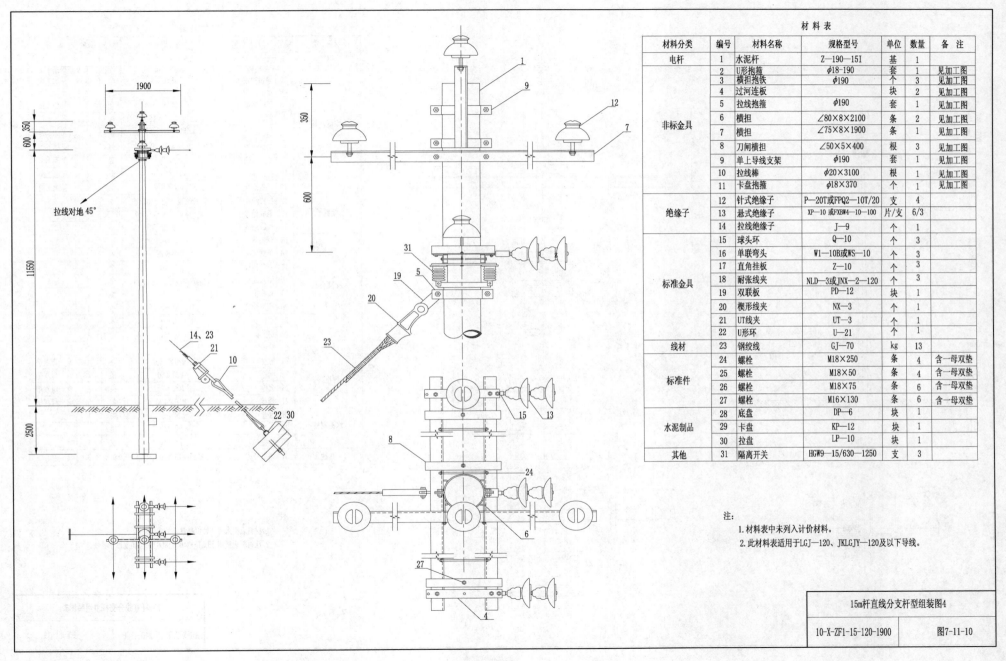

材 料 表

材料分类	编号	材料名称	规格型号	单位	数量	备 注
电杆	1	水泥杆	Z—190—15I	基	1	
非标金具	2	U形抱箍	φ18-190	套	1	见加工图
	3	横担抱铁	φ190	个	3	见加工图
	4	过河连板		块	2	见加工图
	5	拉线抱箍	φ190	套	1	见加工图
	6	横担	∠80×8×2100	条	2	见加工图
	7	横担	∠75×8×1900	条	1	见加工图
	8	刀闸横担	∠50×5×400	根	3	见加工图
	9	单上导线支架	φ190	套	1	见加工图
	10	拉线棒	φ20×3100	根	1	见加工图
	11	卡盘抱箍	φ18×370	个	1	见加工图
绝缘子	12	针式绝缘子	P—20T或FPQ2—10T/20	支	4	
	13	悬式绝缘子	XP—10 或FXBW4—10—100	片/支	6/3	
	14	拉线绝缘子	J—9	个	3	
标准金具	15	球头环	Q—10	个	3	
	16	单联弯头	W1—10B或WS—10	个	3	
	17	直角挂板	Z—10	个	3	
	18	耐张线夹	NLD—3或JNX—2—120	个	3	
	19	双联板	PD—12	块	1	
	20	楔形线夹	NX—3	个	1	
	21	UT线夹	UT—3	个	1	
	22	U形环	U—21	个	1	
线材	23	钢绞线	GJ—70	kg	13	
标准件	24	螺栓	M18×250	条	4	含一母双垫
	25	螺栓	M18×50	条	4	含一母双垫
	26	螺栓	M18×75	条	6	含一母双垫
	27	螺栓	M16×130	条	6	含一母双垫
水泥制品	28	底盘	DP—6	块	1	
	29	卡盘	KP—12	块	1	
	30	拉盘	LP—10	块	1	
其他	31	隔离开关	HGW9—15/630—1250	支	3	

拉线对地45°

注:
1. 材料表中未列入计价材料。
2. 此材料表适用于LGJ—120、JKLGJY—120及以下导线。

15m杆直线分支杆型组装图4

| 10-X-ZF1-15-120-1900 | 图7-11-10 |

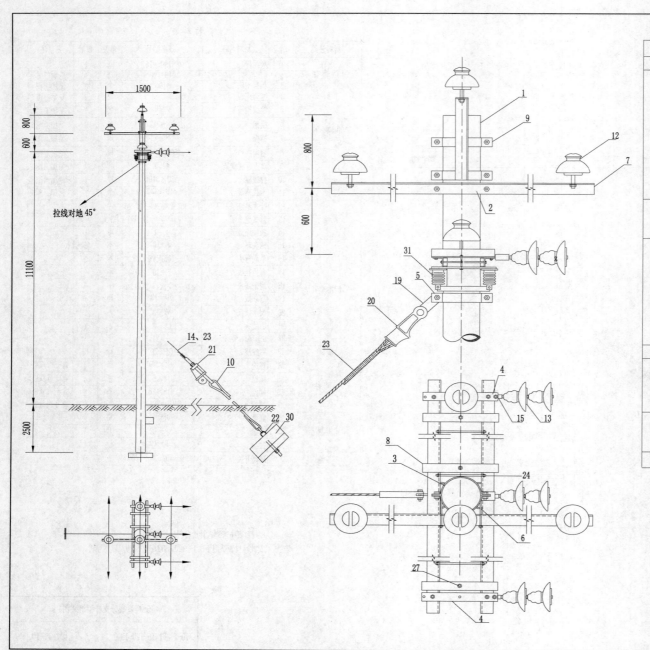

材料表						
材料分类	编号	材料名称	规格型号	单位	数量	备注
电杆	1	水泥杆	Z—190—15I	基	1	
非标金具	2	U形抱箍	φ20—190	套	1	见加工图
	3	横担抱铁	φ190	个	3	见加工图
	4	过河连板		块	2	见加工图
	5	拉线抱箍	φ190	套	1	见加工图
	6	横担	∠100×10×1900	条	2	见加工图
	7	横担	∠90×8×1500	条	1	见加工图
	8	刀闸横担	∠50×5×400	根	3	见加工图
	9	单上导线支架	φ190	套	1	见加工图
	10	拉线棒	φ20×3100	根	1	见加工图
	11	卡盘抱箍	φ18×370	个	1	见加工图
绝缘子	12	针式绝缘子	P—20T或FPQ2—10T/20	支	4	
	13	悬式绝缘子	XP—10 或FXBW4—10—100	片/支	6/3	
	14	拉线绝缘子	J—9	个	1	
标准金具	15	球头环	Q—10	个	3	
	16	单联弯头	W1—10B或WS—10	个	3	
	17	直角挂板	Z—10	个	3	
	18	耐张线夹	NLD—4或JNX—2—240	个	3	
	19	双联板	PD—12	块	1	
	20	楔形线夹	NX—3	个	1	
	21	UT线夹	UT—3	个	1	
	22	U形环	U—21	个	1	
线材	23	钢绞线	GJ—100	kg	16	
标准件	24	螺栓	M20×250	条	4	含一母双垫
	25	螺栓	M20×50	条	4	含一母双垫
	26	螺栓	M20×75	条	6	含一母双垫
	27	螺栓	M16×130	条	6	含一母双垫
水泥制品	28	底盘	DP—6	块	1	
	29	卡盘	KP—12	块	1	
	30	拉盘	LP—10	块	1	
其他	31	隔离开关	HGW9—15/630—1250	支	3	

注:
1. 材料表中未列入计价材料。
2. 此材料表适用于LGJ—240、JKLGJY—240及以下导线。

拉线对地45°

15m杆直线分支杆型组装图5	
10-X-ZF1-15-240-1500	图7-11-11

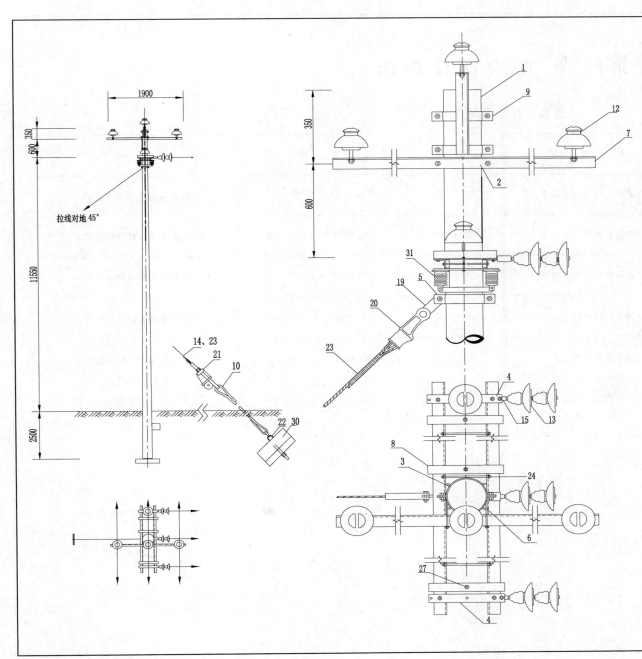

材料表

材料分类	编号	材料名称	规格型号	单位	数量	备注
电杆	1	水泥杆	Z—190—15I	基	1	
非标金具	2	U形抱箍	φ20—190	套	1	见加工图
	3	横担抱铁	φ190	个	3	见加工图
	4	过河连板		块	2	见加工图
	5	拉线抱箍	φ190	套	1	见加工图
	6	横担	∠100×10×2100	条	2	见加工图
	7	横担	∠90×8×1900	条	1	见加工图
	8	刀闸横担	∠50×5×400	根	3	见加工图
	9	单上导线支架	φ190	套	1	见加工图
	10	拉线棒	φ20×3100	根	1	见加工图
	11	卡盘抱箍	φ18×370	个	1	见加工图
绝缘子	12	针式绝缘子	P—20T或FPQ2—10T/20	支	4	
	13	悬式绝缘子	XP—10或FXBW4—10—100	片/支	6/3	
	14	拉线绝缘子	J—9			
标准金具	15	球头环	Q—10	个	3	
	16	单联弯头	W1—10B或WS—10	个	3	
	17	直角挂板	Z—10	个	3	
	18	耐张线夹	NLD—4或JNX—2—240	个	3	
	19	双联板	PD—12	块	1	
	20	楔形线夹	NX—3	个	1	
	21	UT线夹	UT—3	个	1	
	22	U形环	U—21	个	1	
线材	23	钢绞线	GJ—100	kg	16	
标准件	24	螺栓	M20×250	条	4	含一母双垫
	25	螺栓	M20×50	条	4	含一母双垫
	26	螺栓	M20×75	条	6	含一母双垫
	27	螺栓	M16×130	条	6	含一母双垫
水泥制品	28	底盘	DP—6	块	1	
	29	卡盘	KP—12	块	1	
	30	拉盘	LP—10	块	1	
其他	31	隔离开关	HGW9—15/630—1250	支	3	

注:
1.材料表中未列入计价材料。
2.此材料表适用于LGJ—240、JKLGJY—240及以下导线。

15m杆直线分支杆型组装图6

10-X-ZF1-15-240-1900　　图7-11-12

第十二节 直线杆杆型图

直线杆杆型图集清册

图 序	图 号	图 名	图 序	图 号	图 名
图 7-12-1	10-X-ZX1-12-70-1500	12m杆普通直线杆组装图1	图 7-12-7	10-X-ZX1-15-70-1500	15m杆普通直线杆组装图1
图 7-12-2	10-X-ZX1-12-120-1500	12m杆普通直线杆组装图2	图 7-12-8	10-X-ZX1-15-120-1500	15m杆普通直线杆组装图2
图 7-12-3	10-X-ZX1-12-240-1500	12m杆普通直线杆组装图3	图 7-12-9	10-X-ZX1-15-240-1500	15m杆普通直线杆组装图3
图 7-12-4	10-X-ZX1-12-70-1900	12m杆普通直线杆组装图4	图 7-12-10	10-X-ZX1-15-70-1900	15m杆普通直线杆组装图4
图 7-12-5	10-X-ZX1-12-120-1900	12m杆普通直线杆组装图5	图 7-12-11	10-X-ZX1-15-120-1900	15m杆普通直线杆组装图5
图 7-12-6	10-X-ZX1-12-240-1900	12m杆普通直线杆组装图6	图 7-12-12	10-X-ZX1-15-240-1900	15m杆普通直线杆组装图6

一、12m

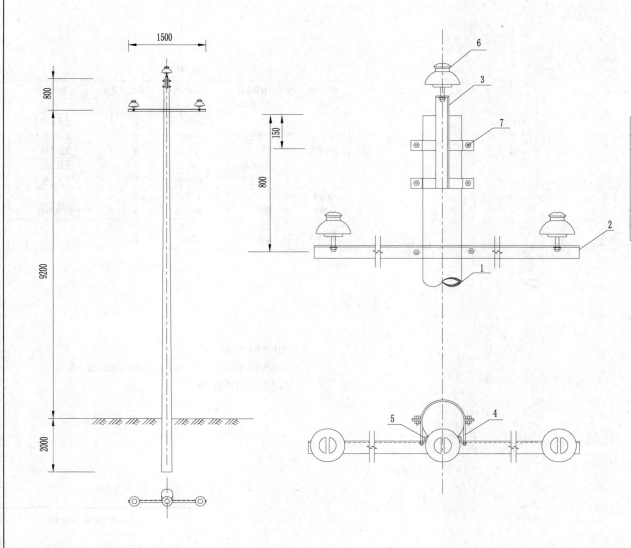

材 料 表

材料分类	编号	材料名称	规格型号	单位	数量	备 注
电杆	1	水泥杆	Z-190-12I	基	1	
非标金具	2	横担	∠63×6×1500	条	1	见加工图
	3	上导线支架	φ190	套	1	见加工图
	4	U形抱箍	φ16-190	套	1	见加工图
	5	横担抱铁	φ190	个	1	见加工图
绝缘子	6	针式绝缘子	P-20T 或 FPQ2-10T/20	支	3	
标准件	7	螺栓	M16×75	条	4	含一母双垫

注：1. 材料表中未列入计价材料。

2. 此材料表适用于LGJ-70、JKLGJY-70及以下导线。

3. 本杆型适用于60～80m档距。

12m杆普通直线杆组装图1	
10-X-ZX1-12-70-1500	图7-12-1

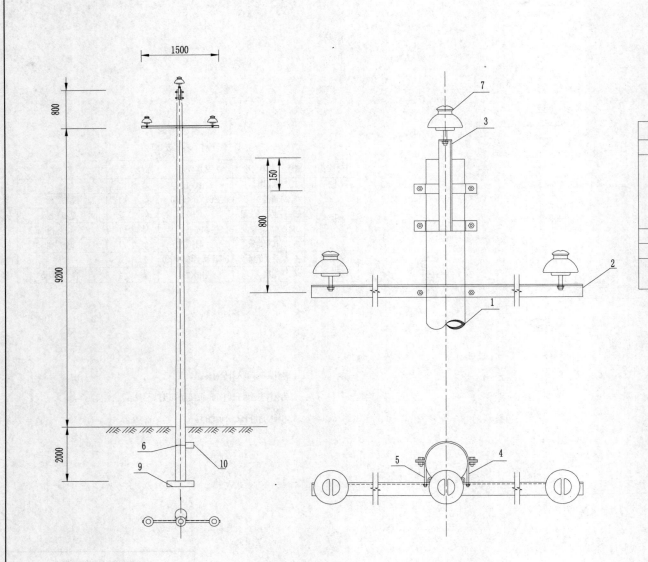

材料表

材料分类	编号	材料名称	规格型号	单位	数量	备　注
电杆	1	水泥杆	Z-190-12I	基	1	
非标金具	2	横担	∠75×8×1500	条	1	见加工图
	3	上导线支架	φ190	套	1	见加工图
	4	U形抱箍	φ18-190	套	1	见加工图
	5	横担抱铁	φ190	个	1	见加工图
	6	卡盘抱箍	φ18-340	个	1	见加工图
绝缘子	7	针式绝缘子	P-20T 或 FPQ2-10T/20	支	3	
标准件	8	螺栓	M18×75	条	4	含一母双垫
水泥制品	9	底盘	DP-6	个	1	
	10	卡盘	KP-10	个	1	

注：1. 材料表中未列入计价材料。

2. 此材料表适用于LGJ-95—LGJ-120、JKLGJY-95—JKLGYJ-120导线。

3. 本杆型适用于60～80m档距。

12m杆普通直线杆组装图2	
10-X-ZX1-12-120-1500	图7-12-2

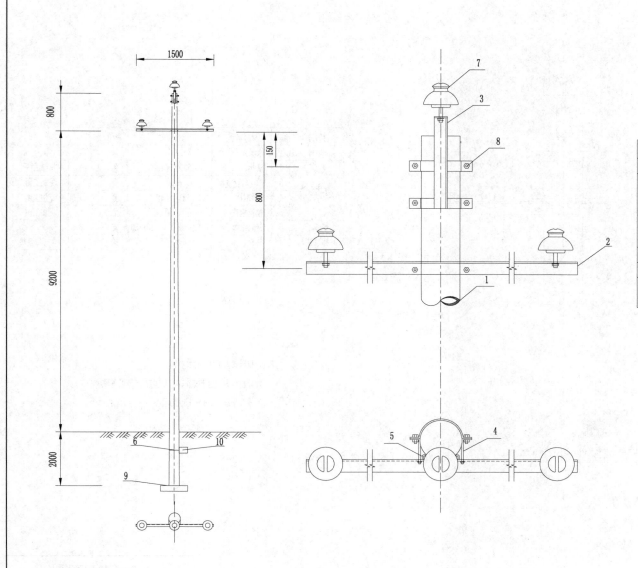

材 料 表

材料分类	编号	材料名称	规格型号	单位	数量	备 注
电杆	1	水泥杆	Z-190-12I	基	1	
非标金具	2	横担	∠90×8×1500	条	1	见加工图
	3	上导线支架	φ190	套	1	见加工图
	4	U形抱箍	φ20-190	套	1	见加工图
	5	横担抱铁	φ190	个	1	见加工图
	6	卡盘抱箍	φ18-340	个	1	见加工图
绝缘子	7	针式绝缘子	P-20T 或 FPQ2-10T/20	支	3	
标准件	8	螺栓	M20×75	条	4	含一母双垫
水泥制品	9	底盘	DP-6	个	1	
	10	卡盘	KP-10	个	1	

注：1.材料表中未列入计价材料。

2.此材料表适用于LGJ-150—LGJ-240、JKLGJY-150—JKLGYJ-240导线。

3.本杆型适用于60～80m档距。

12m杆普通直线杆组装图3	
10-X-ZX1-12-240-1500	图7-12-3

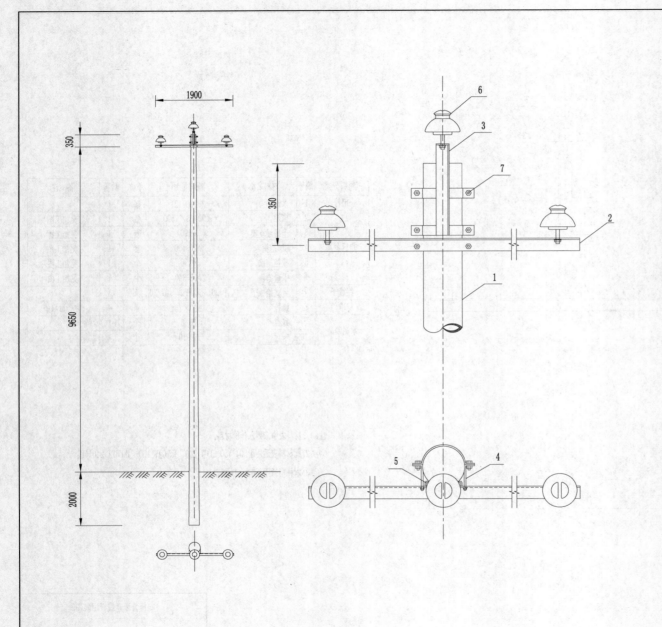

材 料 表

材料分类	编号	材料名称	规格型号	单位	数量	备 注
电杆	1	水泥杆	Z-190-12I	基	1	
非标金具	2	横担	∠63×6×1900	条	1	见加工图
	3	单上导线支架	φ190	套	1	见加工图
	4	U形抱箍	φ16-190	套	1	见加工图
	5	横担抱铁	φ190	个	1	见加工图
绝缘子	6	针式绝缘子	P-20T 或 FPQ2-10T/20	支	3	
标准件	7	螺栓	M16×75	条	4	含一母双垫

注: 1. 材料表中未列入计价材料。

2. 此材料表适用于LGJ-70、JKLGJY-70及以下导线。

3. 本杆型适用于80m以上档距。

12m杆普通直线杆组装图4	
10-X-ZX1-12-70-1900	图7-12-4

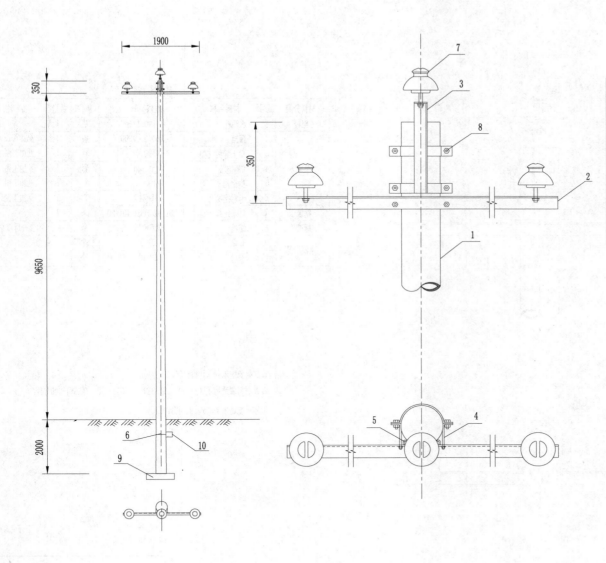

材 料 表

材料分类	编号	材料名称	规格型号	单位	数量	备注
电杆	1	水泥杆	Z-190-12I	基	1	
非标金具	2	横担	∠75×8×1900	条	1	见加工图
	3	单上导线支架	φ190	套	1	见加工图
	4	U形抱箍	φ18-190	套	1	见加工图
	5	横担抱铁	φ190	个	1	见加工图
	6	卡盘抱箍	φ18-340	个	1	见加工图
绝缘子	7	针式绝缘子	P-20T 或 FPQ2-10T/20	支	3	
标准件	8	螺栓	M18×75	条	4	含一母双垫
水泥制品	9	底盘	DP-6	个	1	
	10	卡盘	KP-10	个	1	

注: 1. 材料表中未列入计价材料。

2. 此材料表适用于LGJ-95—LGJ-120、JKLGJY-95—JKLGJY-120导线。

3. 本杆型适用于80m以上档距。

12m杆普通直线杆组装图5	
10-X-ZX1-12-120-1900	图7-12-5

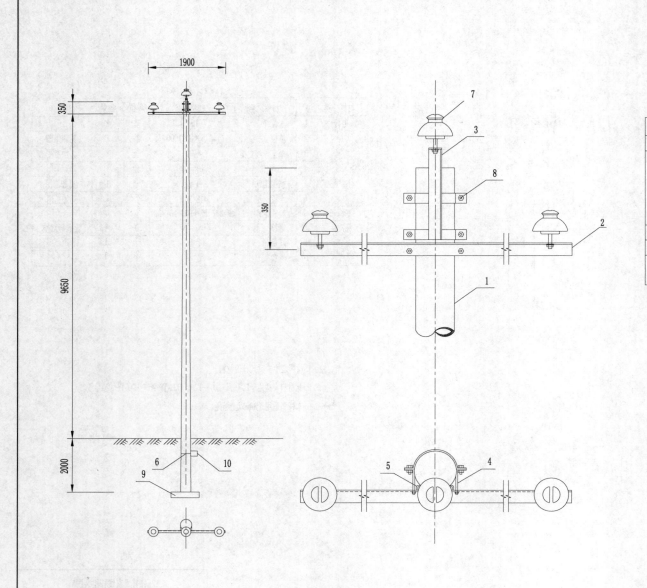

材 料 表

材料分类	编号	材料名称	规格型号	单位	数量	备 注
电杆	1	水泥杆	Z-190-12I	基	1	
非标金具	2	横担	∠90×8×1900	条	1	见加工图
	3	单上导线支架	φ190	套	1	见加工图
	4	U形抱箍	φ20-190	套	1	见加工图
	5	横担抱铁	φ190	个	1	见加工图
	6	卡盘抱箍	φ18-340	个	1	见加工图
绝缘子	7	针式绝缘子	P-20T 或 FPQ2-10T/20	支	3	
标准件	8	螺栓	M20×75	条	4	含一母双垫
水泥制品	9	底盘	DP-6	个	1	
	10	卡盘	KP-10	个	1	

注：1. 材料表中未列入计价材料。

2. 此材料表适用于LGJ-150—LGJ-240、JKLGJY-150—JKLGYJ-240导线。

3. 本杆型适用于80m以上档距。

12m杆普通直线杆组装图6	
10-X-ZX1-12-240-1900	图7-12-6

二、15m

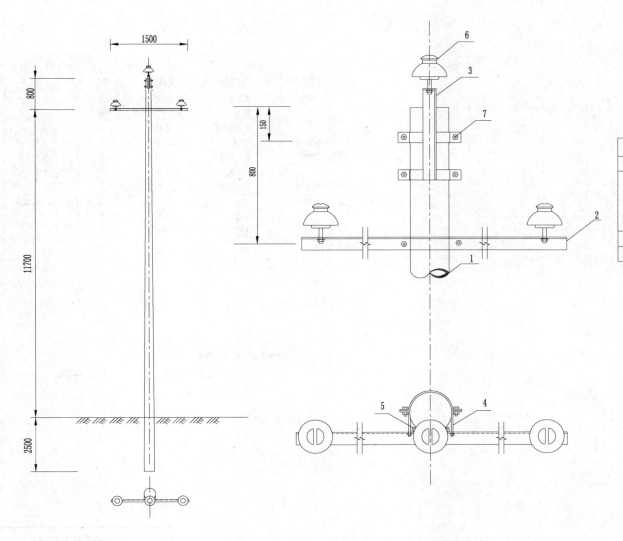

材 料 表

材料分类	编号	材料名称	规格型号	单位	数量	备 注
电杆	1	水泥杆	Z-190-15I	基	1	
非标金具	2	横担	∠63×6×1500	条	1	见加工图
	3	上导线支架	φ190	套	1	见加工图
	4	U形抱箍	φ16-190	套	1	见加工图
	5	横担抱铁	φ190	个	1	见加工图
绝缘子	6	针式绝缘子	P-20T 或 FPQ2-10T/20	支	3	
标准件	7	螺栓	M16×75	条	4	含一母双垫

注：1. 材料表中未列入计价材料。

2. 此材料表适用于LGJ-70、JKLGYJ-70及以下导线。

3. 本杆型适用于60～80m档距。

15m杆普通直线杆组装图1	
10-X-ZX1-15-70-1500	图7-12-7

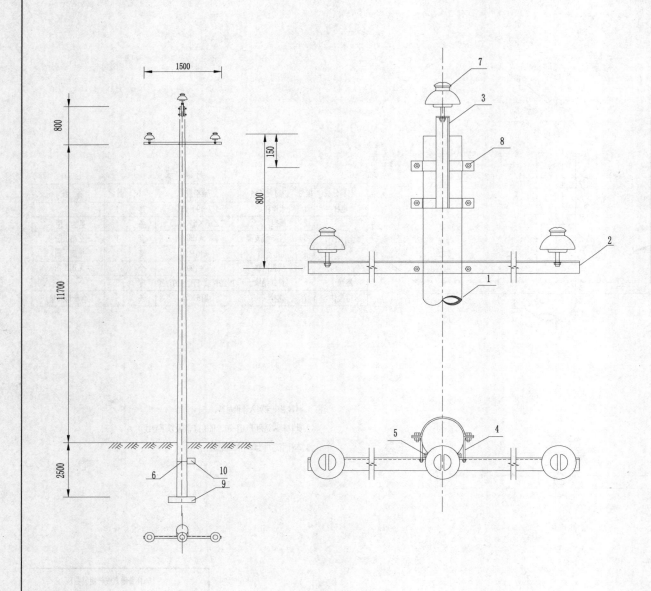

材 料 表

材料分类	编号	材料名称	规格型号	单位	数量	备 注
电杆	1	水泥杆	Z-190-15I	基	1	
非标金具	2	横担	∠75×8×1500	条	1	见加工图
	3	上导线支架	φ190	套	1	见加工图
	4	U形抱箍	φ18-190	套	1	见加工图
	5	横担抱铁	φ190	个	1	见加工图
	6	卡盘抱箍	φ18-340	个	1	见加工图
绝缘子	7	针式绝缘子	P-20T 或 FPQ2-10T/20	支	3	
标准件	8	螺栓	M18×75	条	4	含一母双垫
水泥制品	9	底盘	DP-6	个	1	
	10	卡盘	KP-12	个	1	

注:1.材料表中未列入计价材料。

2.此材料表适用于LGJ-95—LGJ-120、JKLGYJ-95—JKLGYJ-120导线。

3.本杆型适用于60~80m档距。

15m杆普通直线杆组装图2	
10-X-ZX1-15-120-1500	图7-12-8

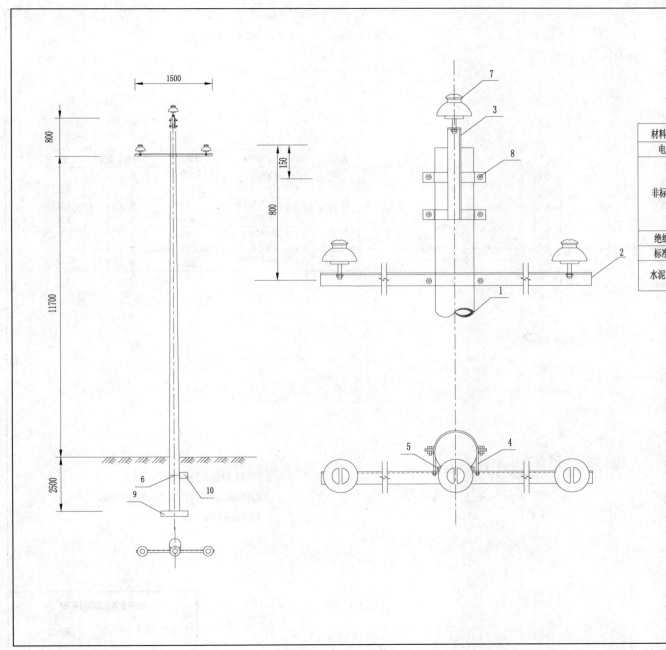

材 料 表

材料分类	编号	材料名称	规格型号	单位	数量	备 注
电杆	1	水泥杆	Z-190-15I	基	1	
非标金具	2	横担	∠90×8×1500	条	1	见加工图
	3	上导线支架	φ190	套	1	见加工图
	4	U形抱箍	φ20-190	套	1	见加工图
	5	横担抱铁	φ190	个	1	见加工图
	6	卡盘抱箍	φ18-340	个	1	见加工图
绝缘子	7	针式绝缘子	P-20T 或 FPQ2-10T/20	支	3	
标准件	8	螺栓	M20×75	条	4	含一母双垫
水泥制品	9	底盘	DP-6	个	1	
	10	卡盘	KP-12	个	1	

注: 1. 材料表中未列入计价材料。

2. 此材料表适用于LGJ-150—LGJ-240、JKLGYJ-150—JKLGYJ-240导线。

3. 本杆型适用于60~80m档距。

15m杆普通直线杆组装图3	
10-X-ZX1-15-240-1500	图7-12-9

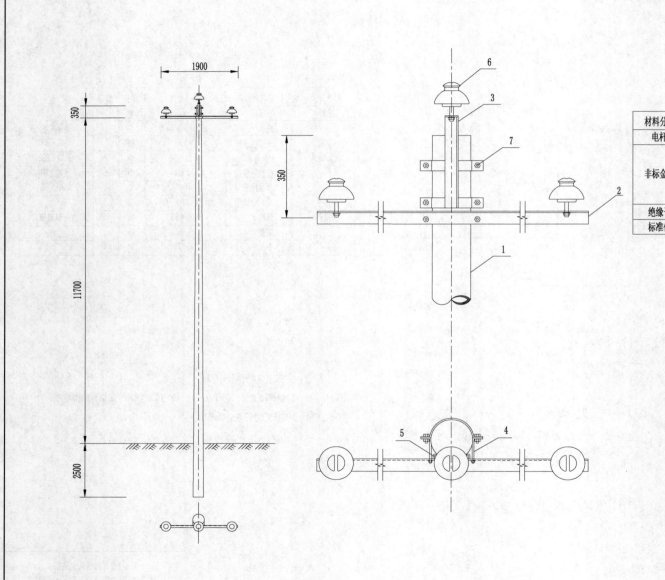

材 料 表

材料分类	编号	材料名称	规格型号	单位	数量	备 注
电杆	1	水泥杆	Z-190-15I	基	1	
非标金具	2	横担	∠63×6×1900	条	1	见加工图
	3	单上导线支架	φ190	套	1	见加工图
	4	U形抱箍	φ16-190	套	1	见加工图
	5	横担抱铁	φ190	个	1	见加工图
绝缘子	6	针式绝缘子	P-20T或FPQ2-10T/20	支	3	
标准件	7	螺栓	M16×75	条	4	含一母双垫

注: 1. 材料表中未列入计价材料。

2. 此材料表适用于LGJ-70、JKLGYJ-70及以下导线。

3. 本杆型适用于80m以上档距。

15m杆普通直线杆组装图4	
10-X-ZX1-15-70-1900	图7-12-10

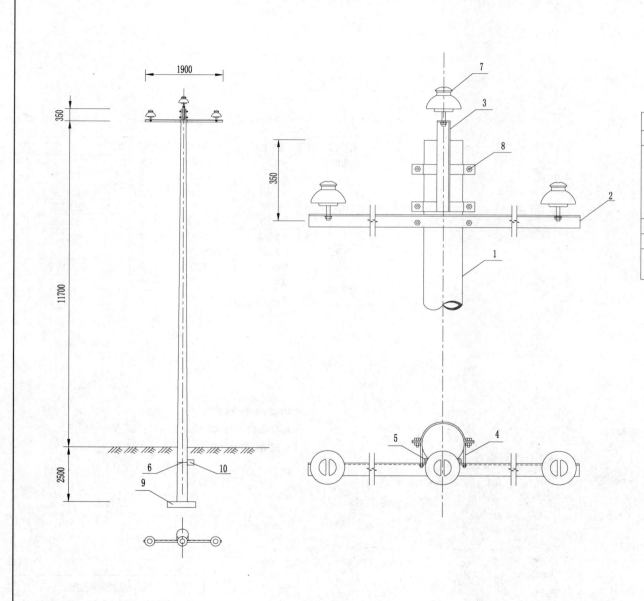

材 料 表

材料分类	编号	材料名称	规格型号	单位	数量	备注
电杆	1	水泥杆	Z-190-15I	基	1	
非标金具	2	横担	∠75×8×1900	条	1	见加工图
	3	单上导线支架	φ190	套	1	见加工图
	4	U形抱箍	φ18-190	套	1	见加工图
	5	横担抱铁	φ190	个	1	见加工图
	6	卡盘抱箍	φ18-340	个	1	见加工图
绝缘子	7	针式绝缘子	P-20T或FPQ2-10T/20	支	3	
标准件	8	螺栓	M18×75	条	4	含一母双垫
水泥制品	9	底盘	DP-6	个	1	
	10	卡盘	KP-12	个	1	

注: 1. 材料表中未列入计价材料。

2. 此材料表适用于LGJ-95—LGJ-120、JKLGYJ-95—JKLGYJ-120导线。

3. 本杆型适用于80m以上档距。

15m杆普通直线杆组装图5	
10-X-ZX1-15-120-1900	图7-12-11

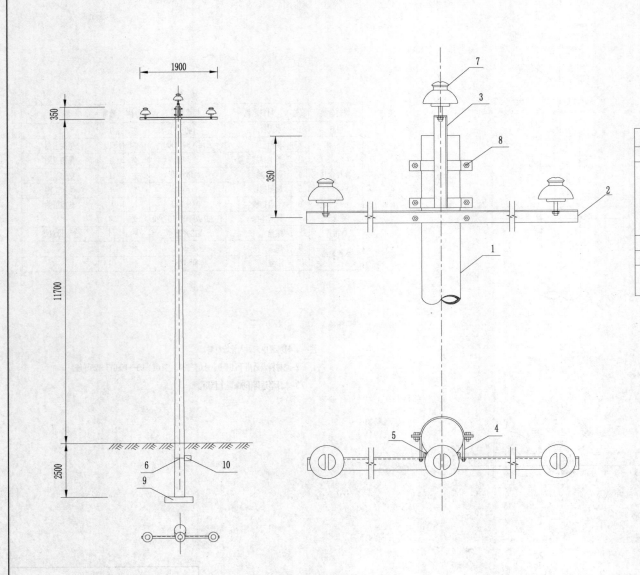

材 料 表

材料分类	编号	材料名称	规格型号	单位	数量	备 注
电杆	1	水泥杆	Z-190-15I	基	1	
非标金具	2	横担	∠90×8×1900	条	1	见加工图
	3	单上导线支架	φ190	套	1	见加工图
	4	U形抱箍	φ20-190	套	1	见加工图
	5	横担抱铁	φ190	个	1	见加工图
	6	卡盘抱箍	φ18-340	个	1	见加工图
绝缘子	7	针式绝缘子	P-20T或FPQ2-10T/20	支	3	
标准件	8	螺栓	M20×75	条	4	含一母双垫
水泥制品	9	底盘	DP-6	个	1	
	10	卡盘	KP-12	个	1	

注：1. 材料表中未列入计价材料。
    2. 此材料表适用于LGJ-150—LGJ-240、JKLGYJ-150—JKLGYJ-240导线。
    3. 本杆型适用于80m以上档距。

15m杆普通直线杆组装图6	
10-X-ZX1-15-240-1900	图7-12-12

第十三节 直线双固定杆型图

直线双固定杆型图集清单

图 序	图 号	图 名	图 序	图 号	图 名
图 7-13-1	10-X-ZX2-12-70-1500	12m 杆普通直线杆组装图 1	图 7-13-7	10-X-ZX2-15-70-1500	15m 杆普通直线杆组装图 1
图 7-13-2	10-X-ZX2-12-120-1500	12m 杆普通直线杆组装图 2	图 7-13-8	10-X-ZX2-15-120-1500	15m 杆普通直线杆组装图 2
图 7-13-3	10-X-ZX2-12-240-1500	12m 杆普通直线杆组装图 3	图 7-13-9	10-X-ZX2-15-240-1500	15m 杆普通直线杆组装图 3
图 7-13-4	10-X-ZX2-12-70-1900	12m 杆普通直线杆组装图 4	图 7-13-10	10-X-ZX2-15-70-1900	15m 杆普通直线杆组装图 4
图 7-13-5	10-X-ZX2-12-120-1900	12m 杆普通直线杆组装图 5	图 7-13-11	10-X-ZX2-15-120-1900	15m 杆普通直线杆组装图 5
图 7-13-6	10-X-ZX2-12-240-1900	12m 杆普通直线杆组装图 6	图 7-13-12	10-X-ZX2-15-240-1900	15m 杆普通直线杆组装图 6

一、12m

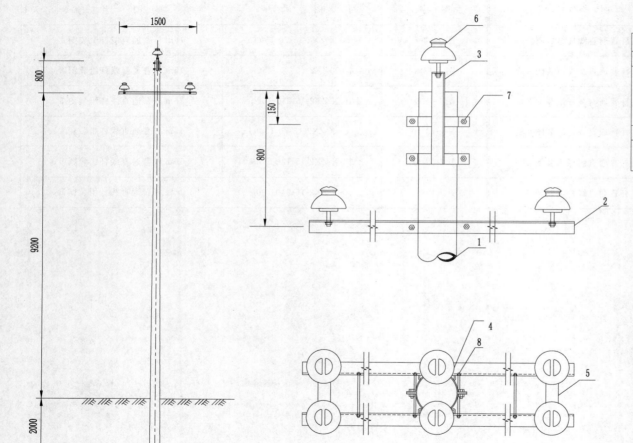

材 料 表

材料分类	编号	材料名称	规格型号	单位	数量	备 注
电杆	1	水泥杆	Z-190-12I	基	1	
非标金具	2	横担	∠63×6×1500	条	2	见加工图
	3	双上导线支架	φ190	套	1	见加工图
	4	横担抱铁	φ190	个	2	见加工图
	5	横担连板		块	2	见加工图
绝缘子	6	针式绝缘子	P-20T或FPQ2-10T/20	支	6	
标准件	7	螺栓	M16×75	条	4	含一母双垫
	8	螺栓	M16×250	条	4	含一母双垫

注：1. 材料表中未列入计价材料。

2. 此材料表适用于LGJ-70、JKLGYJ-70及以下导线。

3. 本杆型适用于60～80m档距。

12m杆普通直线杆组装图1	
10-X-ZX2-12-70-1500	图7-13-1

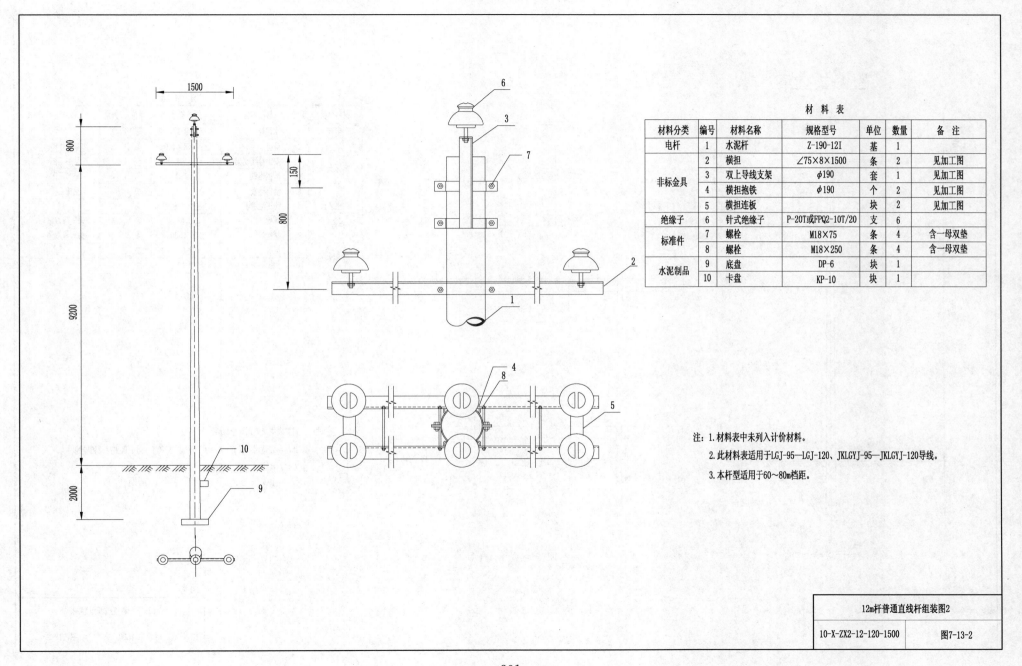

材 料 表

材料分类	编号	材料名称	规格型号	单位	数量	备 注
电杆	1	水泥杆	Z-190-12I	基	1	
非标金具	2	横担	∠75×8×1500	条	2	见加工图
	3	双上导线支架	φ190	套	1	见加工图
	4	横担抱铁	φ190	个	2	见加工图
	5	横担连板		块	2	见加工图
绝缘子	6	针式绝缘子	P-20T或FPQ2-10T/20	支	6	
标准件	7	螺栓	M18×75	条	4	含一母双垫
	8	螺栓	M18×250	条	4	含一母双垫
水泥制品	9	底盘	DP-6	块	1	
	10	卡盘	KP-10	块	1	

注: 1. 材料表中未列入计价材料。

2. 此材料表适用于LGJ-95—LGJ-120、JKLGYJ-95—JKLGYJ-120导线。

3. 本杆型适用于60～80m档距。

12m杆普通直线杆组装图2	
10-X-ZX2-12-120-1500	图7-13-2

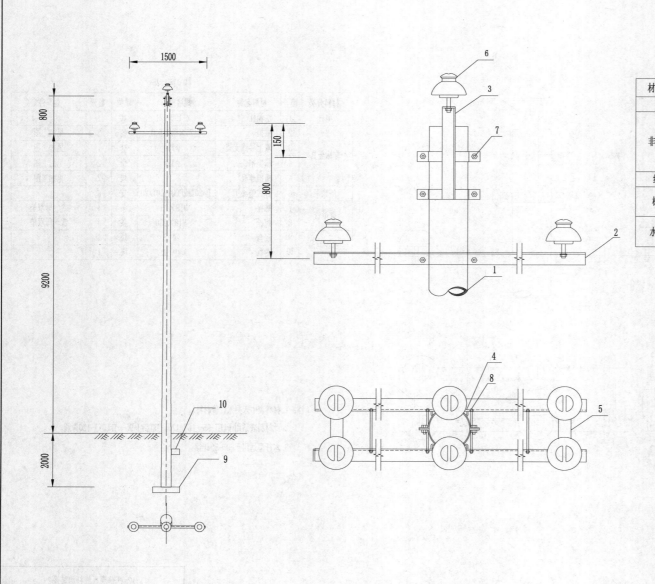

材 料 表

材料分类	编号	材料名称	规格型号	单位	数量	备 注
电杆	1	水泥杆	Z-190-12I	基	1	
非标金具	2	横担	∠90×8×1500	条	2	见加工图
	3	双上导线支架	φ190	套	1	见加工图
	4	横担抱铁	φ190	个	2	见加工图
	5	横担连板		块	2	见加工图
绝缘子	6	针式绝缘子	P-20T或FPQ2-10T/20	支	6	
标准件	7	螺栓	M20×75	条	4	含一母双垫
	8	螺栓	M20×250	条	4	含一母双垫
水泥制品	9	底盘	DP-6	块	1	
	10	卡盘	KP-12	块	1	

注：1.材料表中未列入计价材料。

2.此材料表适用于LGJ-150—LGJ-240、JKLGYJ-150—JKLGYJ-240导线。

3.本杆型适用于60~80m档距。

12m杆普通直线杆组装图3	
10-X-ZX2-12-240-1500	图7-13-3

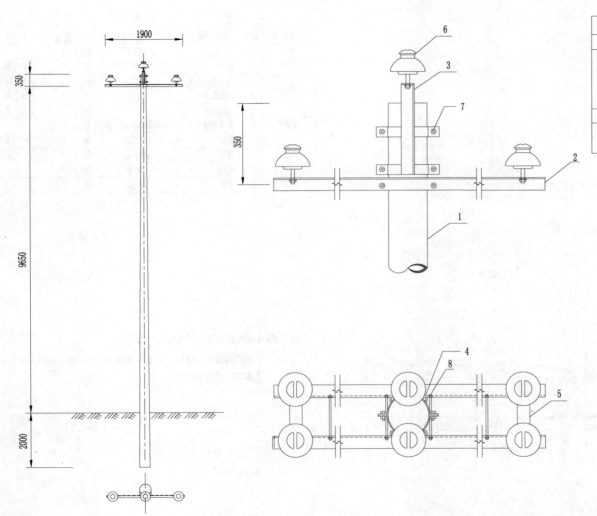

材 料 表

材料分类	编号	材料名称	规格型号	单位	数量	备注
电杆	1	水泥杆	Z-190-12I	基	1	
非标金具	2	横担	∠63×6×1900	条	2	见加工图
	3	双上导线支架	φ190	套	1	见加工图
	4	横担抱铁	φ190	个	2	见加工图
	5	横担连板		块	2	见加工图
绝缘子	6	针式绝缘子	P-20T或FPQ2-10T/20	支	6	
标准件	7	螺栓	M16×75	条	4	含一母双垫
	8	螺栓	M16×250	条	4	含一母双垫

注：1.材料表中未列入计价材料。

2.此材料表适用于LGJ-70、JKLGYJ-70及以下导线。

3.本杆型适用于80m以上档距。

12m杆普通直线杆组装图4	
10-X-ZX2-12-70-1900	图7-13-4

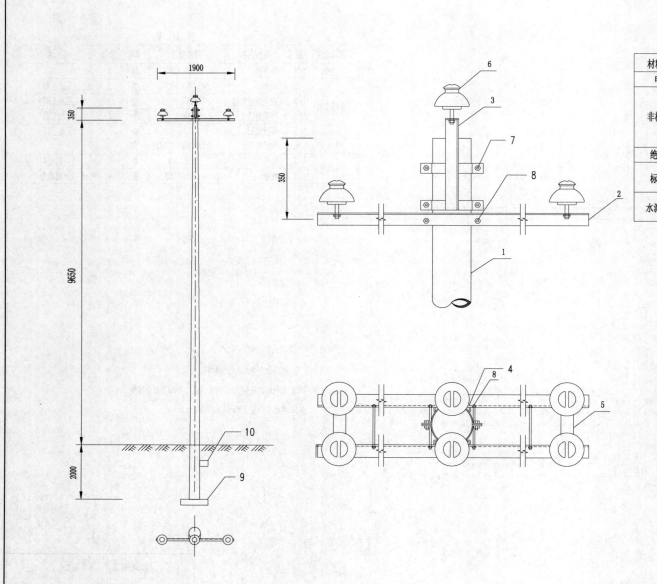

材 料 表

材料分类	编号	材料名称	规格型号	单位	数量	备 注
电杆	1	水泥杆	Z-190-12I	基	1	
非标金具	2	横担	∠75×8×1900	条	2	见加工图
	3	双上导线支架	φ190	套	1	见加工图
	4	横担抱铁	φ190	个	2	见加工图
	5	横担连板		块	2	见加工图
绝缘子	6	针式绝缘子	P-20T或FPQ2-10T/20	支	6	
标准件	7	螺栓	M18×75	条	4	含一母双垫
	8	螺栓	M18×250	条	4	含一母双垫
水泥制品	9	底盘	DP-6	块	1	
	10	卡盘	KP-10	块	1	

注：1.材料表中未列入计价材料。
    2.此材料表适用于LGJ-95—LGJ-120、JKLGYJ-95—JKLGYJ-120导线。
    3.本杆型适用于80m以上档距。

12m杆普通直线杆组装图5	
10-X-ZX2-12-120-1900	图7-13-5

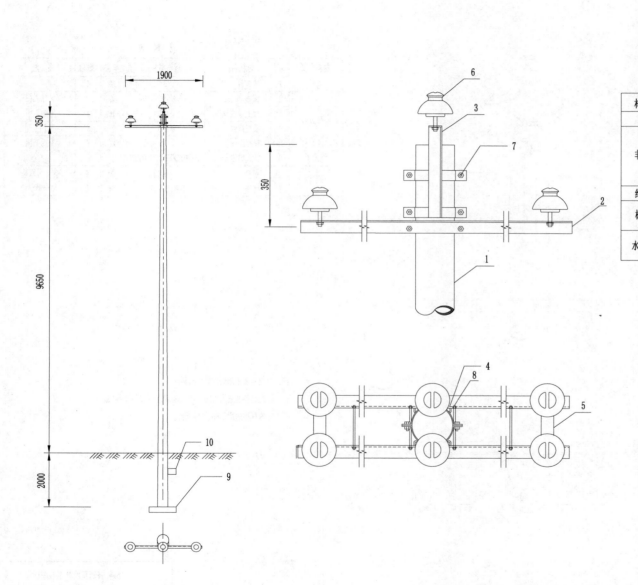

材 料 表

材料分类	编号	材料名称	规格型号	单位	数量	备 注
电杆	1	水泥杆	Z-190-12I	基	1	
非标金具	2	横担	∠90×8×1900	条	2	见加工图
	3	双上导线支架	φ190	套	1	见加工图
	4	横担抱铁	φ190	个	2	见加工图
	5	横担连板		块	2	见加工图
绝缘子	6	针式绝缘子	P-20T或FPQ2-10T/20	支	6	
标准件	7	螺栓	M20×75	条	4	含一母双垫
	8	螺栓	M20×250	条	4	含一母双垫
水泥制品	9	底盘	DP-6	块	1	
	10	卡盘	KP-12	块	1	

注：1. 材料表中未列入计价材料。

2. 此材料表适用于LGJ-150—LGJ-240、JKLGYJ-150—JKLGYJ-240导线。

3. 本杆型适用于80m以上档距。

12m杆普通直线杆组装图6	
10-X-ZX2-12-240-1900	图7-13-6

二、15m

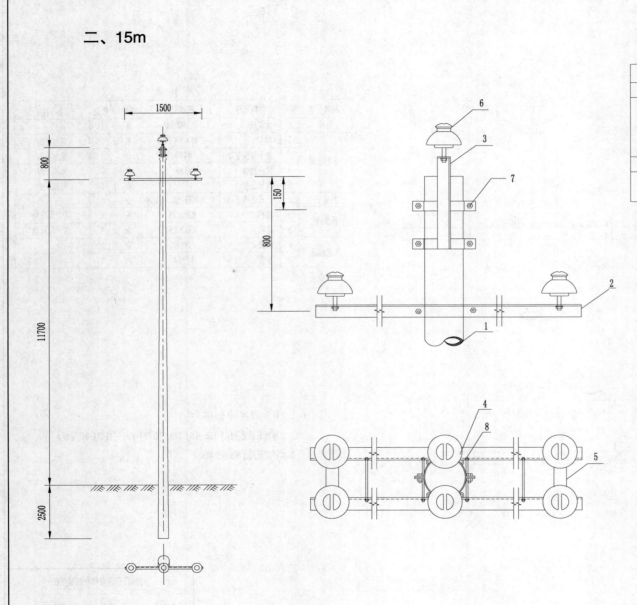

材 料 表

材料分类	编号	材料名称	规格型号	单位	数量	备 注
电杆	1	水泥杆	Z-190-15I	基	1	
非标金具	2	横担	∠63×6×1500	条	2	见加工图
	3	双上导线支架	φ190	套	1	见加工图
	4	横担抱铁	φ190	个	2	见加工图
	5	横担连板		块	2	见加工图
绝缘子	6	针式绝缘子	P-20T或FPQ2-10T/20	支	6	
标准件	7	螺栓	M16×75	条	4	含一母双垫
	8	螺栓	M16×250	条	4	含一母双垫

注：1. 材料表中未列入计价材料。

2. 此材料表适用于LGJ-70、JKLGYJ-70及以下导线。

3. 本杆型适用于60~80m档距。

15m杆普通直线杆组装图1	
10-X-ZX2-15-70-1500	图7-13-7

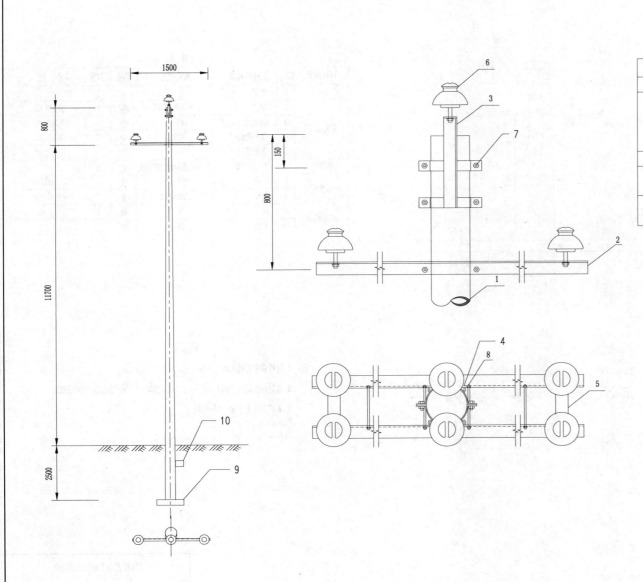

材 料 表

材料分类	编号	材料名称	规格型号	单位	数量	备 注
电杆	1	水泥杆	Z-190-15I	基	1	
非标金具	2	横担	∠75×8×1500	条	2	见加工图
	3	双上导线支架	φ190	套	1	见加工图
	4	横担抱铁	φ190	个	2	见加工图
	5	横担连板		块	2	见加工图
绝缘子	6	针式绝缘子	P-20T或FPQ2-10T/20	支	6	
标准件	7	螺栓	M18×75	条	4	含一母双垫
	8	螺栓	M18×250	条	4	含一母双垫
水泥制品	9	底盘	DP-6	块	1	
	10	卡盘	KP-12	块	1	

注：1.材料表中未列入计价材料。

2.此材料表适用于LGJ-95—LGJ-120、JKLGYJ-95—JKLGJY-120导线。

3.本杆型适用于60～80m档距。

15m杆普通直线杆组装图2	
10-X-ZX2-15-120-1500	图7-13-8

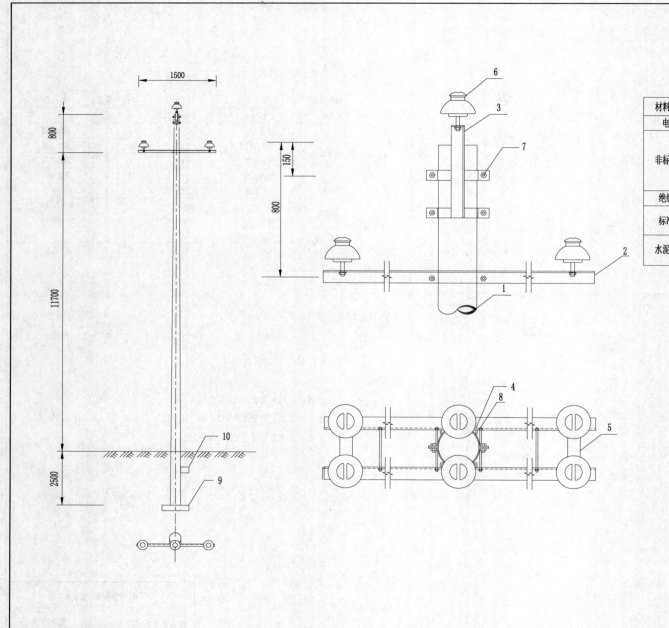

材 料 表

材料分类	编号	材料名称	规格型号	单位	数量	备 注
电杆	1	水泥杆	Z-190-15I	基	1	
非标金具	2	横担	∠95×8×1500	条	2	见加工图
	3	双上导线支架	φ190	套	1	见加工图
	4	横担抱铁	φ190	个	2	见加工图
	5	横担连板		块	2	见加工图
绝缘子	6	针式绝缘子	P-20T或FPQ2-10T/20	支	6	
标准件	7	螺栓	M20×75	条	4	含一母双垫
	8	螺栓	M20×250	条	4	含一母双垫
水泥制品	9	底盘	DP-6	块	1	
	10	卡盘	KP-12	块	1	

注：1. 材料表中未列入计价材料。

2. 此材料表适用于LGJ-150—LGJ-240、JKLGYJ-150—JKLGJY-240导线。

3. 本杆型适用于60～80m档距。

15m杆普通直线杆组装图3	
10-X-ZX2-15-240-1500	图7-13-9

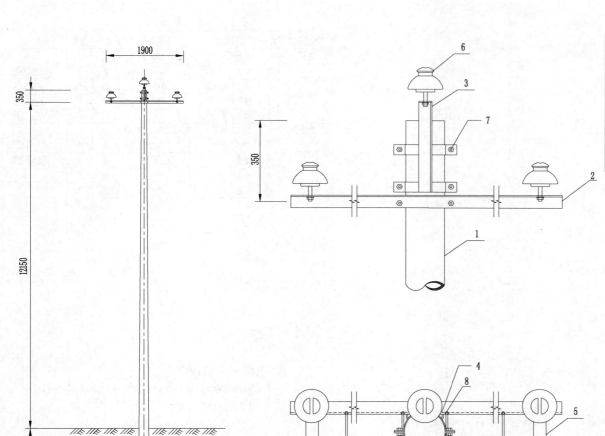

材 料 表						
材料分类	编号	材料名称	规格型号	单位	数量	备 注
电杆	1	水泥杆	Z-190-15I	基	1	
非标金具	2	横担	∠63×6×1900	条	2	见加工图
	3	双上导线支架	φ190	套	1	见加工图
	4	横担抱铁	φ190	个	2	见加工图
	5	横担连板		块	2	见加工图
绝缘子	6	针式绝缘子	P-20T或FPQ2-10T/20	支	6	
标准件	7	螺栓	M16×75	条	4	含一母双垫
	8	螺栓	M16×250	条	4	含一母双垫

注: 1. 材料表中未列入计价材料。

2. 此材料表适用于LGJ-70、JKLGYJ-70及以下导线。

3. 本杆型适用于80m以上档距。

15m杆普通直线杆组装图4	
10-X-ZX2-15-70-1900	图7-13-10

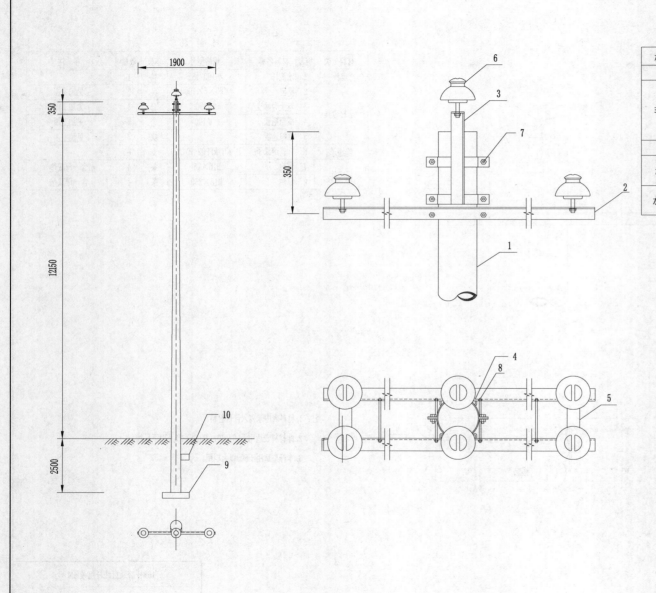

材 料 表

材料分类	编号	材料名称	规格型号	单位	数量	备 注
电杆	1	水泥杆	Z-190-15I	基	1	
非标金具	2	横担	∠75×8×1900	条	2	见加工图
	3	双上导线支架	φ190	套	1	见加工图
	4	横担抱铁	φ190	个	2	见加工图
	5	横担连板		块	2	见加工图
绝缘子	6	针式绝缘子	P-20T或FPQ2-10T/20	支	6	
标准件	7	螺栓	M18×75	条	4	含一母双垫
	8	螺栓	M18×250	条	4	含一母双垫
水泥制品	9	底盘	DP-6	块	1	
	10	卡盘	KP-12	块	1	

注：1. 材料表中未列入计价材料。

2. 此材料表适用于LGJ-95—LGJ-120、JKLGYJ-95—JKLGYJ-120导线。

3. 本杆型适用于80m以上档距。

15m杆普通直线杆组装图5	
10-X-ZX2-15-120-1900	图7-13-11

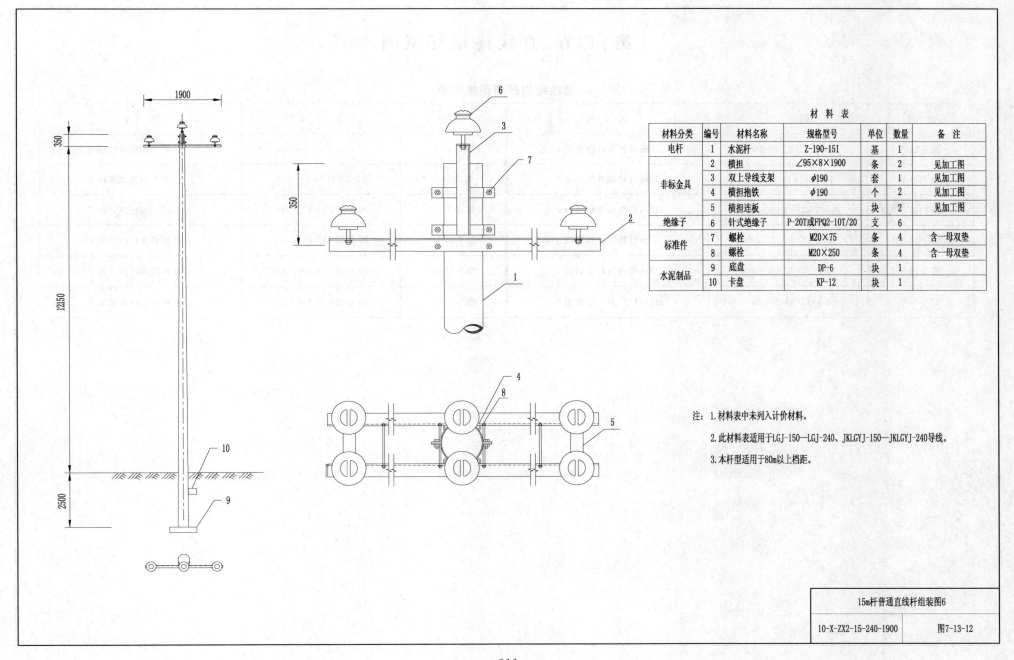

材 料 表

材料分类	编号	材料名称	规格型号	单位	数量	备 注
电杆	1	水泥杆	Z-190-15I	基	1	
非标金具	2	横担	∠95×8×1900	条	2	见加工图
	3	双上导线支架	φ190	套	1	见加工图
	4	横担抱铁	φ190	个	2	见加工图
	5	横担连板		块	2	见加工图
绝缘子	6	针式绝缘子	P-20T或FPQ2-10T/20	支	6	
标准件	7	螺栓	M20×75	条	4	含一母双垫
	8	螺栓	M20×250	条	4	含一母双垫
水泥制品	9	底盘	DP-6	块	1	
	10	卡盘	KP-12	块	1	

注： 1.材料表中未列入计价材料。

2.此材料表适用于LGJ-150—LGJ-240、JKLGYJ-150—JKLGYJ-240导线。

3.本杆型适用于80m以上档距。

15m杆普通直线杆组装图6

| 10-X-ZX2-15-240-1900 | 图7-13-12 |

第十四节 直线终端杆型图

直线终端杆型图集清册

图 序	图 号	图 名	图 序	图 号	图 名
图 7-14-1	10-X-ZD-12-70-1900	12m 杆终端杆组装图 1	图 7-14-7	10-X-ZD-15-70-1900	15m 杆终端杆组装图 1
图 7-14-2	10-X-ZD-12-70-2100	12m 杆终端杆组装图 2	图 7-14-8	10-X-ZD-15-70-2100	15m 杆终端杆组装图 2
图 7-14-3	10-X-ZD-12-120-1900	12m 杆终端杆组装图 3	图 7-14-9	10-X-ZD-15-120-1900	15m 杆终端杆组装图 3
图 7-14-4	10-X-ZD-12-120-2100	12m 杆终端杆组装图 4	图 7-14-10	10-X-ZD-15-120-2100	15m 杆终端杆组装图 4
图 7-14-5	10-X-ZD-12-240-1900	12m 杆终端杆组装图 5	图 7-14-11	10-X-ZD-15-240-1900	15m 杆终端杆组装图 5
图 7-14-6	10-X-ZD-12-240-2100	12m 杆终端杆组装图 6	图 7-14-12	10-X-ZD-15-240-2100	15m 杆终端杆组装图 6

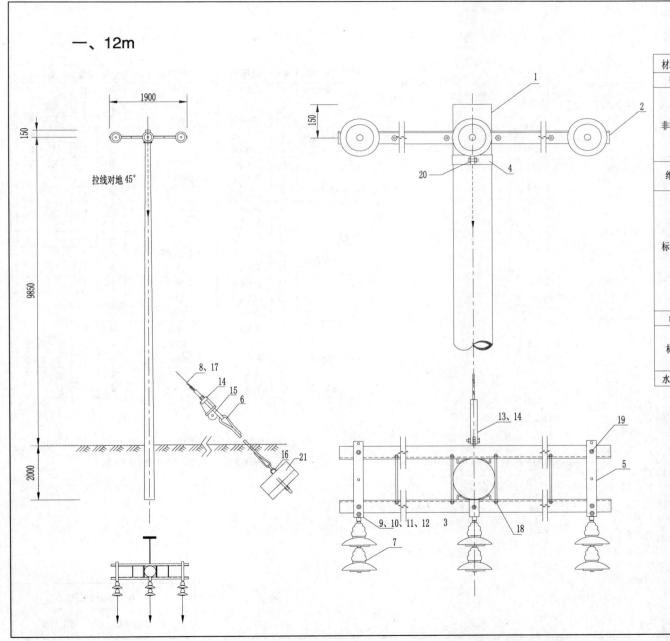

一、12m

材 料 表

材料分类	编号	材料名称	规格型号	单位	数量	备 注
电杆	1	水泥杆	Z-190-12I	基	1	
非标金具	2	横担	∠75×8×1900	条	2	见加工图
	3	横担抱铁	φ190	条	2	见加工图
	4	拉线抱箍	φ190	套	1	见加工图
	5	过河连板		块	2	见加工图
	6	拉线棒	φ18×2700	根	1	见加工图
绝缘子	7	悬式绝缘子	XP-10或FXBW4-10-100	片/支	6/3	
	8	拉线绝缘子	J-9	个	1	
标准金具	9	球头环	Q-7	个	3	
	10	单联弯头	W1-7B或WS-7	个	3	
	11	直角挂板	Z-7	个	3	
	12	耐张线夹	NLD-2或JNX-2-70	个	3	
	13	双联板	PD-12	块	1	
	14	楔形线夹	NX-2	个	1	
	15	UT线夹	UT-2	个	1	
	16	U形环	U-16	个	1	
线材	17	钢绞线	GJ-50	kg	8	
标准件	18	螺栓	M16×250	条	4	含一母双垫
	19	螺栓	M16×50	条	4	含一母双垫
	20	螺栓	M16×75	条	2	含一母双垫
水泥制品	21	拉盘	LP-8	块	1	

注: 1. 材料表中未列入计价材料。

2. 此材料表适用于LGJ-70、JKLGJY-70及以下导线。

12m杆终端杆组装图1	
10-X-ZD-12-70-1900	图7-14-1

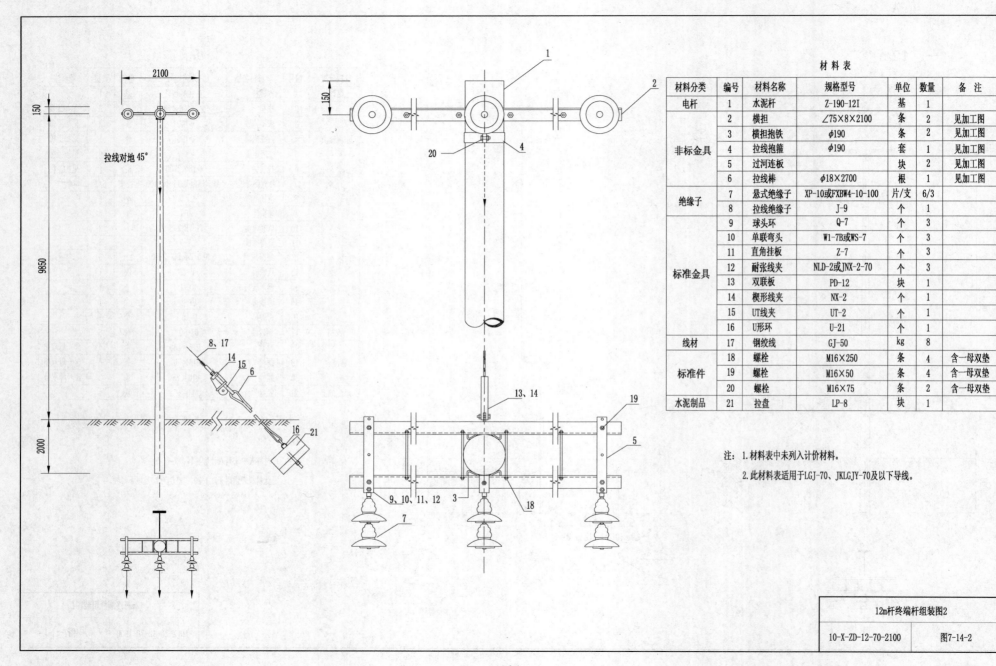

材料表

材料分类	编号	材料名称	规格型号	单位	数量	备注
电杆	1	水泥杆	Z-190-12I	基	1	
非标金具	2	横担	∠75×8×2100	条	2	见加工图
	3	横担抱铁	φ190	条	2	见加工图
	4	拉线抱箍	φ190	套	1	见加工图
	5	过河连板		块	2	见加工图
	6	拉线棒	φ18×2700	根	1	见加工图
绝缘子	7	悬式绝缘子	XP-10或FXBW4-10-100	片/支	6/3	
	8	拉线绝缘子	J-9	个	1	
标准金具	9	球头环	Q-7	个	3	
	10	单联弯头	W1-7B或WS-7	个	3	
	11	直角挂板	Z-7	个	3	
	12	耐张线夹	NLD-2或JNX-2-70	个	3	
	13	双联板	PD-12	块	1	
	14	楔形线夹	NX-2	个	1	
	15	UT线夹	UT-2	个	1	
	16	U形环	U-21	个	1	
线材	17	钢绞线	GJ-50	kg	8	
标准件	18	螺栓	M16×250	条	4	含一母双垫
	19	螺栓	M16×50	条	4	含一母双垫
	20	螺栓	M16×75	条	2	含一母双垫
水泥制品	21	拉盘	LP-8	块	1	

注: 1. 材料表中未列入计价材料。

2. 此材料表适用于LGJ-70、JKLGJY-70及以下导线。

12m杆终端杆组装图2	
10-X-ZD-12-70-2100	图7-14-2

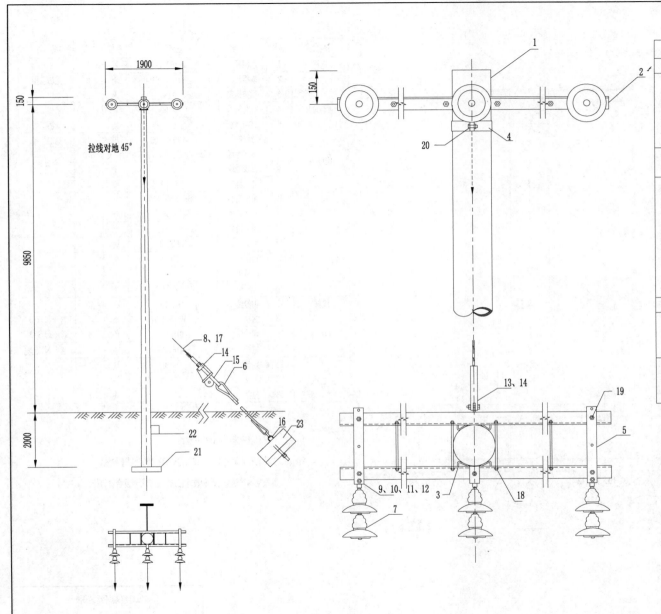

材 料 表

材料分类	编号	材料名称	规格型号	单位	数量	备注
电杆	1	水泥杆	Z-190-12I	基	1	
非标金具	2	横担	∠80×8×1900	条	2	见加工图
	3	横担抱铁	φ190	条	2	见加工图
	4	拉线抱箍	φ190	套	1	见加工图
	5	过河连板		块	2	见加工图
	6	拉线棒	φ20×3100	根	1	见加工图
绝缘子	7	悬式绝缘子	XP-10或FXBW4-10-100	片/支	6/3	
	8	拉线绝缘子	J-9	个	1	
标准金具	9	球头环	Q-10	个	3	
	10	单联弯头	W1-10B或WS-10	个	3	
	11	直角挂板	Z-10	个	3	
	12	耐张线夹	NLD-3或JNX-2-120	个	3	
	13	双联板	PD-12	块	1	
	14	楔形线夹	NX-3	个	1	
	15	UT线夹	UT-3	个	1	
	16	U形环	U-21	个	1	
线材	17	钢绞线	GJ-70	kg	10	
标准件	18	螺栓	M18×250	条	4	含一母双垫
	19	螺栓	M18×50	条	4	含一母双垫
	20	螺栓	M18×75	条	2	含一母双垫
水泥制品	21	底盘	DP-6	块	1	
	22	卡盘	KP-10	块	1	
	23	拉盘	LP-10	块	1	

注: 1. 材料表中未列入计价材料。
　　2. 此材料表适用于LGJ-120、JKLGJY-120及以下导线。
　　3. 根据本导线型号此种设计宜采用钢管杆或复合材料杆。

12m杆终端杆组装图3	
10-X-ZD-12-120-1900	图7-14-3

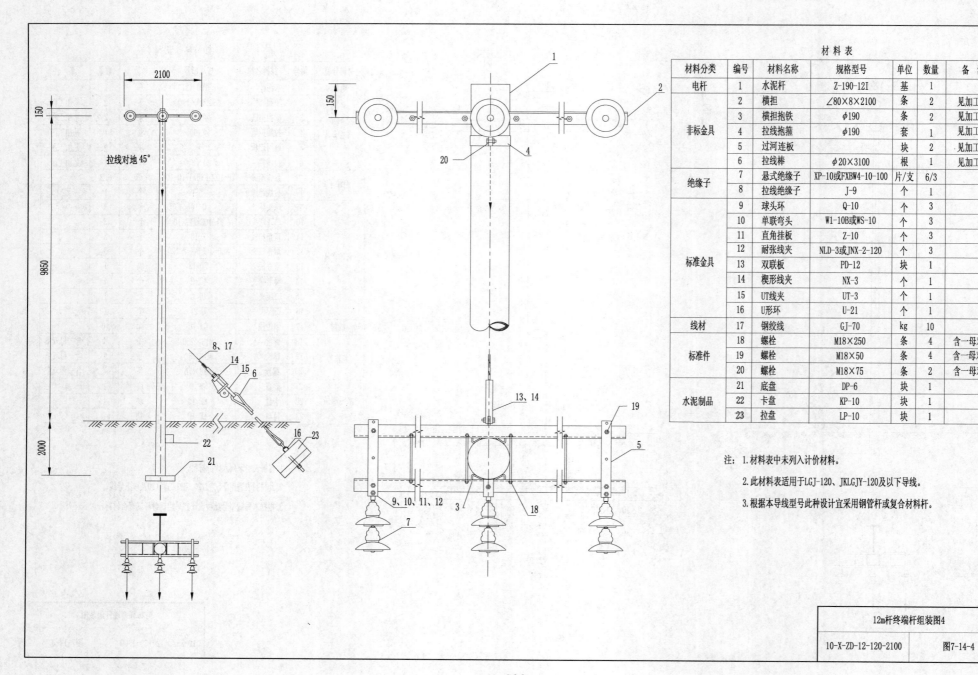

材 料 表

材料分类	编号	材料名称	规格型号	单位	数量	备 注
电杆	1	水泥杆	Z-190-12I	基	1	
非标金具	2	横担	∠80×8×2100	条	2	见加工图
	3	横担抱铁	φ190	条	2	见加工图
	4	拉线抱箍	φ190	套	1	见加工图
	5	过河连板		块	2	见加工图
	6	拉线棒	φ20×3100	根	1	见加工图
绝缘子	7	悬式绝缘子	XP-10或FXBW4-10-100	片/支	6/3	
	8	拉线绝缘子	J-9	个	1	
标准金具	9	球头环	Q-10	个	3	
	10	单联弯头	W1-10B或WS-10	个	3	
	11	直角挂板	Z-10	个	3	
	12	耐张线夹	NLD-3或JNX-2-120	个	3	
	13	双联板	PD-12	块	1	
	14	楔形线夹	NX-3	个	1	
	15	UT线夹	UT-3	个	1	
	16	U形环	U-21	个	1	
线材	17	钢绞线	GJ-70	kg	10	
标准件	18	螺栓	M18×250	条	4	含一母双垫
	19	螺栓	M18×50	条	4	含一母双垫
	20	螺栓	M18×75	条	2	含一母双垫
水泥制品	21	底盘	DP-6	块	1	
	22	卡盘	KP-10	块	1	
	23	拉盘	LP-10	块	1	

注: 1. 材料表中未列入计价材料。

2. 此材料表适用于LGJ-120、JKLGJY-120及以下导线。

3. 根据本导线型号此种设计宜采用钢管杆或复合材料杆。

12m杆终端杆组装图4

10-X-ZD-12-120-2100 | 图7-14-4

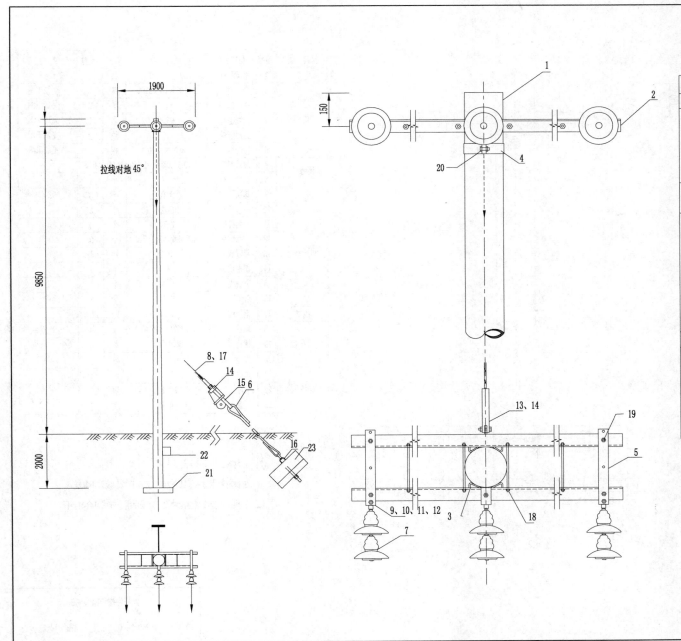

材 料 表

材料分类	编号	材料名称	规格型号	单位	数量	备 注
电杆	1	水泥杆	Z-190-12I	基	1	
非标金具	2	横担	∠100×10×1900	条	2	见加工图
	3	横担抱铁	φ190	条	2	见加工图
	4	拉线抱箍	φ190	套	1	见加工图
	5	过河连板		块	2	见加工图
	6	拉线棒	φ20×3100	根	1	见加工图
绝缘子	7	悬式绝缘子	XP-10或FXBW4-10-100	片/支	6/3	
	8	拉线绝缘子	J-9	个	1	
标准金具	9	球头环	Q-10	个	3	
	10	单联弯头	W1-10B或WS-10	个	3	
	11	直角挂板	Z-10	个	3	
	12	耐张线夹	NLD-4或JNX-2-240	个	3	
	13	双联板	PD-12	块	1	
	14	楔形线夹	NX-3	个	1	
	15	UT线夹	UT-3	个	1	
	16	U形环	U-21	个	1	
线材	17	钢绞线	GJ-100	kg	12.5	
标准件	18	螺栓	M20×250	条	4	含一母双垫
	19	螺栓	M20×50	条	4	含一母双垫
	20	螺栓	M20×75	条	2	含一母双垫
水泥制品	21	底盘	DP-6	块	1	
	22	卡盘	KP-10	块	1	
	23	拉盘	LP-10	块	1	

注: 1. 材料表中未列入计价材料。

2. 此材料表适用于LGJ-240、JKLGJY-240及以下导线。

3. 根据本导线型号此种设计宜采用钢管杆或复合材料杆。

12m杆终端杆组装图5	
10-X-ZD-12-240-1900	图7-14-5

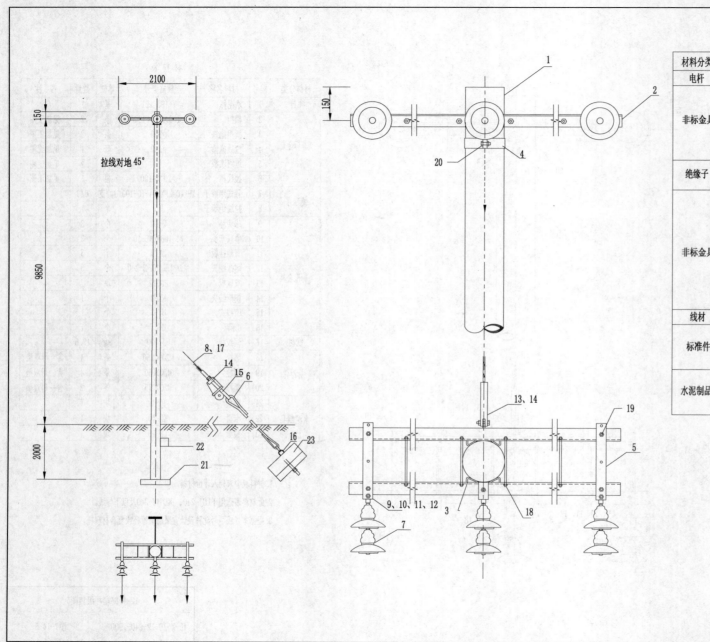

材料分类	编号	材料名称	规格型号	单位	数量	备注
电杆	1	水泥杆	Z-190-12I	基	1	
非标金具	2	横担	∠100×10×2100	条	2	见加工图
	3	横担抱铁	φ190	条	2	见加工图
	4	拉线抱箍	φ190	套	1	见加工图
	5	过河连板		块	2	见加工图
	6	拉线棒	φ20×3100	根	1	见加工图
绝缘子	7	悬式绝缘子	XP-10或FXBW4-10-100	片/支	6/3	
	8	拉线绝缘子	J-9	个	3	
非标金具	9	球头环	Q-10	个	3	
	10	单联弯头	W1-10B或WS-10	个	3	
	11	直角挂板	Z-10	个	3	
	12	耐张线夹	NLD-4或JNX-2-240	个	3	
	13	双联板	PD-12	块	1	
	14	楔形线夹	NX-3	个	1	
	15	UT线夹	UT-3	个	1	
	16	U形环	U-21	个	1	
线材	17	钢绞线	GJ-100	kg	12.5	
标准件	18	螺栓	M20×250	条	4	含一母双垫
	19	螺栓	M20×50	条	4	含一母双垫
	20	螺栓	M20×75	条	2	含一母双垫
水泥制品	21	底盘	DP-6	块	1	
	22	卡盘	KP-12	块	1	
	23	拉盘	LP-10	块	1	

注：1. 材料表中未列入计价材料。

2. 此材料表适用于LGJ-240、JKLGJY-240及以下导线。

3. 根据本导线型号此种设计宜采用钢管杆或复合材料杆。

12m杆终端杆组装图6	
10-X-ZD-12-240-2100	图7-14-6

二、15m

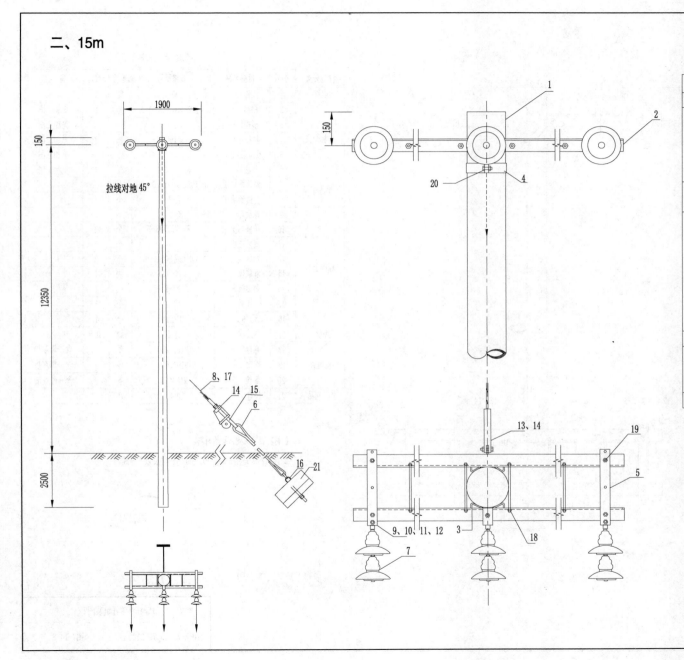

材 料 表

材料分类	编号	材料名称	规格型号	单位	数量	备 注
电杆	1	水泥杆	Z-190-15I	基	1	
非标金具	2	横担	∠75×8×1900	条	2	见加工图
	3	横担抱铁	φ190	条	2	见加工图
	4	拉线抱箍	φ190	套	1	见加工图
	5	过河连板		块	2	见加工图
	6	拉线棒	φ18×2700	根	1	见加工图
绝缘子	7	悬式绝缘子	XP-10或FXBW4-10-100	片/支	6/3	
	8	拉线绝缘子	J-9	个	1	
标准金具	9	球头环	Q-7	个	3	
	10	单联弯头	W1-7B或WS-7	个	3	
	11	直角挂板	Z-7	个	3	
	12	耐张线夹	NLD-2或JNX-2-70	个	3	
	13	双联板	PD-12	块	1	
	14	楔形线夹	NX-2	个	1	
	15	UT线夹	UT-2	个	1	
	16	U形环	U-21	个	1	
线材	17	钢绞线	GJ-50	kg	10.5	
标准件	18	螺栓	M16×250	条	4	含一母双垫
	19	螺栓	M16×50	条	4	含一母双垫
	20	螺栓	M16×75	条	2	含一母双垫
水泥制品	21	拉盘	LP-8	块	1	

注：1.材料表中未列入计价材料。

2.此材料表适用于LGJ-70、JKLGJY-70及以下导线。

15m杆终端杆组装图1	
10-X-ZD-15-70-1900	图7-14-7

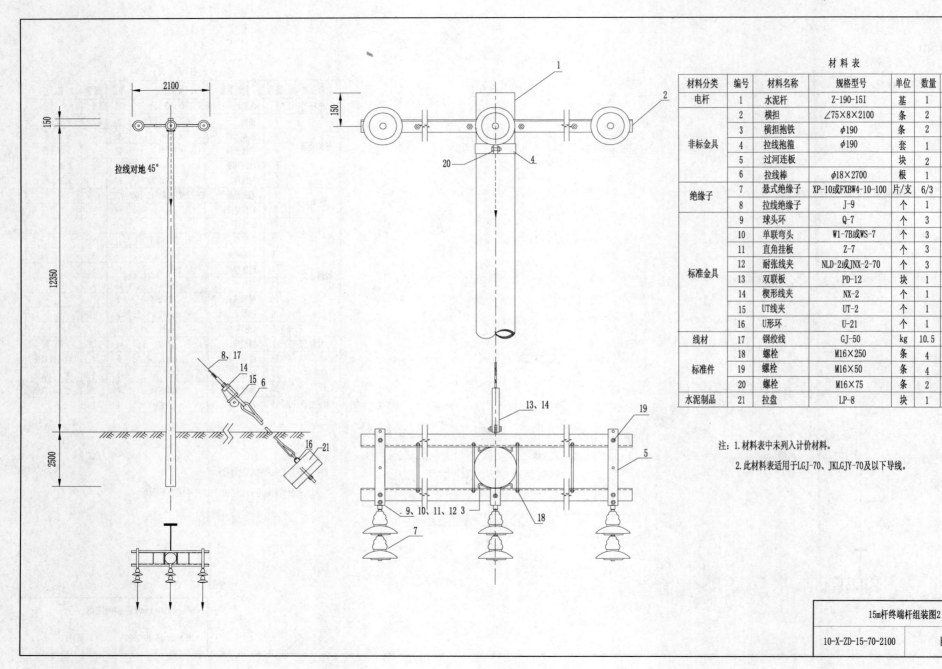

材 料 表

材料分类	编号	材料名称	规格型号	单位	数量	备注
电杆	1	水泥杆	Z-190-15I	基	1	
非标金具	2	横担	∠75×8×2100	条	2	见加工图
	3	横担抱铁	φ190	条	2	见加工图
	4	拉线抱箍	φ190	套	1	见加工图
	5	过河连板		块	2	见加工图
	6	拉线棒	φ18×2700	根	1	见加工图
绝缘子	7	悬式绝缘子	XP-10或FXBW4-10-100	片/支	6/3	
	8	拉线绝缘子	J-9	个	1	
标准金具	9	球头环	Q-7	个	3	
	10	单联弯头	W1-7B或WS-7	个	3	
	11	直角挂板	Z-7	个	3	
	12	耐张线夹	NLD-2或JNX-2-70	个	3	
	13	双联板	PD-12	块	1	
	14	楔形线夹	NX-2	个	1	
	15	UT线夹	UT-2	个	1	
	16	U形环	U-21	个	1	
线材	17	钢绞线	GJ-50	kg	10.5	
标准件	18	螺栓	M16×250	条	4	含一母双垫
	19	螺栓	M16×50	条	4	含一母双垫
	20	螺栓	M16×75	条	2	含一母双垫
水泥制品	21	拉盘	LP-8	块	1	

注: 1. 材料表中未列入计价材料。

2. 此材料表适用于LGJ-70、JKLGJY-70及以下导线。

15m杆终端杆组装图2	
10-X-ZD-15-70-2100	图7-14-8

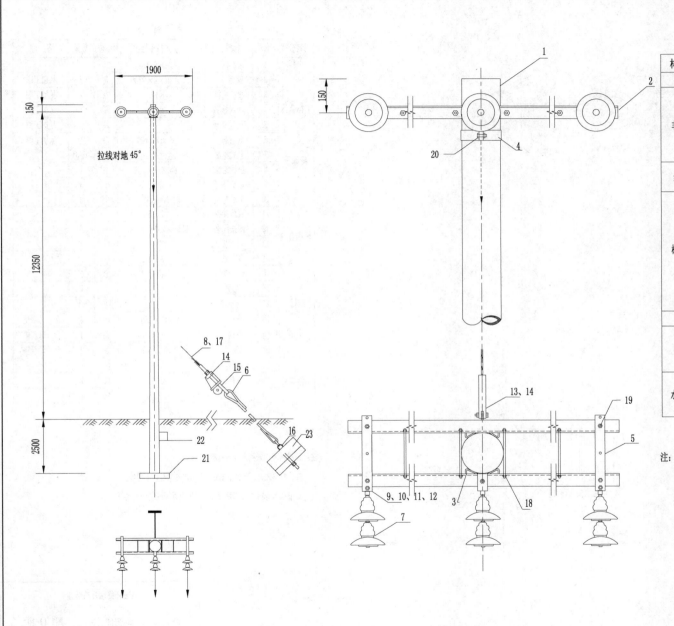

材　料　表

材料分类	编号	材料名称	规格型号	单位	数量	备注
电杆	1	水泥杆	Z-190-15I	基	1	
非标金具	2	横担	∠80×8×1900	条	2	见加工图
	3	横担抱铁	φ190	条	2	见加工图
	4	拉线抱箍	φ190	套	1	见加工图
	5	过河连板		块	2	见加工图
	6	拉线棒	φ20×3100	根	1	见加工图
绝缘子	7	悬式绝缘子	XP-10或FXBW4-10-100	片/支	6/3	
	8	拉线绝缘子	J-9	个	3	
标准金具	9	球头环	Q-10	个	3	
	10	单联弯头	W1-10B或WS-10	个	3	
	11	直角挂板	Z-10	个	3	
	12	耐张线夹	NLD-3或JNX-2-120	个	3	
	13	双联板	PD-12	块	1	
	14	楔形线夹	NX-3	个	1	
	15	UT线夹	UT-3	个	1	
	16	U形环	U-21	个	1	
线材	17	钢绞线	GJ-70	kg	13	
标准件	18	螺栓	M18×250	条	4	含一母双垫
	19	螺栓	M18×50	条	4	含一母双垫
	20	螺栓	M18×75	条	2	含一母双垫
水泥制品	21	底盘	DP-6	块	1	
	22	卡盘	KP-12	块	1	
	23	拉盘	LP-10	块	1	

注：1.材料表中未列入计价材料。

　　2.此材料表适用于LGJ-120、JKLGJY-120及以下导线。

　　3.根据本导线型号此种设计宜采用钢管杆或复合材料杆。

15m杆终端杆组装图3		
10-X-ZD-15-120-1900	图7-14-9	

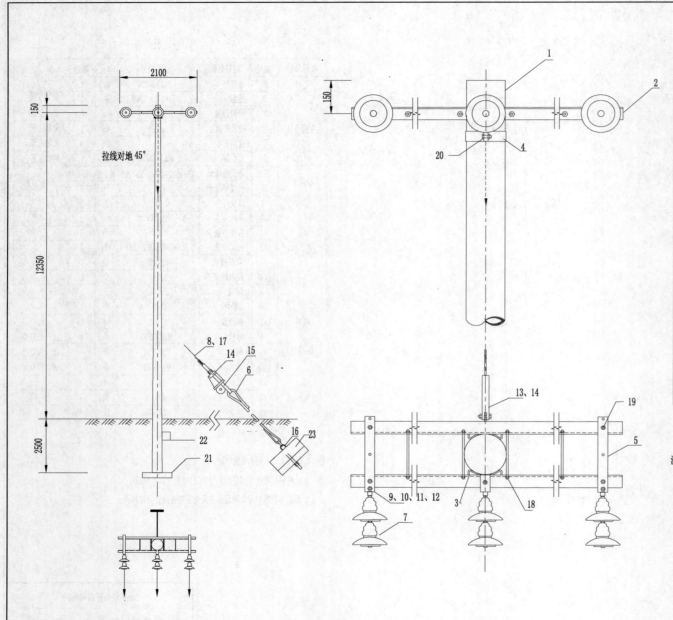

材 料 表

材料分类	编号	材料名称	规格型号	单位	数量	备注
电杆	1	水泥杆	Z-190-15I	基	1	
非标金具	2	横担	∠80×8×2100	条	2	见加工图
	3	横担抱铁	φ190	条	2	见加工图
	4	拉线抱箍	φ190	套	1	见加工图
	5	过河连板		块	2	见加工图
	6	拉线棒	φ20×3100	根	1	见加工图
绝缘子	7	悬式绝缘子	XP-10或FXBW4-10-100	片/支	6/3	
	8	拉线绝缘子	FXBW1-10/85	个	3	
标准金具	9	球头环	Q-10	个	3	
	10	单联弯头	W1-10B或WS-10	个	3	
	11	直角挂板	Z-10	个	3	
	12	耐张线夹	NLD-3或JNX-2-120	个	3	
	13	双联板	PD-12	块	1	
	14	楔形线夹	NX-3	个	1	
	15	UT线夹	UT-3	个	1	
	16	U形环	U-21	个	1	
线材	17	钢绞线	GJ-70	kg	13	
标准件	18	螺栓	M18×250	条	4	含一母双垫
	19	螺栓	M18×50	条	4	含一母双垫
	20	螺栓	M18×75	条	2	含一母双垫
水泥制品	21	底盘	DP-6	块	1	
	22	卡盘	KP-12	块	1	
	23	拉盘	LP-10	块	1	

注: 1. 材料表中未列入计价材料。

2. 此材料表适用于LGJ-120、JKLGJY-120及以下导线。

3. 根据本导线型号此种设计宜采用钢管杆或复合材料杆。

15m杆终端杆组装图4	
10-X-ZD-15-120-2100	图7-14-10

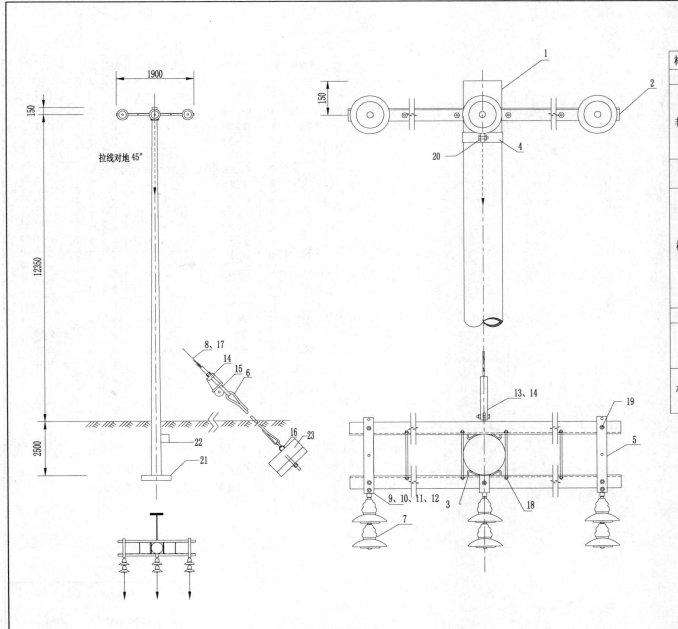

材 料 表

材料分类	编号	材料名称	规格型号	单位	数量	备 注
电杆	1	水泥杆	Z-190-15I	基	1	
非标金具	2	横担	∠100×10×1900	条	2	见加工图
	3	横担抱铁	φ190	条	2	见加工图
	4	拉线抱箍	φ190	套	1	见加工图
	5	过河连板		块	2	见加工图
	6	拉线棒	φ20×3100	根	1	见加工图
绝缘子	7	悬式绝缘子	XP-10或FXBW4-10-100	片/支	6/3	
	8	拉线绝缘子	J-9	个	1	
标准金具	9	球头环	Q-10	个	3	
	10	单联弯头	W1-10B或WS-10	个	3	
	11	直角挂板	Z-10	个	3	
	12	耐张线夹	NLD-4或JNX-2-240	个	3	
	13	双联板	PD-12	块	1	
	14	楔形线夹	NX-3	个	1	
	15	UT线夹	UT-3	个	1	
	16	U形环	U-21	个	1	
线材	17	钢绞线	GJ-100	kg	16	
标准件	18	螺栓	M20×250	条	4	含一母双垫
	19	螺栓	M20×50	条	4	含一母双垫
	20	螺栓	M20×75	条	2	含一母双垫
水泥制品	21	底盘	DP-6	块	1	
	22	卡盘	KP-12	块	1	
	23	拉盘	LP-10	块	1	

注: 1. 材料表中未列入计价材料。

2. 此材料表适用于LGJ-240、JKLGJY-240及以下导线。

3. 根据本导线型号此种设计宜采用钢管杆或复合材料杆。

15m杆终端杆组装图5	
10-X-ZD-15-240-1900	图7-14-11

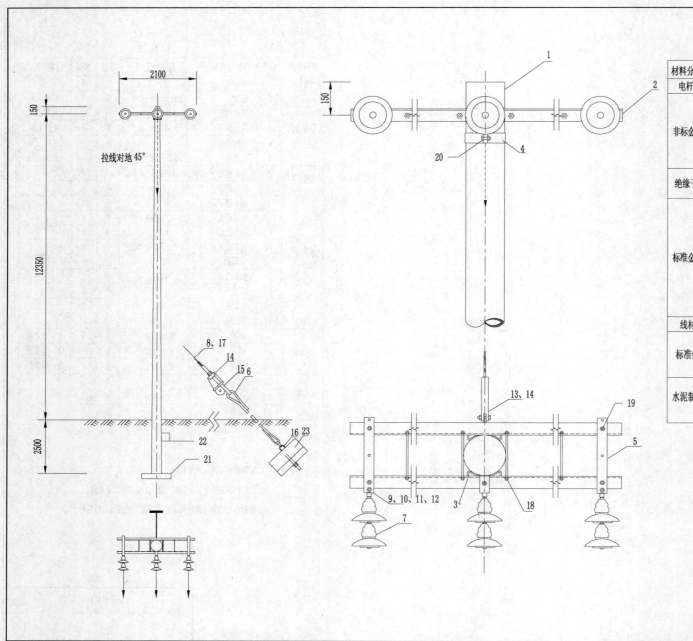

材料 表						
材料分类	编号	材料名称	规格型号	单位	数量	备 注
电杆	1	水泥杆	Z-190-15I	基	1	
非标金具	2	横担	∠100×10×2100	条	2	见加工图
	3	横担抱铁	φ190	条	2	见加工图
	4	拉线抱箍	φ190	套	1	见加工图
	5	过河连板		块	2	见加工图
	6	拉线棒	φ20×3100	根	1	见加工图
绝缘子	7	悬式绝缘子	XP-10或FXBW4-10-100	片/支	6/3	
	8	拉线绝缘子	J-9	个	1	
标准金具	9	球头环	Q-10	个	3	
	10	单联弯头	W1-10B或WS-10	个	3	
	11	直角挂板	Z-10	个	3	
	12	耐张线夹	NLD-4或JNX-2-240	个	3	
	13	双联板	PD-12	块	1	
	14	楔形线夹	NX-3	个	1	
	15	UT线夹	UT-3	个	1	
	16	U形环	U-21	个	1	
线材	17	钢绞线	GJ-100	kg	16	
标准件	18	螺栓	M20×250	条	4	含一母双垫
	19	螺栓	M20×50	条	4	含一母双垫
	20	螺栓	M20×75	条	2	含一母双垫
水泥制品	21	底盘	DP-6	块	1	
	22	卡盘	KP-12	块	1	
	23	拉盘	LP-10	块	1	

注：1. 材料表中未列入计价材料。

2. 此材料表适用于LGJ-240、JKLGJY-240及以下导线。

3. 根据本导线型号此种设计宜采用钢管杆或复合材料杆。

15m杆终端杆组装图6	
10-X-ZD-15-240-2100	图7-14-12

第十五节 耐张分支杆型图

耐张分支杆型图集清册

图 序	图 号	图 名	图 序	图 号	图 名
图 7-15-1	10-X-ZF3-12-70-1900	12m 杆直线耐张分支杆型组装图 1	图 7-15-5	10-X-ZF3-15-70-1900	15m 杆直线耐张分支杆型组装图 1
图 7-15-2	10-X-ZF3-12-70-2100	12m 杆直线耐张分支杆型组装图 2	图 7-15-6	10-X-ZF3-15-70-2100	15m 杆直线耐张分支杆型组装图 2
图 7-15-3	10-X-ZF3-12-120-1900	12m 杆直线耐张分支杆型组装图 3	图 7-15-7	10-X-ZF3-15-120-1900	15m 杆直线耐张分支杆型组装图 3
图 7-15-4	10-X-ZF3-12-120-2100	12m 杆直线耐张分支杆型组装图 4	图 7-15-8	10-X-ZF3-15-120-2100	15m 杆直线耐张分支杆型组装图 4

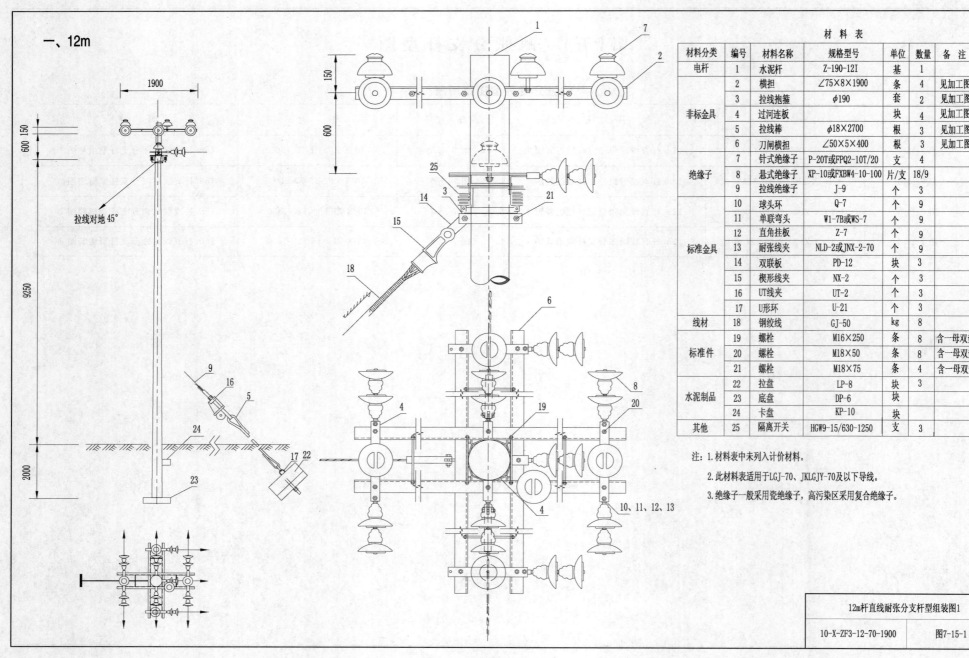

一、12m

材 料 表

材料分类	编号	材料名称	规格型号	单位	数量	备 注
电杆	1	水泥杆	Z-190-12I	基	1	
非标金具	2	横担	∠75×8×1900	条	4	见加工图
	3	拉线抱箍	φ190	套	2	见加工图
	4	过河连板		块	4	见加工图
	5	拉线棒	φ18×2700	根	3	见加工图
	6	刀闸横担	∠50×5×400	根	3	见加工图
绝缘子	7	针式绝缘子	P-20T或FPQ2-10T/20	支	4	
	8	悬式绝缘子	XP-10或FXBW4-10-100	片/支	18/9	
	9	拉线绝缘子	J-9	个	3	
标准金具	10	球头环	Q-7	个	9	
	11	单联弯头	W1-7B或WS-7	个	9	
	12	直角挂板	Z-7	个	9	
	13	耐张线夹	NLD-2或JNX-2-70	个	9	
	14	双联板	PD-12	块	3	
	15	楔形线夹	NX-2	个	3	
	16	UT线夹	UT-2	个	3	
	17	U形环	U-21	个	3	
线材	18	钢绞线	GJ-50	kg	8	
标准件	19	螺栓	M16×250	条	8	含一母双垫
	20	螺栓	M18×50	条	8	含一母双垫
	21	螺栓	M18×75	条	4	含一母双垫
水泥制品	22	拉盘	LP-8	块	3	
	23	底盘	DP-6	块		
	24	卡盘	KP-10	块		
其他	25	隔离开关	HGW9-15/630-1250	支	3	

注: 1. 材料表中未列入计价材料。

2. 此材料表适用于LGJ-70、JKLGJY-70及以下导线。

3. 绝缘子一般采用瓷绝缘子，高污染区采用复合绝缘子。

12m杆直线耐张分支杆型组装图1	
10-X-ZF3-12-70-1900	图7-15-1

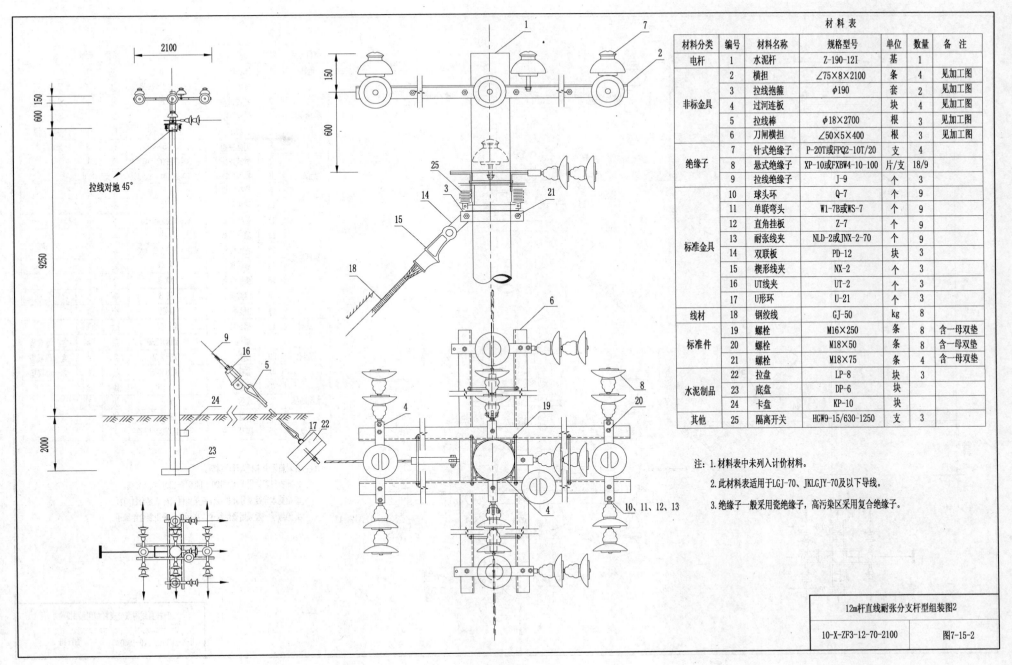

材料表

材料分类	编号	材料名称	规格型号	单位	数量	备注
电杆	1	水泥杆	Z-190-12I	基	1	
非标金具	2	横担	∠75×8×2100	条	4	见加工图
	3	拉线抱箍	φ190	套	2	见加工图
	4	过河连板		块	4	见加工图
	5	拉线棒	φ18×2700	根	3	见加工图
	6	刀闸横担	∠50×5×400	根	3	见加工图
绝缘子	7	针式绝缘子	P-20T或FPQ2-10T/20	支	4	
	8	悬式绝缘子	XP-10或FXBW4-10-100	片/支	18/9	
	9	拉线绝缘子	J-9	个	3	
标准金具	10	球头环	Q-7	个	9	
	11	单联弯头	W1-7B或WS-7	个	9	
	12	直角挂板	Z-7	个	9	
	13	耐张线夹	NLD-2或JNX-2-70	个	9	
	14	双联板	PD-12	块	3	
	15	楔形线夹	NX-2	个	3	
	16	UT线夹	UT-2	个	3	
	17	U形环	U-21	个	3	
线材	18	钢绞线	GJ-50	kg	8	
标准件	19	螺栓	M16×250	条	8	含一母双垫
	20	螺栓	M18×50	条	8	含一母双垫
	21	螺栓	M18×75	条	4	含一母双垫
水泥制品	22	拉盘	LP-8	块	3	
	23	底盘	DP-6	块		
	24	卡盘	KP-10	块		
其他	25	隔离开关	HGW9-15/630-1250	支	3	

注: 1. 材料表中未列入计价材料。

2. 此材料表适用于LGJ-70、JKLGJY-70及以下导线。

3. 绝缘子一般采用瓷绝缘子,高污染区采用复合绝缘子。

12m杆直线耐张分支杆型组装图2

10-X-ZF3-12-70-2100   图7-15-2

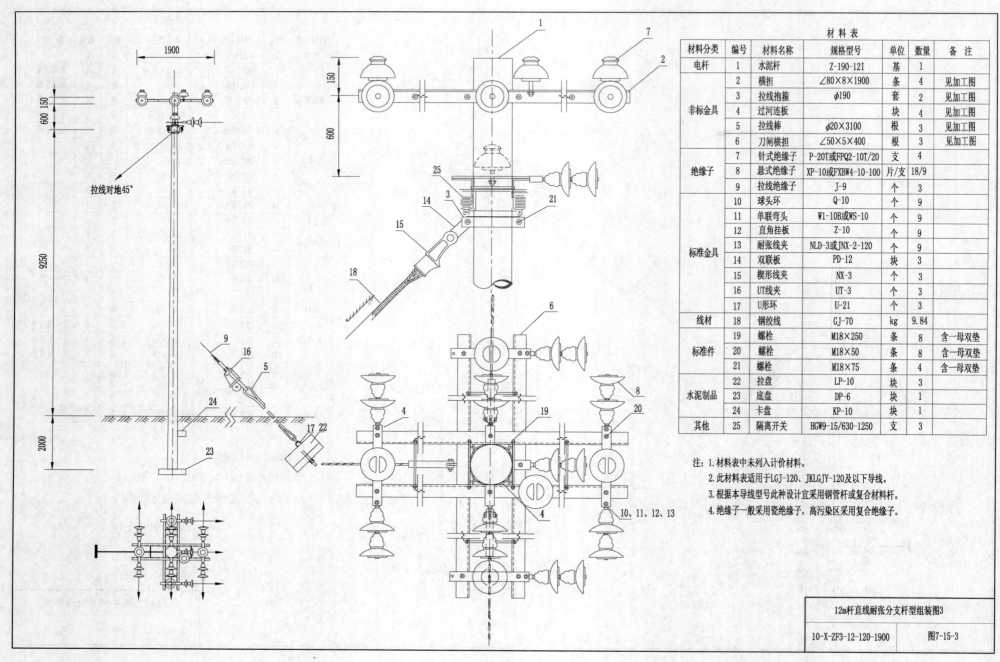

材料表

材料分类	编号	材料名称	规格型号	单位	数量	备注
电杆	1	水泥杆	Z-190-12I	基	1	
非标金具	2	横担	∠80×8×1900	条	4	见加工图
	3	拉线抱箍	φ190	套	2	见加工图
	4	过河连板		块	4	见加工图
	5	拉线棒	φ20×3100	根	3	见加工图
	6	刀闸横担	∠50×5×400	根	3	见加工图
绝缘子	7	针式绝缘子	P-20T或FPQ2-10T/20	支	4	
	8	悬式绝缘子	XP-10或FXBW4-10-100	片/支	18/9	
	9	拉线绝缘子	J-9	个	3	
标准金具	10	球头环	Q-10	个	9	
	11	单联弯头	W1-10B或WS-10	个	9	
	12	直角挂板	Z-10	个	9	
	13	耐张线夹	NLD-3或JNX-2-120	个	9	
	14	双联板	PD-12	块	3	
	15	楔形线夹	NX-3	个	3	
	16	UT线夹	UT-3	个	3	
	17	U形环	U-21	个	3	
线材	18	钢绞线	GJ-70	kg	9.84	
标准件	19	螺栓	M18×250	条	8	含一母双垫
	20	螺栓	M18×50	条	8	含一母双垫
	21	螺栓	M18×75	条	4	含一母双垫
水泥制品	22	拉盘	LP-10	块	3	
	23	底盘	DP-6	块	1	
	24	卡盘	KP-10	块	1	
其他	25	隔离开关	HGW9-15/630-1250	支	3	

注：1. 材料表中未列入计价材料。
    2. 此材料表适用于LGJ-120、JKLGJY-120及以下导线。
    3. 根据本导线型号此种设计宜采用钢管杆或复合材料杆。
    4. 绝缘子一般采用瓷绝缘子，高污染区采用复合绝缘子。

12m杆直线耐张分支杆型组装图3

| 10-X-ZF3-12-120-1900 | 图7-15-3 |

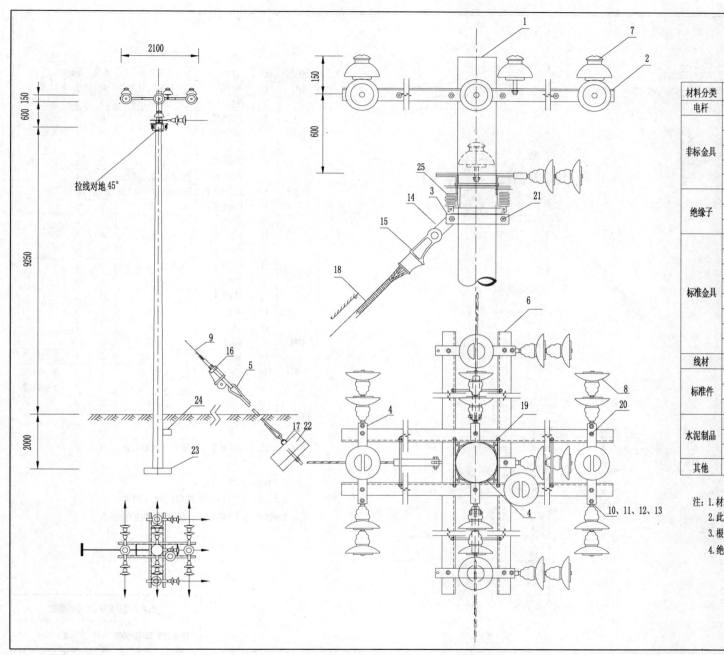

材　料　表						
材料分类	编号	材料名称	规格型号	单位	数量	备注
电杆	1	水泥杆	Z-190-12I	基	1	
非标金具	2	横担	∠80×8×2100	条	4	见加工图
	3	拉线抱箍	φ190	套	2	见加工图
	4	过河连板		块	4	见加工图
	5	拉线棒	φ20×3100	根	3	见加工图
	6	刀闸横担	∠50×5×400	根	3	见加工图
绝缘子	7	针式绝缘子	P-20T或FPQ2-10T/20	支	4	
	8	悬式绝缘子	XP-10或FXBW4-10-100	片/支	18/9	
	9	拉线绝缘子	J-9	个	3	
标准金具	10	球头环	Q-10	个	9	
	11	单联弯头	W1-10B或WS-10	个	9	
	12	直角挂板	Z-10	个	9	
	13	耐张线夹	NLD-3或JNX-2-120	个	9	
	14	双联板	PD-12	块	3	
	15	楔形线夹	NX-3	个	3	
	16	UT线夹	UT-3	个	3	
	17	U形环	U-21	个	3	
线材	18	钢绞线	GJ-70	kg	9.84	
标准件	19	螺栓	M18×250	条	8	含一母双垫
	20	螺栓	M18×50	条	8	含一母双垫
	21	螺栓	M18×75	条	4	含一母双垫
水泥制品	22	拉盘	LP-10	块	3	
	23	底盘	DP-6	块	1	
	24	卡盘	KP-10	块	1	
其他	25	隔离开关	HGW9-15/630-1250	支	3	

注: 1. 材料表中未列入计价材料。
    2. 此材料表适用于LGJ-120、JKLGJY-120及以下导线。
    3. 根据本导线型号此种设计宜采用钢管杆或复合材料杆。
    4. 绝缘子一般采用瓷绝缘子，高污染区采用复合绝缘子。

12m杆直线耐张分支杆型组装图4	
10-X-ZF3-12-120-2100	图7-15-4

二、15m

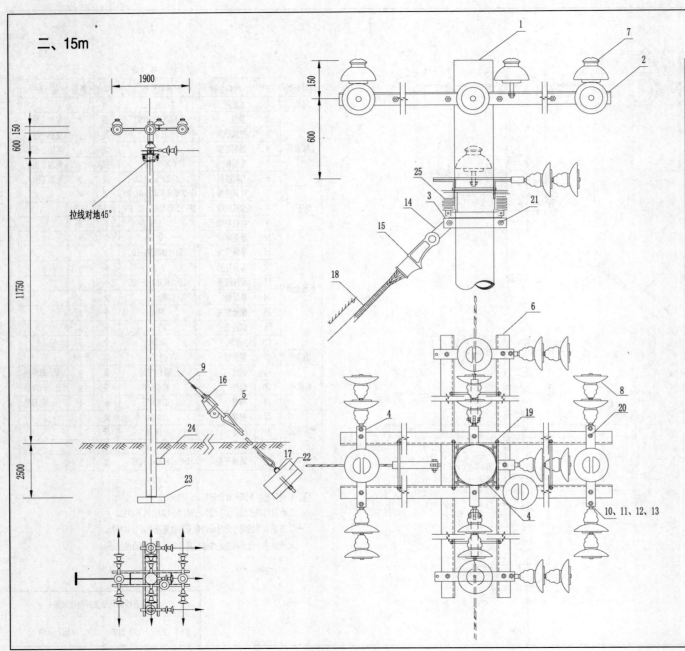

材 料 表

材料分类	编号	材料名称	规格型号	单位	数量	备 注
电杆	1	水泥杆	Z-190-15I	基	1	
非标金具	2	横担	∠75×8×1900	条	4	见加工图
	3	拉线抱箍	φ190	套	2	见加工图
	4	过河连板		块	4	见加工图
	5	拉线棒	φ18×2700	根	3	见加工图
	6	刀闸横担	∠50×5×400	根	3	见加工图
绝缘子	7	针式绝缘子	P-20T或FPQ2-10T/20	支	4	
	8	悬式绝缘子	XP-10或FXBW4-10-100	片/支	18/9	
	9	拉线绝缘子	J-9	个	3	
标准金具	10	球头环	Q-7	个	9	
	11	单联弯头	W1-7B或WS-7	个	9	
	12	直角挂板	Z-7	个	9	
	13	耐张线夹	NLD-2或JNX-2-70	个	9	
	14	双联板	PD-12	块	3	
	15	楔形线夹	NX-2	个	3	
	16	UT线夹	UT-2	个	3	
	17	U形环	U-21	个	3	
线材	18	钢绞线	GJ-50	kg	8.48	
标准件	19	螺栓	M16×250	条	8	含一母双垫
	20	螺栓	M18×50	条	8	含一母双垫
	21	螺栓	M18×75	条	4	含一母双垫
水泥制品	22	拉盘	LP-8	块	3	
	23	底盘	DP-6	块		
	24	卡盘	KP-12	块		
其他	25	隔离开关	HGW9-15/630-1250	支	3	

注：1.材料表中未列入计价材料。

2.此材料表适用于LGJ-70、JKLGJY-70及以下导线。

3.绝缘子一般采用瓷绝缘子，高污染区采用复合绝缘子。

15m杆直线耐张分支杆型组装图1	
10-X-ZF3-15-70-1900	图7-15-5

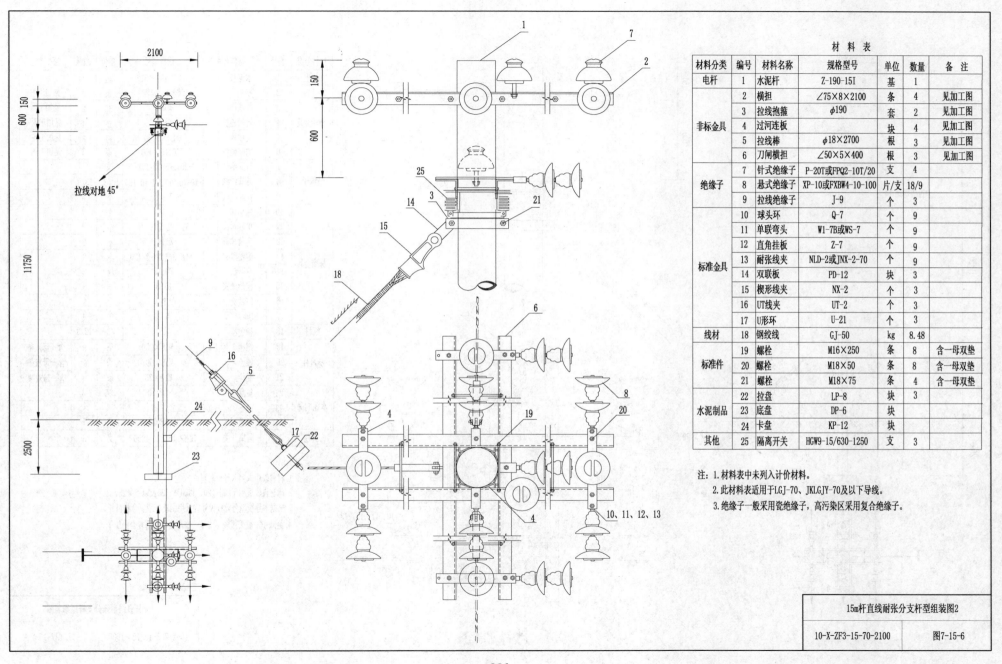

材 料 表

材料分类	编号	材料名称	规格型号	单位	数量	备注
电杆	1	水泥杆	Z-190-15I	基	1	
非标金具	2	横担	∠75×8×2100	条	4	见加工图
	3	拉线抱箍	φ190	套	2	见加工图
	4	过河连板		块	4	见加工图
	5	拉线棒	φ18×2700	根	3	见加工图
	6	刀闸横担	∠50×5×400	根	3	见加工图
绝缘子	7	针式绝缘子	P-20T或FPQ2-10T/20	支	4	
	8	悬式绝缘子	XP-10或FXBW4-10-100	片/支	18/9	
	9	拉线绝缘子	J-9		3	
标准金具	10	球头环	Q-7	个	9	
	11	单联弯头	W1-7B或WS-7	个	9	
	12	直角挂板	Z-7	个	9	
	13	耐张线夹	NLD-2或JNX-2-70	个	9	
	14	双联板	PD-12	块	3	
	15	楔形线夹	NX-2	个	3	
	16	UT线夹	UT-2	个	3	
	17	U形环	U-21	个	3	
线材	18	钢绞线	GJ-50	kg	8.48	
标准件	19	螺栓	M16×250	条	8	含一母双垫
	20	螺栓	M18×50	条	8	含一母双垫
	21	螺栓	M18×75	条	4	含一母双垫
水泥制品	22	拉盘	LP-8	块	3	
	23	底盘	DP-6	块		
	24	卡盘	KP-12	块		
其他	25	隔离开关	HGW9-15/630-1250	支	3	

注: 1. 材料表中未列入计价材料。

2. 此材料表适用于LGJ-70、JKLGJY-70及以下导线。

3. 绝缘子一般采用瓷绝缘子, 高污染区采用复合绝缘子。

15m杆直线耐张分支杆型组装图2

| 10-X-ZF3-15-70-2100 | 图7-15-6 |

— 331 —

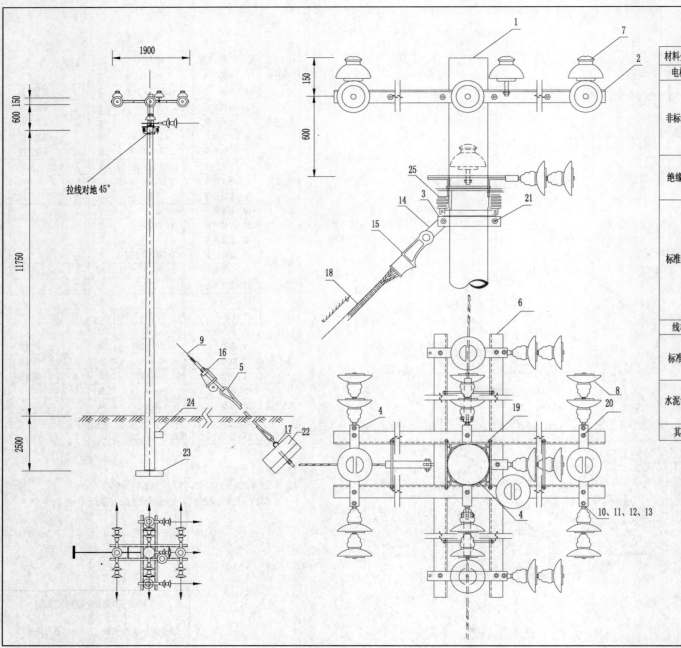

材料表						
材料分类	编号	材料名称	规格型号	单位	数量	备注
电杆	1	水泥杆	Z-190-15I	基	1	
非标金具	2	横担	∠80×8×1900	条	4	见加工图
	3	拉线抱箍	φ190	套	2	见加工图
	4	过河连板		块	4	见加工图
	5	拉线棒	φ20×3100	根	3	见加工图
	6	刀闸横担	∠50×5×400	根	3	见加工图
绝缘子	7	针式绝缘子	P-20T或FPQ2-10T/20	支	4	
	8	悬式绝缘子	XP-10或FXBW4-10-100	片/支	18/9	
	9	拉线绝缘子	J-9	个	3	
标准金具	10	球头环	Q-10	个	9	
	11	单联弯头	W1-10B或WS-10	个	9	
	12	直角挂板	Z-10	个	9	
	13	耐张线夹	NLD-3或JNX-2-120	个	9	
	14	双联板	PD-12	块	3	
	15	楔形线夹	NX-3	个	3	
	16	UT线夹	UT-3	个	3	
	17	U形环	U-21	个	3	
线材	18	钢绞线	GJ-70	kg	12.3	
标准件	19	螺栓	M18×250	条	8	含一母双垫
	20	螺栓	M18×50	条	8	含一母双垫
	21	螺栓	M18×75	条	4	含一母双垫
水泥制品	22	拉盘	LP-10	块	3	
	23	底盘	DP-6	块	1	
	24	卡盘	KP-12	块	1	
其他	25	隔离开关	HGW9-15/630-1250	支	3	

注: 1. 材料表中未列入计价材料。
2. 此材料表适用于LGJ-120、JKLGJY-120及以下导线。
3. 根据本导线型号此种设计宜采用钢管杆或复合材料杆。
4. 绝缘子一般采用瓷绝缘子,高污染区采用复合绝缘子。

15m杆直线耐张分支杆型组装图3	
10-X-ZF3-15-120-1900	图7-15-7

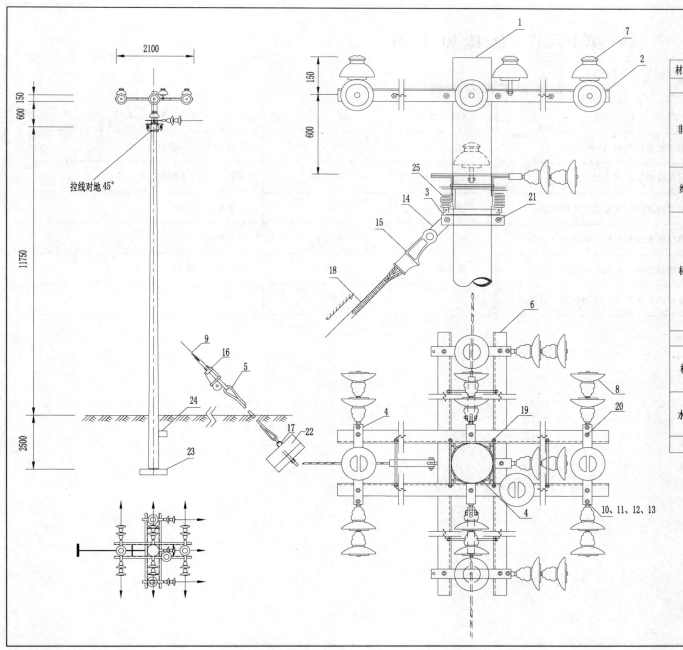

材料分类	编号	材料名称	规格型号	单位	数量	备注
电杆	1	水泥杆	Z-190-15I	基	1	
非标金具	2	横担	∠80×8×2100	条	4	见加工图
	3	拉线抱箍	φ190	套	2	见加工图
	4	过河连板		块	4	见加工图
	5	拉线棒	φ20×3100	根	3	见加工图
	6	刀闸横担	∠50×5×400	根	3	见加工图
绝缘子	7	针式绝缘子	P-20T或FPQ2-10T/20	支	4	
	8	悬式绝缘子	XP-10或FXBW4-10-100	片/支	18/9	
	9	拉线绝缘子	J-9	个	3	
标准金具	10	球头环	Q-10	个	9	
	11	单联弯头	W1-10B或WS-10	个	9	
	12	直角挂板	Z-10	个	9	
	13	耐张线夹	NLD-3或JNX-2-120	个	9	
	14	双联板	PD-12	块	3	
	15	楔形线夹	NX-3	个	3	
	16	UT线夹	UT-3	个	3	
	17	U形环	U-21	个	3	
线材	18	钢绞线	GJ-70	kg	12.3	
标准件	19	螺栓	M18×250	条	8	含一母双垫
	20	螺栓	M18×50	条	8	含一母双垫
	21	螺栓	M18×75	条	4	含一母双垫
水泥制品	22	拉盘	LP-10	块	3	
	23	底盘	DP-6	块	1	
	24	卡盘	KP-12	块	1	
其他	25	隔离开关	HGW9-15/630-1250	支	3	

注: 1.材料表中未列入计价材料。
2.此材料表适用于LGJ-120、JKLGJY-120及以下导线。
3.根据本导线型号此种设计宜采用钢管杆或复合材料杆。
4.绝缘子一般采用瓷绝缘子, 高污染区采用复合绝缘子。

材料表

拉线对地45°

15m杆直线耐张分支杆型组装图4

| 10-X-ZF3-15-120-2100 | 图7-15-8 |

第十六节 金具加工图

金具加工图集清册

图序	图号	图名	图序	图号	图名
图 7-16-1	10-X-J$_1$	10kV 耐张横担制造图（1900）	图 7-16-7	10-X-J$_7$	二回 3400 直线横担制造图
图 7-16-2	10-X-J$_2$	10kV 耐张横担制造图（2100）	图 7-16-8	10-X-J$_8$	10kV 上导线支架制造图
图 7-16-3	10-X-J$_3$	10kV 单回路直线担及抱铁制造图（1500）	图 7-16-9	10-X-J$_9$	U 形抱箍制造图
图 7-16-4	10-X-J$_4$	10kV 单回路直线担及抱铁制造图（1900）	图 7-16-10	10-X-J$_{10}$	拉线棒制造图
图 7-16-5	10-X-J$_5$	10kV 单回路直线担及抱铁制造图（1500）	图 7-16-11	10-X-J$_{11}$	拉线抱箍制造图
图 7-16-6	10-X-J$_6$	10kV 单回路直线担及抱铁制造图（1900）			

一、耐张担

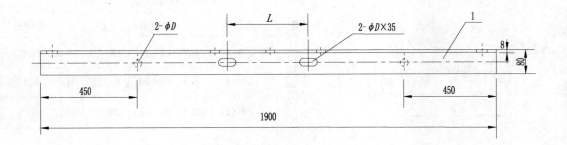

各种型号横担的尺寸及适用范围（mm）

型号	角钢规格	D	螺栓规格	L	l	电杆梢径
I1	∠75×8	17.5	M16×260	190～210	145	φ190
I2						
II1	∠80×8	21.5	M18×260	190～210	145	φ190
II2						
III1	∠90×8	21.5	M20×260	190～210	145	φ190
III2						

注：根据导线型号选择横担规格及其他金具型号孔距尺寸。

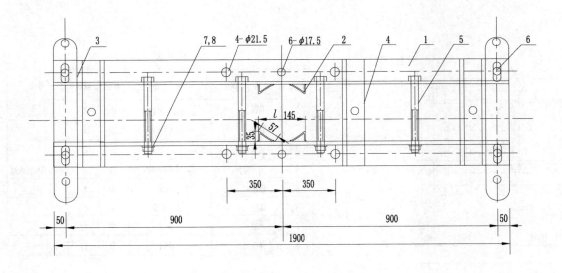

材料表

序号	名称	规格	单位	数量	备注
1	角钢	∠b×σ×1900	根	2	
2	扁钢	—60×5×95	块	4	
3	过河连板		块	2	
4	刀闸背板	∠63×6×300	块	3	不加刀闸时取消
5	螺栓	见上表	条	4	
6	螺栓	φ16×50	条	4	
7	平垫	φ18	个	11	
8	弹垫	φ18	个	11	

注：1.加工后横担及各零件均应热镀锌。

2.垫铁采用直接焊接法。

3.共制作24套（48根）。

10kV耐张横担制造图（1900）	
10-X-J₁	图7-16-1

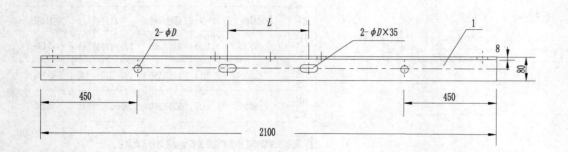

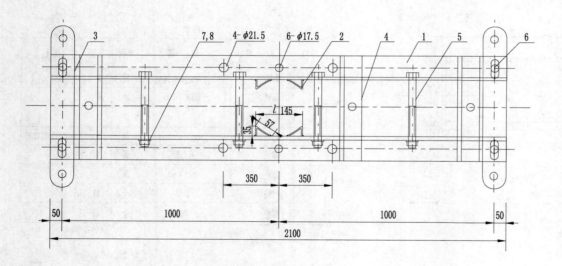

各种型号横担的尺寸及适用范围（mm）

型号	角钢规格	D	螺栓规格	L	1	电杆梢径
I1	∠75×8	17.5	M16×260	190～210	145	φ190
I2						
II1	∠80×8	21.5	M18×260	190～210	145	φ190
II2						
III1	∠90×8	21.5	M20×260	190～210	145	φ190
III2						

注：根据导线型号选择横担规格及其他金具型号孔距尺寸。

材 料 表

序号	名 称	规 格	单位	数量	备注
1	角钢	∠b×a×1900	根	2	
2	扁钢	−60×5×95	块	4	
3	过河连板		块	2	
4	刀闸背板	∠63×6×300	块	3	不加刀闸时取消
5	螺栓	见上表	条	4	
6	螺栓	φ16×50	条	4	
7	平垫	φ18	个	11	
8	弹垫	φ18	个	11	

注：1.加工后横担及各零件均应热镀锌。

2.垫铁采用直接焊接法。

3.共制作24套（48根）。

10kV耐张横担制造图(2100)	
10-X-J₂	图7-16-2

二、双固定

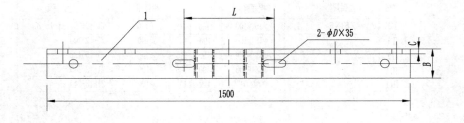

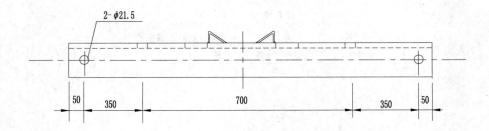

注：加工后横担及抱铁应热镀锌。

各种型号横担的尺寸及适用范围（mm）

型号	角钢规格	D	U抱规格	L	l	电杆稍径	适合杆型
I2	∠63×6	17.5	φ16/R100	190	145	φ190	Z1-12-70、Z1-15-70
II1	∠75×8	21.5	φ18/R100	190	145	φ190	Z1-12-120
II1		21.5	φ18/R100	190	145	φ190	Z1-15-120
III1	∠90×8	21.5	φ18/R100	190	145	φ190	Z1-12-240
III1		21.5	φ20/R100	190	145	φ190	Z1-15-240

材 料 表

序号	名　称	规　格	单位	数量	备注
1	角钢	∠B×C×1500	根	1	

10kV单回路直线担及抱铁制造图（1500）	
10-X-J₃	图7-16-3

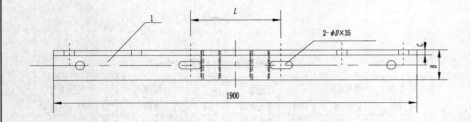

各种型号横担的尺寸及适用范围（mm）

型号	角钢规格	D	U抱规格	L	l	电杆梢径	适合杆型
I2	∠63×6	17.5	φ16/R100	190	145	φ190	Z1-12-70、Z1-15-70
II1	∠75×8	21.5	φ18/R100	190	145	φ190	Z1-12-120
II1			φ18/R100	190	145	φ190	Z1-15-120
III1	∠90×8	21.5	φ18/R100	190	145	φ190	Z1-12-240
III1			φ20/R100	190	145	φ190	Z1-15-240

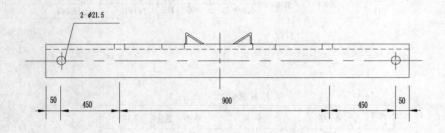

材 料 表

序号	名 称	规 格	单位	数量	备注
1	角钢	∠B×C×1900	根	1	

注：加工后横担及抱铁应热镀锌。

10kV单回路直线担及抱铁制造图（1900）	
10-X-J₄	图7-16-4

三、直线担

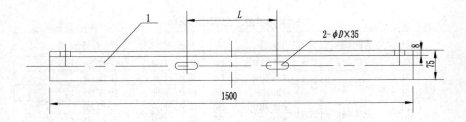

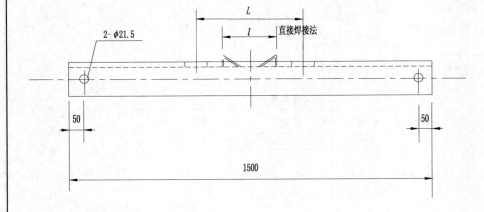

注：加工后横担及抱铁应热镀锌。

各种型号横担的尺寸及适用范围（mm）

型号	角钢规格	D	U抱规格	L	l	电杆稍径	适合杆型
I2	∠63×6	17.5	φ16/R100	190	145	φ190	Z1-12-70、Z1-15-70
II1	∠75×8	21.5	φ18/R100	190	145	φ190	Z1-12-120
II1			φ18/R100	190	145	φ190	Z1-15-120
III1	∠90×8	21.5	φ18/R100	190	145	φ190	Z1-12-240
III1			φ20/R100	190	145	φ190	Z1-15-240

材 料 表

序号	名　称	规格	单位	数量	备注
1	角钢	∠B×C×1500	根	1	

10kV单回路直线担及抱铁制造图（1500）	
10-X-J₅	图7-16-5

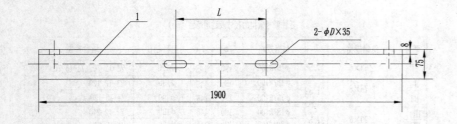

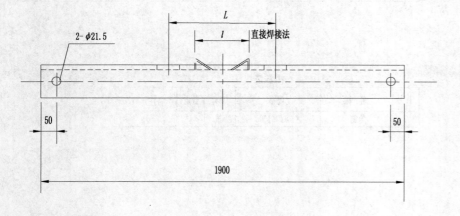

2-φD×35

75

8

1900

L

1

2-φ21.5

L

l 直接焊接法

50

50

1900

注：加工后横担及抱铁应热镀锌。

各种型号横担的尺寸及适用范围（mm）

型号	角钢规格	D	U抱规格	L	l	电杆稍径	适合杆型
I2	∠63×6	17.5	φ16/R100	190	145	φ190	Z1-12-70、Z1-15-70
II1	∠75×8	21.5	φ18/R100	190	145	φ190	Z1-12-120
II1			φ18/R100	190	145	φ190	Z1-15-120
III1	∠90×8	21.5	φ18/R100	190	145	φ190	Z1-12-240
III1			φ20/R100	190	145	φ190	Z1-15-240

材 料 表

序号	名 称	规 格	单位	数量	备注
1	角钢	∠B×C×1900	根	1	

10kV单回路直线担及抱铁制造图（1900）	
10-X-J₆	图7-16-6

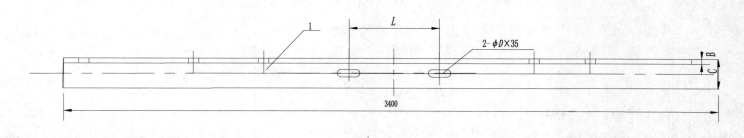

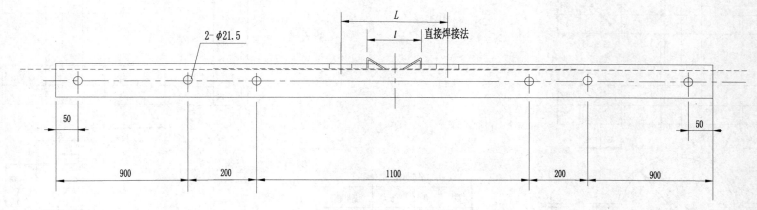

各种型号横担的尺寸及适用范围（mm）

型号	角钢规格	D	U抱规格	L	l	电杆稍径	适合杆型
I2	∠63×6	17.5	φ16/R100	220	155	φ190	Z1-12-70、 Z1-15-70
Ⅱ1	∠75×8	21.5	φ18/R100	220	155	φ190	Z1-12-120
Ⅱ1			φ18/R100	220	155	φ190	Z1-15-120
Ⅲ1	∠90×8	21.5	φ18/R100	220	155	φ190	Z1-12-240
Ⅲ1			φ20/R100	220	155	φ190	Z1-15-240

注：加工后横担及抱铁应热镀锌。

材 料 表

序号	名 称	规 格	单位	数量	备注
1	角钢	∠B×C×1500	根	1	

二回3400直线横担制造图	
10-X-J₇	图7-16-7

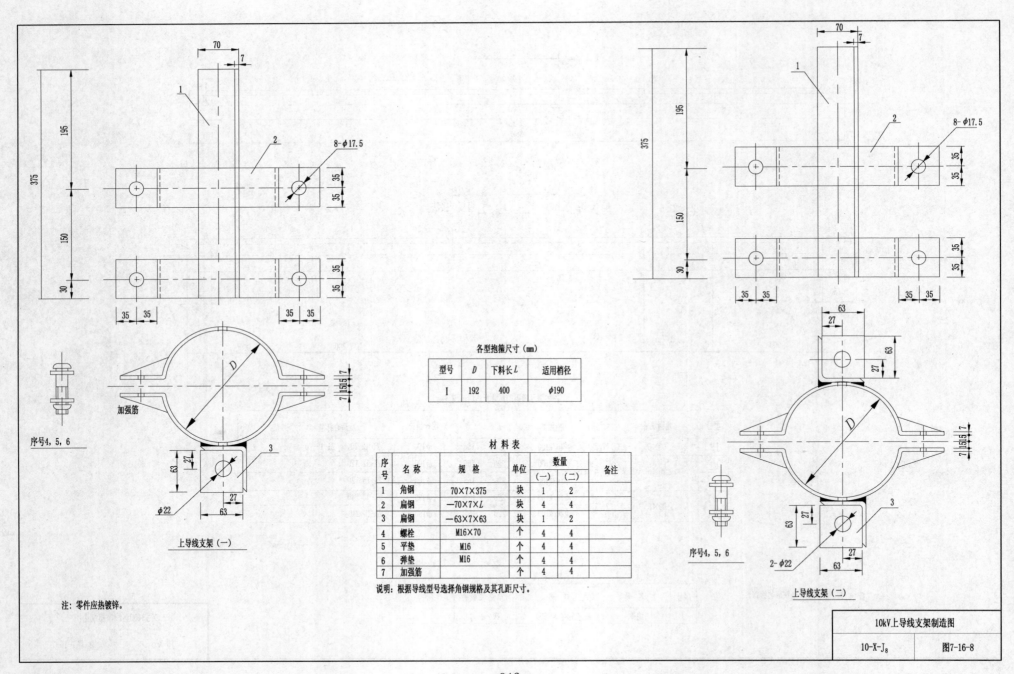

各型抱箍尺寸（mm）

型号	D	下料长 L	适用梢径
I	192	400	φ190

材料表

序号	名称	规格	单位	数量		备注
				（一）	（二）	
1	角钢	70×7×375	块	1	2	
2	扁钢	—70×7×L	块	4	4	
3	扁钢	—63×7×63	块	1	2	
4	螺栓	M16×70	个	4	4	
5	平垫	M16	个	4	4	
6	弹垫	M16	个	4	4	
7	加强筋		个	4	4	

说明：根据导线型号选择角钢规格及其孔距尺寸。

序号4、5、6

上导线支架（一）

序号4、5、6

上导线支架（二）

注：零件应热镀锌。

10kV上导线支架制造图	
10-X-J₈	图7-16-8

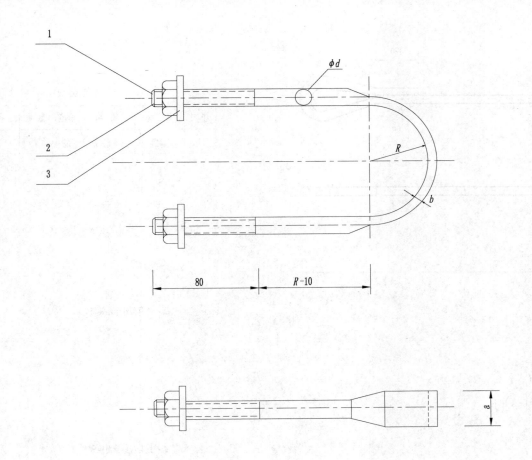

各种型号抱箍的尺寸及适用范围（mm）

型号	适用横担规格	ϕd	a	b	螺母	垫圈	R	下料长 L
Ⅰ1							75	550
Ⅰ2							85	605
Ⅰ3							95	660
Ⅰ4	∠63	$\phi16$	33.5	6	M16	16	105	710
Ⅰ5							115	735
Ⅰ6							125	770
Ⅰ7							135	835
Ⅰ8							145	885
Ⅱ1							75	550
Ⅱ2							85	605
Ⅱ3							95	660
Ⅱ4	∠75	$\phi18$	36.3	7	M18	18	105	710
Ⅱ5							115	735
Ⅱ6							125	770
Ⅱ7							135	835
Ⅱ8							145	885
Ⅲ1							75	550
Ⅲ2							85	605
Ⅲ3							95	660
Ⅲ4	∠90	$\phi20$	39.3	8	M20	20	105	710
Ⅲ5							115	735
Ⅲ6							125	770
Ⅲ7							135	835
Ⅲ8							145	885

注:
1.零件均应热镀锌。
2.半圆弧间锻打锤扁。

材 料 表

序号	名　称	规　格	单位	数量	附注
1	圆钢	$\phi d \times L$	根	1	
2	方螺母	见上表	个	2	
3	垫圈	见上表	个	2	

U形抱箍制造图	
10-X-J₉	图7-16-9

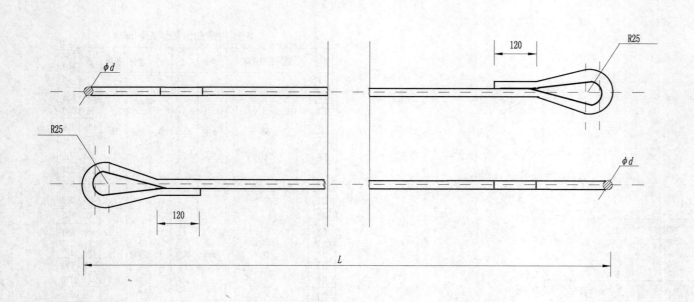

材料表

序 号	名 称	规 格	单位	数量	备 注
1	扁钢	$\phi d \times L$	根	7	

注: 所有部件全部镀锌。

拉线棒尺寸及适用范围

拉 线 棒 型 号		I 1	I 2	I 3	II 1	II 2	II 3	II 4	II 5	III 1	III 2	III 3	III 4	III 5
ϕd (mm)		$\phi 16$	$\phi 19$	$\phi 22$	$\phi 16$	$\phi 18$	$\phi 20$	$\phi 24$	$\phi 24$	$\phi 16$	$\phi 18$	$\phi 20$	$\phi 24$	$\phi 24$
l (mm)		2100			2700					3100				
下料长 L (mm)		2610			3230					3600				
拉线盘	$\beta=45°$	—			1.3～1.6					1.7～2.0				
埋深 (m)	$\beta=60°$	1.3～1.5			1.6～2.1					2.2～2.6				

拉 线 棒 型 号		IV1	IV2	IV3	IV4	IV5	V1	V2	V3	V4	V5
ϕd (mm)		$\phi 16$	$\phi 19$	$\phi 22$	$\phi 28$	$\phi 32$	$\phi 16$	$\phi 19$	$\phi 22$	$\phi 28$	$\phi 32$
l (mm)		3900					4500				
下料长 L (mm)		4430					5030				
拉线盘	$\beta=45°$	2.1～2.5					2.6～2.8				
埋深 (m)	$\beta=60°$	2.7～2.8					—				

拉线与拉线棒对照表

拉 线 规 格	GJ-25	GJ-35	GJ-50	GJ-70	GJ-100	2XGJ-70	2XGJ-100
拉线棒直径(mm)	$\phi 16$	$\phi 16$	$\phi 16$	$\phi 19$	$\phi 22$	$\phi 28$	$\phi 32$

拉线棒制造图

10-X-J$_{10}$	图7-16-10

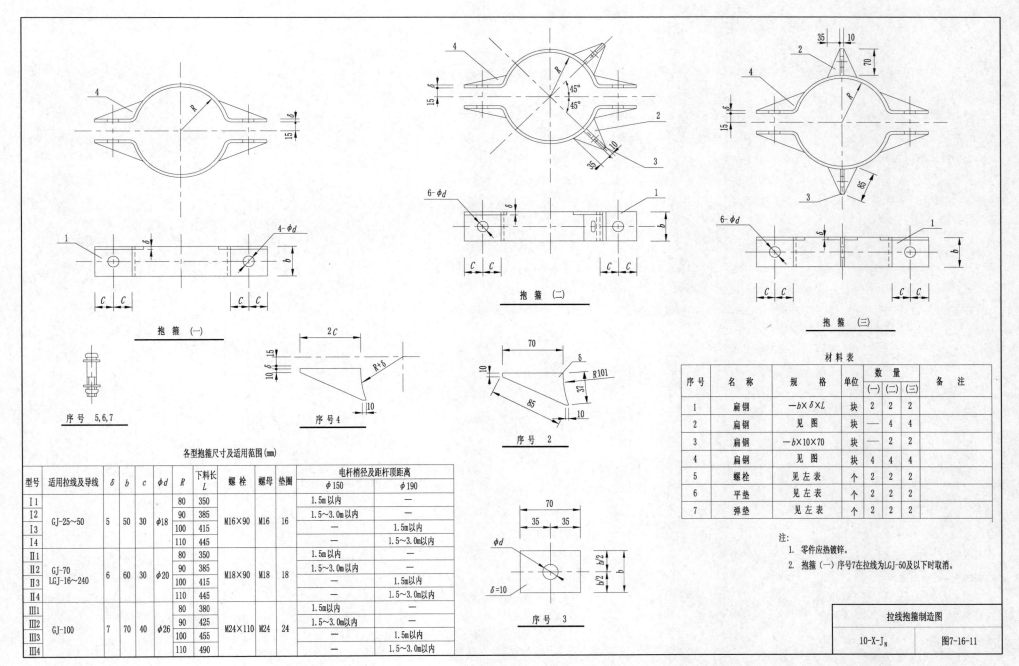

抱箍（一）

抱箍（二）

抱箍（三）

序号 5,6,7

序号 4

序号 2

序号 3

材料表

序号	名称	规格	单位	数量			备注
				（一）	（二）	（三）	
1	扁钢	一$b×δ×L$	块	2	2	2	
2	扁钢	见图	块	—	4	4	
3	扁钢	一$b×10×70$	块	—	2	2	
4	扁钢	见图	块	4	4	4	
5	螺栓	见左表	个	2	2	2	
6	平垫	见左表	个	2	2	2	
7	弹垫	见左表	个	2	2	2	

注：
1. 零件应热镀锌。
2. 抱箍（一）序号7在拉线为LGJ-50及以下时取消。

各型抱箍尺寸及适用范围(mm)

型号	适用拉线及导线	$δ$	b	c	$φd$	R	下料长 L	螺栓	螺母	垫圈	电杆梢径及距杆顶距离	
											$φ150$	$φ190$
I 1						80	350				1.5m以内	
I 2	GJ-25~50	5	50	30	$φ18$	90	385	M16×90	M16	16	1.5~3.0m以内	—
I 3						100	415					1.5m以内
I 4						110	445				—	1.5~3.0m以内
II 1						80	350				1.5m以内	
II 2	GJ-70	6	60	30	$φ20$	90	385	M18×90	M18	18	1.5~3.0m以内	—
II 3	LGJ-16~240					100	415					1.5m以内
II 4						110	445				—	1.5~3.0m以内
III 1						80	380				1.5m以内	
III 2	GJ-100	7	70	40	$φ26$	90	425	M24×110	M24	24	1.5~3.0m以内	—
III 3						100	455					1.5m以内
III 4						110	490				—	1.5~3.0m以内

拉线抱箍制造图

| 10-X-J_N | 图7-16-11 |